77

METATEMAS

METATEMAS*

Libros para pensar la ciencia
Colección dirigida por Jorge Wagensberg

Al cuidado del equipo científico del Museu de la Ciència
de la Fundació "la Caixa"

* Alef, símbolo de los números transfinitos de Cantor

Jordi Agustí

FÓSILES, GENES Y TEORÍAS

Diccionario heterodoxo de la evolución

Prefacio de Juan Luis Arsuaga

TUSQUETS EDITORES

1.ª edición: abril 2003

Diseño de la colección: Lluís Clotet y Ramón Úbeda

Tusquets Editores, S.A. - Cesare Cantù, 8 - 08023 Barcelona
www.tusquets-editores.es
ISBN: 84-8310-862-3
Depósito legal: B. 9.558-2003
Fotocomposición: David Pablo
Impreso sobre papel Offset-F Crudo de Papelera del Leizarán, S.A.
Impresión: Liberdúplex. S.L. - Constitución, 19 - 08014 Barcelona
Encuadernación: Reinbook, S.L.
Impreso en España

Índice

Prefacio

Un diccionario temático es siempre una empresa arriesgada. Si es sobre un tema tan amplio y tan polémico como la evolución, y pone un énfasis especial en nuestros propios orígenes, el riesgo todavía es mayor. Y no sirve de mucho advertir que se trata de un diccionario personal, en el que no pretende incluirse todo, porque entonces el autor será juzgado más por lo que omite que por lo que incluye.

Pero la evolución es una materia tan fascinante, y de actualidad tan permanente, que si se tiene confianza en los conocimientos propios sobre el tema merece la pena exponerse a la crítica de los expertos, que no dejarán de examinar el texto con lupa, o incluso con microscopio. Y ése es el otro gran peligro que se corre al publicar un libro como éste. El de concebirlo para que llegue a todo el mundo, y escribirlo luego pensando sólo en una minoría de expertos que no van a apreciar el trabajo invertido en hacer asequible su lectura.

Esos esfuerzos son muy necesarios porque el asunto de la evolución es uno de los más complejos que existen en el panorama científico. No en vano trata de unos tres mil ochocientos millones de años de cambio constante en la biosfera. Hay desde luego otros temas muy enrevesados que investigan los científicos, y que se refieren también a sistemas muy complejos como la estructura íntima de la materia, el clima, el universo, el desarrollo, la genética, o la mente humana, pero el de la evolución nos afecta tan directamente que no hay nadie que pueda sentirse ajeno. Pocas cuestiones científicas forman parte en un grado tan alto de la cultura humana, en su sentido más amplio, como la evolución. Por eso, ninguna persona debería considerarse verdaderamente culta, o simplemente contemporánea, si no ha desvelado todavía el secreto de su propio origen.

Yo soy profesor de paleontología y explico, teórica y prácticamente, la Historia de la Vida. Hablo de los cambios que se han producido en los seres vivientes desde que existen, y de cómo han ido apareciendo los diferentes tipos de organismos a lo largo de la inmensidad del tiempo geológico. El relato termina, invariablemente en los planes de estudio y en los libros de texto, con la llegada de nuestra especie al escenario de la vida. Eso es lo que se espera a menudo de una asignatura (o de un libro de divulgación) de paleontología, un recorrido fascinante por la aventura evolutiva, un bello relato épico acerca de cómo se ha ido preparando a lo largo de los eones nuestra inevitable aparición al final de los tiempos. Historias sorprendentes de organismos muy humildes que produjeron el oxígeno que respiramos; de plantas que sintetizaron la materia orgánica de la que estamos hechos a partir de la energía solar en el milagro de la fotosíntesis; de cómo la desnuda tierra firme fue colonizada por los invertebrados y luego por los vertebrados que salieron del agua; de aquel primer anfibio, apenas un pez, que usaba sus aletas carnosas para remar en seco cuando se evaporaba el charco en el que vivía y tenía que buscarse otro; de los reptiles que se fueron haciendo mamíferos de sangre caliente, y amamantaron a sus crías, y las gestaron en su vientre, mientras los dinosaurios se enseñoreaban de la Tierra; de aquel meteorito que acabó con los reptiles gigantes, los grandes rivales, y despejó el panorama de nuestra posterior andadura evolutiva; y, desde luego, de pequeños y desvalidos homínidos, casi sólo «chimpancés bípedos», que se adentraron en la sabana, dándole la espalda al bosque tropical; y por supuesto del fascinante encuentro entre los neandertales y los cromañones y del misterioso fin que tuvieron aquéllos.

Pero la Historia de la Vida no tiene ese argumento, el de la larga marcha de la materia hacia su culminación en el ser humano, y la función de la paleontología no es la de contar cómo se produjo nuestro triunfo. Su misión es otra, la de descubrir simplemente qué ha pasado y tratar de explicar por qué ha pasado. O, en otras palabras, los fósiles demuestran que la vida tiene una historia, o sea, que ha cambiado, y queremos saber cuáles son las causas que han originado esos cambios. Hay una parte narrativa (o descriptiva), y otra explicativa (o causal) en nuestra disciplina, exactamente como en cualquier otra rama de la ciencia. Mientras que en la parte narrativa la paleontología está casi sola, en la explicativa colabora con muchas otras disciplinas biológicas, como la morfología, la genética, la embriología, la ecología, la biogeografía, la sistemática, etc.

Me parece que ésa es también la visión que tiene Jordi Agustí del trabajo del paleontólogo, y a eso ha dedicado toda su larga y fecunda carrera. Es un importante descubridor de fósiles, y además un excelente, y apasionado, teórico de la evolución, como he podido comprobar tanto en sus participaciones en los foros académicos como en su espléndida producción divulgativa y en las charlas de café. Conoce el panorama completo de la teoría evolutiva, que domina en sus aspectos históricos (tam-

bién la teoría evolutiva tiene una ya larga historia) y en lo que se refiere a los protagonistas de los debates actuales y a su pensamiento.

Este diccionario refleja esa sabiduría. Contiene todo lo importante sobre la materia y todo está tratado con maestría y rigor. Nada relevante se ha quedado fuera del libro y el lector obtendrá un conocimiento completo y actualizado del estado de la cuestión. Es una obra imprescindible, tanto para el científico profesional como para cualquier persona interesada, porque sólo se necesita interés para entender sus páginas. Y además contiene una información exhaustiva del registro fósil de la evolución humana.

Sólo me queda por hacer un comentario final. Jordi Agustí ha procurado ser tan objetivo en el análisis de las distintas ideas y escuelas que compiten en el campo de la teoría evolutiva, en permanente ebullición, que nos quedamos sin saber qué piensa él. Nos debe otro libro.

Juan Luis Arsuaga

Prólogo

Un diccionario es un libro y muchos libros a la vez. Llegué a esta conclusión hace unos cuantos años, en mi lejana adolescencia, manejando aquel maravilloso *Diccionario de filosofía* de José Ferrater Mora. Salvando las enormes distancias, con esta obra he pretendido ensayar un modelo similar de libro polivalente, de manera que el lector pueda elaborar su propia opción, de acuerdo con sus intereses y preocupaciones.

En primer lugar, este libro es, ciertamente, un diccionario. Ahora bien, se trata en el fondo de un diccionario un tanto personal. El tema de la evolución, como el universo, tiende a expandirse en infinitas direcciones. La opción aquí elegida pone el acento sobre el problema de los mecanismos y modelos del proceso evolutivo, así como en la evolución de un grupo en particular: nosotros mismos, los homínidos. Es ésta ciertamente una opción personal, pero que confío compartan conmigo un elevado número de lectores.

Las diferentes entradas que componen el libro pueden ser leídas independientemente, como en el caso de aquellos libros de aforismos al uso en el siglo pasado. Ahora bien, esta obra también admite una lectura guiada o, como mínimo, direccional. A partir de una serie de entradas, el lector puede reconstruir su propio itinerario, de acuerdo con la lógica del apartado que le preocupe. A este efecto, al final de cada artículo se señala el número de otros artículos que se relacionan más estrechamente con el tema. Aun así, el autor no ha renunciado a ofrecer una serie de itinerarios prefijados, que pueden ser de ayuda para todos aquellos que quieran utilizar esta obra como si de un libro convencional se tratase. Así, quienes estén interesados por el desarrollo de la teoría evolutiva pueden seguir el Itinerario 1 de los Apéndices. Por el contrario, para aquellos más interesados en la evolución de primates y homínidos propongo el Itinerario 2, que sigue un esquema típicamente lineal y ajustado a la sucesión cronológica de las especies implicadas. Si algún lector tiene más interés en la historia de las investigaciones paleoantropológicas puede seguir el Itinerario 3 (que, curiosamente, aparece como el reverso del anterior). Igualmente, aquellos que deseen profundizar en la historia de la paleontología pueden realizar un itinerario parecido al del 4. E igualmente, más allá de la teoría evolutiva, el Itinerario 5 permite esbozar de manera muy sucinta y general lo que sería grosso modo una pequeña historia de la genética.

Pero por supuesto, el lector es libre de utilizar esta obra como le venga en gana y crear su propio libro: leerlo de un tirón de la A a la Z, a sorbitos, al azar o incluso para conciliar el sueño. Y tal vez, llegado el caso, puede utilizarlo como arma arrojadiza, si es que da el peso y volumen (cosa que en el momento de redactar este prólogo todavía desconozco, aunque me da la impresión de que no va a ser así). En cualquier caso, al escribir esta obra me he visto obligado a replantearme y profundizar en un apreciable número de cuestiones sobre las que hasta ahora me había sentido razonablemente insatisfecho. Es ésta una insatisfacción que en mi caso viene de lejos, desde mi lejana formación en estos temas junto a dos grandes maestros, Antoni Prevosti (para mí la encarnación de la mejor ortodoxia evolucionista) y Ramon Margalef (un gran teórico de la ecología al que siempre sentí muy próximo a las preocupaciones que acechan al paleontólogo). Con los años, esta insatisfacción se fue nutriendo a través de largas charlas, a veces polémicas, con personas procedentes de los más variados ámbitos, como el malogrado Oswaldo Reig, Antoni Fontdevila, Jorge Wagensberg, John Damuth, Mikael Fortelius, Juan Luis Arsuaga, Jaume Bertranpetit, Adrià Casinos, entre muchos otros. A todos ellos, muchas gracias por iluminarme o contradecirme, gracias en fin por mantener la llama. A Meike Köhler quiero agradecerle su autorización para reproducir algunas de sus excelentes reconstrucciones de cráneos de hominoides. También agradezco a Robin Smith y Columbia University Press su autorización para reproducir diversas ilustraciones de homínidos fósiles de su fondo editorial. Y a Jorge Wagensberg, Juan Cerezo y a todo el personal de Tusquets Editores, su interés por llevar a buen fin esta empresa. En cualquier caso, si este libro provoca finalmente en el lector un nivel de curiosidad e insatisfacción parecido al que ha sentido el autor al elaborarlo, el esfuerzo estará más que justificado. Diccionario al fin, es ésta una obra abierta que, como la evolución, jamás llegará a completarse.

Jordi Agustí

1. ADAPTACIÓN

El término *ad-aptación* hace referencia a aquellas estructuras biológicas particularmente aptas o preparadas para desarrollar una función. En el pensamiento preevolucionista, este concepto se aplicaba a aquellos órganos que se suponía meticulosamente diseñados por la providencia divina para cumplir un determinado cometido. Con Darwin, el término fue asumido por el evolucionismo para referirse a aquellas estructuras que habían sido modificadas por la selección natural, de acuerdo con una función que favorecía la supervivencia. En el lenguaje común, adaptación hace referencia tanto a la estructura así formada como al proceso que le da origen.

Ahora bien, ya el propio Darwin pudo percatarse de que, entendido únicamente como resultado de la selección natural, el término resultaba demasiado estrecho para dar cuenta de las relaciones entre órgano y función desde el punto de vista evolutivo. En su estudio sobre las orquídeas, Darwin describió cómo determinados órganos en las flores de estas plantas habían variado su función original para adoptar una morfología que tendiera a facilitar su fecundación por parte de los insectos voladores. Así pues, un órgano que hubiese evolucionado originariamente para una función determinada, podría haber modificado ésta en el curso de la evolución ante un cambio en las circunstancias ambientales. Con el tiempo, otros términos aparecieron a fin de dar cuenta de situaciones en las que una supuesta adaptación habría surgido por un proceso independiente de la selección natural. Entre ellos, hizo fortuna el concepto de «preadaptación», que hacía referencia, como en el caso mencionado, a estructuras presentes en el organismo que con el tiempo adquirían una función para la cual no habían sido diseñadas. De algún modo, estas características preadaptaban a sus poseedores ante cambios ambientales que se desarrollaban a posteriori. Por ejemplo, la estructura precursora del plumaje probablemente apareció en los antecesores de las aves para mantener una temperatura corporal constante (función parecida a la del pelo en los mamíferos); sólo secundariamente aparecería el vuelo como una función sobreimpuesta en algunas formas arborícolas. De este modo, los pequeños dinosaurios emplumados habrían estado *pre*adaptados para la función posterior del vuelo.

Sin embargo, aunque el fenómeno de la preadaptación podía ser reconocido en el registro fósil, este concepto aparecía viciado por su marcado carácter teleológico, ya que las preadaptaciones sólo pueden ser detectadas a posteriori. En este sentido, resulta útil la distinción que propuso Williams entre *efecto* y *función.* Para este autor, una estructura biológica (ya se trate de un alelo o un órgano) puede tener múltiples *efectos* sobre el organismo, pero probablemente sólo uno de ellos es especialmente ventajoso; ésta es entonces su *función*. Mientras que la función es fijada por la selección natural, el *efecto* es un producto del azar. Pero un carácter que se fija como *efecto* en una población puede devenir *funcional* si las condiciones del ambiente cambian. En un trabajo publicado en 1982 en la revista *Paleobiology,* Stephen J. Gould y Elisabeth S. Vrba recogieron la distinción de Williams y propusieron una terminología alternativa al uso común de adaptación. Para ambos autores, el término adaptación debía restringirse a aquellas modificaciones que suponían un incremento de la eficacia del organismo y que se originaban como efecto directo de la selección natural. Las adaptaciones, por tanto, respondían a determinadas *funciones*. Por ello, Gould y Vrba crearon el término *exaptación* para referirse a aquellos caracteres que evolucionaron para una función diferente (o para ninguna en particular) a la actual. El término general que reúne a *ad-aptación* y *ex-aptación* y que designa la mera capacidad estática para cumplir eficazmente un cometido (independientemente de que haya sido fijado por selección natural u otro tipo de mecanismo) no debe ser adaptación, sino simplemente *aptación.*

El concepto de exaptación engloba dos casos diferentes. Por un lado, el de aquellos caracteres que fueron seleccionados para un uso distinto del que actualmente corresponde a su función. Estos casos corresponderían a la antigua «preadaptación», para los que Gould y Vrba proponen el término *preaptación.* Las preaptaciones son exaptaciones potenciales que todavía no han llegado a desarrollarse como tales. Por ejemplo, en el caso de la evolución humana, algunos autores han sugerido que el bipedismo podría no haber aparecido como una adaptación particular a un cambio en las circunstancias ambientales, sino que se habría originado súbitamente por un factor contingente, como pudiera ser el caso en que uno o varios individuos bípedos hubieran devenido machos dominantes por una modificación fortuita en las pautas o en la velocidad de desarrollo ontogenético. Posteriormente, el bipedismo de estos primeros australopitecos todavía arborícolas habría actuado como una preaptación para la vida en la sabana en el momento en que ésta se había extendido por amplias zonas de África, hace unos dos millones de años.

El segundo caso sería aquel en que el carácter original no tiene ninguna función en especial en el ancestro, es simplemente fijado por azar y adquiere una nueva función a posteriori. Esta segunda situación es la que corresponde más estrictamente al concepto de exaptación. Por ejemplo, en la hipótesis propuesta por L. B. Halstead, el fosfato cálcico se acumuló en los primeros cordados en forma de excreciones debidas a un exceso de este mineral en el organismo. Posteriormente, sin embargo, estos precipitados fueron seleccionados como elementos esqueléticos que mejoraban la capacidad locomotora de aquellos organismos al tiempo que podían actuar como elementos de protección frente a los depredadores. Un carácter que no fue por tanto fijado para una función en particular (excreción de fosfato cálcico) adquirió posteriormente una función que mejoraba considerablemente la eficacia del grupo (desarrollo de un esqueleto).

El concepto de exaptación se aplica también a aquellos caracteres que, sin estar sometidos a grandes presiones de selección, aparecen asociados a otros que en cambio sí son objeto de selección activa. De resultas de la fijación por selección de estos últimos, los primeros quedan también fijados en la población por su asociación con ellos. Hablamos entonces de *cooptación*, ya que los primeros han sido «cooptados» conjuntamente con los segundos (26, 36, 37, 80).

2. ANKARAPITHECUS

Primate hominoide descrito originalmente a partir de restos dentarios y fragmentos mandibulares de la formación Sinap en Turquía, datados en unos diez millones de años. En un principio, el grueso esmalte de sus molares hizo pensar en su posible adscripción al género asiático *Sivapithecus*, del Mioceno superior de Siwaliks, en Pakistán, idea que pareció reforzarse tras la descripción detallada en 1985 de un fragmento de paladar que todavía conservaba parte de la cara y que mostraba una morfología próxima a la del orangután. Pero el descubrimiento en 1996 de un cráneo fragmentado que conservaba casi toda la cara mostró que en realidad se trataba de una forma muy diferente de *Sivapithecus*. Así, a diferencia de la forma asiática, *Ankarapithecus* presentaba unas grandes órbitas circulares, muy diferentes de las estrechas y ovaladas órbitas del orangután y más parecidas a las de los homínidos africanos.

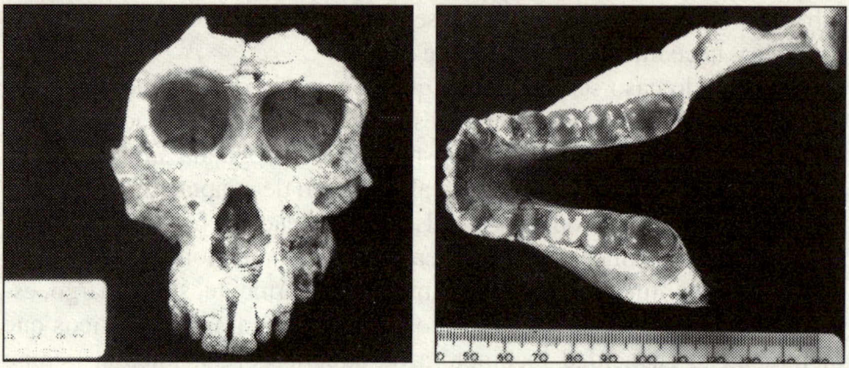

Fragmento de cráneo de *Ankarapithecus meteai* del yacimiento de Sinap (Turquía).

Ankarapithecus era de talla algo más pequeña que los actuales chimpancés pigmeos o bonobos (entre 23 y 30 kg de peso) y disponía de un potente aparato masticador, con grandes molares recubiertos de grueso esmalte, grandes incisivos centrales y caninos relativamente pequeños. La presencia de grandes incisivos centrales es un carácter que también se encuentra en algunos hominoides actuales como el orangután y que se asocia a la preparación de los restos vegetales previa a su ingestión. Los grandes molares dotados de esmalte grueso indican que probablemente *Ankarapithecus* se alimentaba de semillas y vegetación coriácea. Una adaptación similar se encuentra en los primeros homínidos africanos de los géneros *Australopithecus* y *Paranthropus*, en quienes se desarrolló como consecuencia de la extensión de los espacios abiertos propios de sabana arbolada. Es muy probable que *Ankarapithecus* se enfrentase en su enclave turco a unas condiciones de vida semejantes (25, 45, 53, 70).

3. ANTROPOIDE

Nombre con que se designa a los llamados «primates superiores», grupo que incluye a los actuales monos del viejo mundo o catarrinos (macacos, papiones, mandriles, gibones, orangutanes, chimpancés, gorilas y el propio ser humano) y a los monos del nuevo mundo o platirrinos, exclusivos de América del Sur (titís, monos-araña, monos aulladores, etcétera). Quedan pues excluidos de este grupo monofilético todos los primates arcaicos conocidos como prosimios, y que actualmente incluyen a los lemures de Madagascar, los loris de África y la India y los tarseros de Borneo y

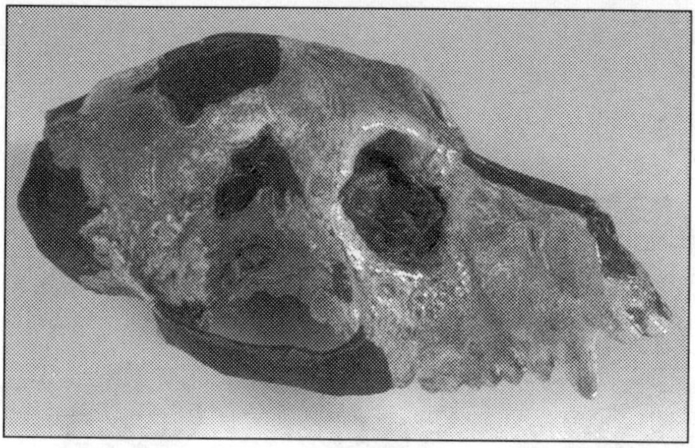

Cráneo de *Aegyptopithecus* de El Fayum (Egipto).

Sumatra. El primer primate antropoide, el *Algeripithecus minutus,* del Eoceno inferior-medio de Glib Zegdou, en Argelia, aparece en una fecha tan temprana como hace 45 millones de años. Ya en el Oligoceno inferior, hace unos 30 millones de años, los yacimientos de El Fayum en Egipto, muestran una amplia variedad de monos catarrinos y platirrinos que incluía géneros tan diversos como *Aegyptopithecus, Propliopithecus, Apidium, Parapithecus* y otros. Por esa época, formas emparentadas con los dos últimos géneros colonizaron Sudamérica junto a algunos roedores, dando lugar a los actuales monos platirrinos de ese continente. En África, los catarrinos arcaicos del grupo de *Aegyptopithecus* dieron lugar en el Mioceno inferior a los llamados proconsúlidos, cuyo representante más notable es *Proconsul*, un pequeño cuadrúpedo arborícola del que se conoce casi toda su anatomía y que presentaba ya algunos caracteres que anuncian a los hominoides del Mioceno superior (4, 44, 45).

4. ANTROPOMORFO

Entre los antropoides catarrinos o monos del viejo mundo existe hoy en día (aunque no así en el Mioceno inferior, hace unos 18 millones de años) una división muy aparente entre los denominados cercopitecoides (más simplemente, monos, macacos, papiones y mandriles) y los hominoides vivientes o antropoides superiores (gibones, orangutanes, gorilas, chimpancés, bonobos y humanos). En el plano lingüístico, esta distinción queda perfectamente reflejada en el entorno anglosajón, que usa el término *ape* para referirse a estos últimos (aunque, *of course*, excluyendo al ser humano). La lengua castellana, por el contrario, tan rica en matices

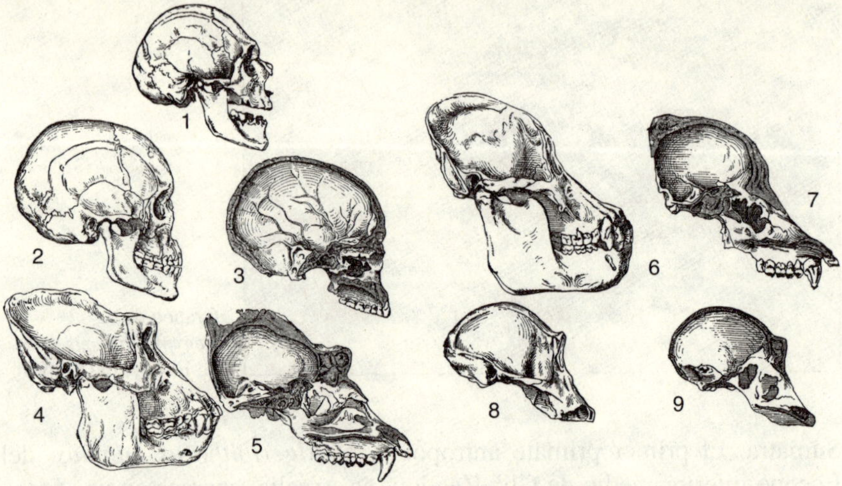

Cráneos de antropomorfos *(Homo sapiens* incluido). *Homo sapiens* (hombre moderno): 1, 2, 3 (sección del anterior). *Gorilla gorilla* (gorila): 4, 5 (sección del anterior). *Pongo pygmaeus* (orangután): 6, 7 (sección del anterior). *Pan troglodytes* (chimpancé, individuo joven): 8, 9 (sección del anterior). De la obra de J. Rante *Der Mensch,* Leipzig, 1886.

cuando se trata de la vida misma (o de la vida narrada), muestra de nuevo aquí sus carencias conspicuas en el terreno científico-natural, por lo que el lector interesado jamás encontrará en el *Diccionario de la lengua española* un término que se ajuste realmente al concepto de *ape*. Una muestra de ello es la traducción impropia que se realizó del film de Franklin J. Schaffner *Planet of the Apes*, que llegó a nuestras pantallas con el título de *El planeta de los simios*. Mientras que el título en inglés hacía honor al contenido zoológico de la película (aparecían casi todos los *apes*, a excepción de los gibones, frecuentemente calificados como *lesser apes),* en nuestro país se utilizó el término simio, que tiene un significado mucho más amplio, y que es prácticamente sinónimo de antropoide (es decir, para hacer honor a su título hispano, Charlton Heston no sólo tendría que habérselas tenido con gorilas, orangutanes y chimpancés, sino también con macacos, monos-tití, mandriles, monos-araña y cualquier otro tipo de mono). Bien es verdad que el autor de la novela original, Pierre Boule (el mismo que escribió *El puente sobre el río Kwai),* también utilizó el término equivalente *singe* para el título de su obra, ya que el francés adolece, en este sentido, de las mismas carencias idiomáticas en nomenclatura primatológica que el castellano. En nuestro caso, lo más correcto sería referirse a todo este grupo con el término hominoide, vocablo que difícilmente resiste el calificativo de coloquial. A veces se ha utilizado también el término antropoide para referirse a este grupo de catarrinos superiores, pero en este caso de nuevo se comete un error parecido al de *El planeta de los simios*, ya que el término antropoide es aplicable a todos los monos, tanto los del viejo como los del nuevo mundo. Sin embargo, queda un término que, aunque poco usual, se adapta de manera muy precisa al significado de *ape:* antropomorfo (literalmente, «parecido al hombre»). Desde luego, este término no es tampoco en exceso coloquial, y a nadie se le ocurriría ir a ver *El planeta de los antropomorfos*, pero si alguien encuentra farragoso tener que hacer referencia continua a los hominoides, tal vez pueda hallar cierto consuelo al referirse a gibones, orangutanes, gorilas y chimpancés como nuestros hermanos antropomorfos (2, 25, 45, 53).

5. ARCHAEOPTERYX

En su obra *El origen de las especies* (1859) Darwin postuló que la actual diversidad de seres vivos podía ser explicada por la lenta y gradual acumulación de pequeñas modificaciones, a través de la selección natural de los individuos más aptos. De acuerdo con este postulado, el registro fósil debía mostrar la transformación progresiva de unos grupos en otros, a través de formas intermedias de transición. Sin embargo, cuando Darwin publicó la primera edición de su influyente obra, no pudo incluir ni una sola de estas formas intermedias que la incipiente teoría evolutiva parecía requerir. Dos años después, el registro fósil acudía en su ayuda, nada más y nada menos que con una forma de transición entre reptiles y aves. Ni el mismo Darwin habría podido jamás soñar que su predicción se vería confirmada por un fósil tan espectacular. Las características anatómicas de *Archaeopteryx* eran sorprendentes. Para empezar, se trataba inequívocamente de un ave, pues, además de las plumas, algunos rasgos como la presencia de fúrcula o la forma de la cadera apuntaban directamente a este grupo. Sin embargo, el resto del esqueleto era netamente reptiliano: cráneo con dientes, cola con veinte vértebras libres, costillas sencillas, dedos del brazo y del pie libres, entre otras características. En este sentido, *Archaeopteryx* cuadraba perfectamente como forma de transición entre reptiles y aves, el eslabón perdido que cualquier evolucionista convencido habría predicho entre los dos grupos.

El primer ejemplar más o menos completo de *Archaeopteryx* fue hallado en 1861 en las rocas jurásicas de Solenhofen, en Baviera. Se trataba de una pequeña placa de caliza que contenía parte de un esqueleto e inequívocas huellas de plumas. Aparentemente, sólo faltaban el cráneo y al-

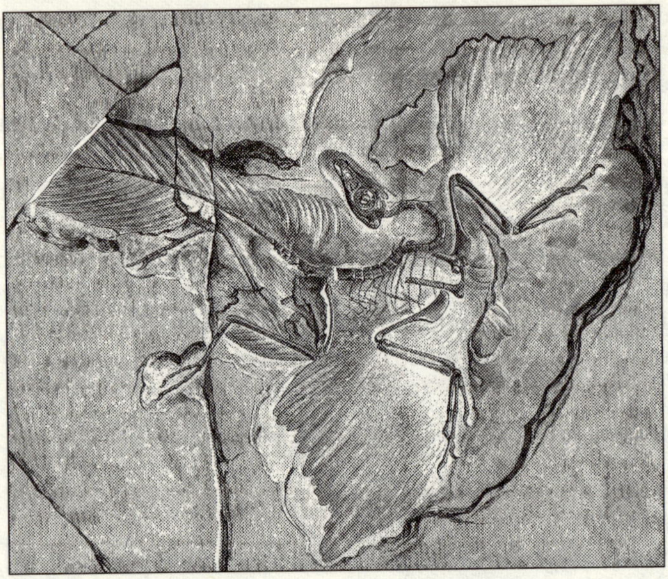

Ejemplar de *Archaeopteryx* del Museo de Berlín (de la obra de M. Neumayr, *Erdgefchichte*, 1890).

gunas otras piezas del esqueleto. Su descubridor, Hermann von Meyer, consciente de la trascendencia del hallazgo, trató de comprar al dueño de la cantera la placa que contenía el esqueleto de *Archaeopteryx* pero llegó tarde: un médico local, Karl Haberlein, se le había adelantado. Haberlein trató de sacar el mayor provecho a su inversión, y ofreció la pieza a diversas instituciones alemanas, pretendiendo por ella una cifra exorbitante de dinero. Esta táctica, sin embargo, no le sirvió de mucho, pues pronto los especialistas se desentendieron del tema, argumentando que probablemente se trataba de una falsificación. Al comprobar que empezaban a fallarle los posibles compradores, Haberlein vendió finalmente la pieza al Museo Británico, mientras en Alemania todavía se discutía la validez del hallazgo. Dieciséis años más tarde, en 1877, el propietario de una cantera cerca de Eichstätt tuvo en sus manos un nuevo espécimen de *Archaeopteryx*, todavía más completo que el anterior, pues en este caso la cabeza apareció perfectamente conservada. Este nuevo ejemplar no fue a parar a las manos de Haberlein, ya fallecido, sino a las de su hijo, quien, siguiendo los pasos paternos, pidió por ella de nuevo una cifra descabellada para su época: 36.000 marcos de oro. Finalmente, y tras muchas vicisitudes, la pieza acabó en el Museo Mineralógico de Berlín.

El descubrimiento de *Archaeopteryx* supuso un revulsivo para el debate evolutivo, no en vano, un creacionista como Owen, descubridor de los primeros dinosaurios, fue el primer paleontólogo que pudo analizar con detalle el ejemplar de *Archaeopteryx* del Museo Británico. Sin embargo, aunque constituyó una contribución decisiva para la aceptación de la evolución, en tanto que eslabón perdido o forma intermedia, añadió un nuevo desafío a la interpretación darwinista de la adaptación, a saber, cómo explicar el origen del vuelo en las aves. El vuelo es una capacidad ampliamente extendida en otros grupos de vertebrados, como los mismos reptiles o los mamíferos. Así, en las mismas canteras de Solenhofen se encontraban numerosos esqueletos completos de pterosaurios, saurios voladores que presentaban un amplio patagio o membrana voladora entre su último dedo (extraordinariamente alargado) y los miembros posteriores, solución parecida a la de los actuales murciélagos o quirópteros. Tanto entre los murciélagos como en los pterosaurios, las falanges de algunos dedos se alargaron muchísimo, por lo que las respectivas membranas interdigitales se transformaron en auténticas alas capacitadas para desarrollar un vuelo activo y no sólo para planear. Así pues, la adquisición de alas en estos grupos podía inferirse a través de una serie de estadios graduales, que encajaban perfectamente con el modelo de cambio gradual propuesto en *El origen de las especies*.

Sin embargo, este modelo de cambio gradual era difícilmente aplicable en el caso de las aves. En efecto, éstas, a diferencia de los otros vertebrados voladores, no alargaron sus extremidades anteriores ni desarrollaron un patagio entre ellas. Por el contrario, en este grupo las falanges de los miembros anteriores han tendido a reducirse extraordinariamente, a la vez que se desarrollaba un nuevo tipo de estructura, el plumaje. Si el origen del vuelo en las aves se inició también a través de formas intermedias planeadoras ¿por qué éstas no desarrollaron también un patagio, como ha ocurrido en todos los vertebrados planeadores? ¿Por qué, por el contrario, los antecesores de *Archaeopteryx* desarrollaron una estructura alternativa, el plumaje, que en sus primeros estadios debió de resultar notoriamente menos eficaz que el mencionado patagio? Si consideramos a los pequeños dinosaurios corredores como *Compsognathus* (fósil también presente en Solenhofen), ¿cómo imaginar una forma *funcionalmente* intermedia entre estos últimos y los primeros *Archaeopteryx*, capaces ya de desarrollar un vuelo activo?

Desde su descubrimiento, diversos autores trataron de afrontar el enigma de *Archaeopteryx*, emitiendo diferentes teorías sobre el origen de las plumas y el vuelo. Entre las primeras, se encuentra la del famoso paleontólogo americano Othniel C. Marsh, reelaborada en 1915 por C. W. Beebe. Tal teoría supone la existencia de una forma intermedia, *Tetrapteryx*, que habría desarrollado una especie de patagio con plumas, a la manera de pterosaurios y quirópteros. Al ser el patagio una estructura que se desarrolla tanto en los miembros anteriores como en los posteriores, Beebe supuso que *Tetrapteryx* disponía de un doble dispositivo de planeo, con un par de protoalas en posición anterior y otro en posición posterior, en una zona que en las actuales aves está desprovista de plumaje funcional. Una hipótesis alternativa fue desarrollada por el paleontólogo húngaro Ferenc Nopcsa y reelaborada con nuevos argumentos en 1923. Se basaba en las notables semejanzas existentes entre el esqueleto locomotor de los pequeños dinosaurios corredores como *Compsognathus* y el de las aves primitivas. La teoría de Nopcsa supone que alguna especie de pequeño reptil corredor habría llegado a planear, batiendo los miembros anteriores durante la carrera. No existiría, por tanto, un estadio arborícola en el origen de las aves. Una tercera hipótesis fue elaborada por H. Steiner, quien sugirió que el hipotético ancestro de las aves habría adoptado una locomoción bípeda con objeto de saltar de rama en rama, como actualmente hacen algunos lagartos arborícolas de Australia y Nueva Guinea. Ello explicaría también el menor tamaño de los dedos en las extremidades anteriores: las alas habrían actuado inicialmente como meros estabilizadores del «vuelo» entre árbol y árbol. Steiner elaboró su modelo en un momento en que la teoría del origen saurio de las aves sufría cierto descrédito y en el que, al problema del origen del vuelo, se añadía el de explicar el origen del bipedismo en este grupo, carácter común a los dinosaurios, pero no a otros parientes arcosaurios, como los cocodrilos.

La principal dificultad con que se encontraban estas teorías radicaba en que todas ellas partían del supuesto de que cualquier órgano había sido exactamente moldeado por la selección natural para un fin determinado. Así, las distintas hipótesis partían de la base de que los dos caracteres más definitorios de las aves, el bipedismo y la presencia de plumas, habrían aparecido desde un principio como adaptaciones al vuelo. Sin embargo, la discusión sobre el bipedismo que desarrollaron tanto Nopcsa como Steiner obviaba un detalle importante: tal bipedismo perfecto se encontraba ya en los probables antecesores de las aves. Éstas podrían haber simplemente heredado este carácter, sin estar necesariamente ligado al desarrollo del vuelo.

Respecto a las plumas, el hecho de que en la actualidad sea un rasgo tan íntimamente ligado al vuelo ha enmascarado durante décadas una línea de argumentación alternativa. Para Darwin o Huxley era fundamental demostrar, en el contexto del evolucionismo primitivo, que todos los órganos aparecían para una función determinada. Un órgano gratuito era un desafío difícilmente superable para la teoría de la selección natural. En este contexto, las plumas de *Archaeopteryx* habían nacido, obviamente, para permitirle volar. Ahora bien, ¿pudo haber surgido el plumaje para cumplir una función diferente a la del vuelo? Es sabido que caracteres nacidos para desarrollar una función determinada pueden ser modificados posteriormente para cumplir otra función distinta. Si el plumaje no se originó inmediatamente como adaptación al vuelo, ¿para qué pudo servir? La respuesta a esta pregunta es obvia y conocida por cualquier biólogo: una función importantísima de las plumas en las aves es la de contribuir a la endotermia, el mantenimiento de la temperatura corporal (o «sangre caliente»), algo parecido a la función del pelo en los mamíferos. Así pues, la estructura precursora del plumaje habría aparecido en los antecesores de las aves para mantener una temperatura corporal constante, mientras que el vuelo se habría desarrollado secundariamente en algunas formas arborícolas. De esta manera, el peculiar camino seguido por las aves en su dominio del espacio aéreo hallaría una cómoda solución. No existe un intermedio morfológico semivolador que gradualmente desarrollase plumas para sus incipientes paseos de rama en rama: el animal que se subió a los árboles era ya una forma endoterma recubierta de plumón (1, 22, 47, 48).

6. ARDIPITHECUS

En 1994, Tim White, Gen Suwa y Berhane Asfaw describieron en las páginas de la revista *Nature* lo que parecía ser el homínido bípedo más antiguo conocido hasta la fecha, el *Australopithecus ramidus*. Datada por métodos radiométricos en unos 4,4 millones de años, la nueva especie se basaba en cerca de noventa restos craneales y poscraneales hallados en la localidad de Aramis, en la región del Awash medio, en Etiopía. A pesar de su abundancia, los restos eran más bien fragmentarios, en su mayor parte trozos de maxilar y dientes aislados. Sin embargo, dos basicraneos más o menos deformados mostraban un *foramen magnum* (el orificio por el que la columna vertebral se engarza en el cráneo) situado por debajo de la bóveda craneana, lo que indicaba que la nueva especie correspondía ya a un homínido bípedo. Sin embargo, cierto número de caracteres dentarios apuntaba a un considerable primitivismo con respecto a las especies más arcaicas de *Australopithecus*, como *A. anamensis* o *A. afarensis.* Así, el esmalte de los dientes era delgado, como en gorilas y chimpancés, y no grueso, como ocurre en *Australopithecus*. Además, diversas características de los molares los acercaban asimismo a chimpancés y gorilas, más que a los homínidos posteriores. No cabía duda, por tanto, que el homínido de Aramis se situaba en una posición muy próxima a la bifurcación entre los primeros homínidos bípedos y el grupo formado por gorilas y chimpancés.

Pero he aquí que, un mes después de su artículo, White y colaboradores publicaban una pequeña nota en la misma revista *Nature*, con la que creaban un nuevo género, *Ardipithecus*, para la especie de Aramis. Este cambio de atribución genérica dio pábulo a numerosas especulaciones, en parte consecuencia del secretismo con que Tim White y su equipo llevaron las investigaciones sobre *Ardipithecus*. Posteriormente, ciertos rumores apuntaron a que el descubrimiento de nuevo material poscraneal obligaba a matizar el supuesto bipedismo de *Ardipithecus ramidus*, convirtiéndolo en una forma mucho más arborícola. Sin embargo, ninguna información explícita sobre este tema ha salido a la luz. El reconocimiento en 2001 de una subespecie de *A. ramidus*, *A. ramidus kaddaba*, de edad considerablemente anterior a los restos de Aramis (entre 5,2 y 5,8 millones de años), tampoco ha contribuido a aclarar la posición exacta de *Ardipithecus* en la filogenia de la evolución humana. Así pues, la posibilidad de que *Ardipithecus* se encuentre en el punto de bifurcación entre los homínidos bípedos y el grupo chimpancé-gorila sigue abierta (8, 44, 68, 78).

7. ATAPUERCA

Complejo cárstico situado en la sierra del mismo nombre, a pocos kilómetros de Burgos. La mayor parte de sus depósitos son fosilíferos y cubren un lapso de tiempo que oscila entre un millón y unos doscientos mil años atrás. Las industrias líticas dejadas por los primeros pobladores de esta zona abundan en varios de estos yacimientos, así como numerosos restos de la fauna de entonces. Pero, sin duda, los hallazgos más espectaculares y que han llevado el nombre de Atapuerca al primer plano de la actualidad corresponden a los variados restos de homínidos que han ido apareciendo a lo largo de los años. El primer resto de un homínido en Atapuerca, un fragmento mandibular que conservaba toda su dentición, fue encontrado en la denominada Sima de los Huesos por el geólogo y paleontólogo Trinidad de Torres en 1976, en el curso de una de sus incursiones en busca de restos fósiles de oso para su tesis doctoral. Posteriormente, la excavación sistemática en la Sima de los Huesos dio lugar a la recuperación de numerosos restos humanos en buen estado de conservación, en particular tres cráneos muy completos, conocidos como cráneos 4, 5 y 6. La capacidad craneana de estos especímenes oscila entre 1.125 cc (el cráneo 5, probablemente una hembra) y 1.390 cc (el cráneo 4, un

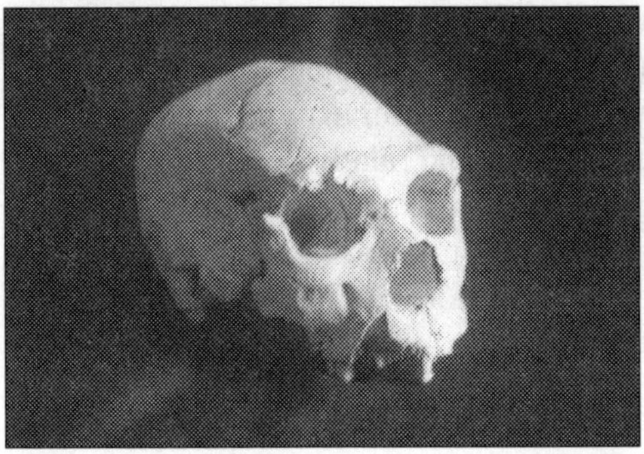

Cráneo 5 de la Sima de los Huesos de Atapuerca, correspondiente a la especie *Homo heidelbergensis*.

macho adulto). El número de individuos, incluyendo machos, hembras y niños, cuyos restos se han hallado en la Sima de los Huesos sobrepasa hoy día la treintena. La edad del depósito de la Sima de los Huesos se sitúa en torno a los 320.000 años. Desde un punto de vista anatómico, los restos humanos de este yacimiento corresponden a la especie *Homo heidelbergensis*, hallada en yacimientos de edad parecida, como Steinheim, Mauer o Swanscombe. Se trata de un grupo de fósiles europeos que anuncian por sus rasgos a los neandertales, razón por la cual son también conocidos como anteneandertales.

Dentro del mismo complejo cárstico de Atapuerca se encuentran depósitos más antiguos, como los de la denominada Gran Dolina, que se fechan entre finales del Pleistoceno inferior e inicios del Pleistoceno medio. En 1997 se halló una serie de restos humanos de gran valor paleontológico, pues constituyen una de las evidencias más antiguas de presencia humana en Europa occidental. Se trata de diversos fragmentos craneales (un maxilar y un frontal infantiles, fragmentos mandibulares y otros) procedentes del nivel TD6 (denominado *Aurora*) de la Gran Dolina. Este nivel fosilífero ha sido datado en unos 800.000 años, cerca de medio millón de años más antiguo, por tanto, que el de la Sima de los Huesos. De acuerdo con el equipo que ha estudiado este material (básicamente, los paleontólogos José M. Bermúdez de Castro y Juan Luis Arsuaga, y el prehistoriador Eudald Carbonell), la combinación de caracteres que muestran estas piezas es única y ha justificado la designación de una nueva especie dentro del género *Homo*, el *Homo antecessor*. Así, por una parte, el maxilar infantil TD6-69 muestra una morfología típicamente moderna, con caracteres que lo aproximan a los individuos de tipo moderno encontrados, por ejemplo, en el yacimiento marroquí de Djebel Irhoud 1 (pero con una edad que no sobrepasa los 150.000 años). La morfología moderna de este maxilar, aunque menos desarrollada, también se encuentra en otro resto del nivel TD6, el maxilar adulto TD6-58 (presencia marcada de la llamada fosa canina). Los fragmentos mandibulares encontrados, por otra parte, indican un elevado grado de primitivismo, como la presencia de primeros y segundos molares de tamaño relativamente grande (sólo se encuentra reducido el tercer molar). Estos caracteres aproximan a la especie ibérica a ciertos ejemplares del lago Turkana, en Kenia, asignados a la especie *Homo ergaster* y que, con anterioridad, habían sido incluidos dentro de la especie *Homo erectus.*

Según los descubridores del *Homo antecessor*, la combinación de caracteres de los fósiles humanos de la Gran Dolina de Atapuerca excluye su adscripción al conjunto de fósiles europeos incluidos en la especie *Homo heidelbergensis,* como los de Mauer (Heidelberg, Alemania), Petralona (Grecia), Steinheim (Alemania), Boxgrobe y Swanscombe (Inglaterra), Tautavel (Francia) o los mismos de la Sima de los Huesos. Algunos caracteres avanzados, sin embargo, situarían al *Homo antecessor* como posible antepasado directo de estas poblaciones, que finalmente darían lugar al hombre de Neanderthal y a la vez a las poblaciones de tipo moderno que, desde hace unos 200.000 años, se encuentran en África y en Oriente Próximo, como las de Laetoli 1 y Djebel Irhoud 1. Por tanto, el *Homo antecessor* sería un descendiente directo del *Homo ergaster* de África oriental que, hace aproximadamente un millón de años, habría entrado en Europa. En este continente, *Homo antecessor* habría evolucionado, dando lugar a los primeros neandertales a través de la especie *Homo heidelbergensis.* En África, en cambio, *Homo antecessor* habría dado lugar al hombre moderno u *Homo sapiens* en sentido estricto (si consideramos a los neandertales como *Homo neanderthalensis,* una especie diferente de la nuestra).

¿Qué ocurre entonces con *Homo erectus*, el clásico eslabón que cubría el hueco entre los primeros representantes del género *Homo* en África y los anteneandertales y neandertales de Europa? De acuerdo con las ideas de Bermúdez de Castro, Arsuaga y otros colaboradores, *Homo erectus* no se situaría en la línea directa que lleva al hombre moderno y a los neandertales, sino que constituiría una rama extinguida exclusivamente asiática. Este resultado se encuentra en la línea desarrollada y defendida por algunos autores anglosajones como Bernard Wood, quienes propusieron que la denominación específica *Homo erectus* no era aplicable a los ejemplares africanos del Turkana, para los que se rescató la denominación de *Homo ergaster*. Con *Homo antecessor* (una supuesta especie «africana» *avant la lettre)* culmina este proceso, excluyendo incluso a *Homo erectus* del linaje que lleva al hombre moderno (23, 41, 46, 95).

8. AUSTRALOPITHECUS

Género de homínidos bípedos que habitaron en África entre 4,2 y 2,5 millones de años atrás. Su ámbito geográfico abarca el sur y el este africano, desde Sudáfrica hasta Etiopía, extendiéndose por el oeste hasta Chad. En general, comprende formas de complexión grácil, cuya capacidad craneana oscilaba entre 400 y 550 cc, no muy superior a la de un gorila o un chimpancé, y cuya dentición era de esmalte grueso, aunque más reducida que en las especies del género *Parathropus.* La primera especie adscrita a este género, *Australopithecus africanus,* fue catalogada por el médico sudafricano Raymond Dart en 1925, a partir de un fragmento craneal bastante completo de un individuo infantil encontrado accidentalmente en las canteras de Taung, unos 100 km al norte de Kimberley (Sudáfrica). La naturaleza exacta del niño de Taung fue objeto de intensos debates hasta que el paleontólogo Robert Broom comenzó en la década de 1930 la prospección sistemática de diversas cavidades sudafricanas. Ello llevó al descubrimiento de restos más completos de *Australopithecus africanus*, lo que permitió una caracterización mucho más detallada de esta especie. En particular, destacan los hallazgos de la cueva de Sterkfontein, que incluyen hasta tres cráneos (destaca en particular Sts 5, atribuido inicialmente a un nuevo género y especie: *Plesianthropus transvaalensis),* así como parte de la columna vertebral, costillas, la pelvis y un fémur fragmentado de un mismo individuo (Sts 14). *Australopithecus africanus* fue una especie de talla pequeña (entre 1,15 y 1,40 m de altura), con una capacidad craneana de entre 430 y 550 cc, y de miembros anteriores relativamente alargados respecto a los posteriores, quc habitó en África del Sur hace entre 3,5 y 2,5 millones de años.

Durante décadas, *Australopithecus africanus* constituyó la única especie grácil del grupo de los australopitecinos, el cual incluía también las variantes robustas hoy reagrupadas dentro del género *Paranthropus*. Sin embargo, el rango de distribución geográfica y temporal de *Australopithecus* se extendió considerablemente cuando en 1978 Donald C. Johanson, Tim D. White e Yves Coppens describieron una nueva especie, *Australopithecus afarensis*, definida a partir de restos procedentes de Etiopía (Omo, Hadar) y Tanzania (Laetoli). Posteriormente, el conocimiento de esta especie, ya de por sí muy completo gracias al esqueleto conocido como *Lucy*, se incrementó considerablemente con el hallazgo de un fragmento craneal bien conservado en Maka (Awash medio, Etiopía), de unos 3,4 millones de años de antigüedad. *Australopithecus afarensis* era todavía más pequeño y arcaico que *A. africanus*, con poco más de un metro de al-

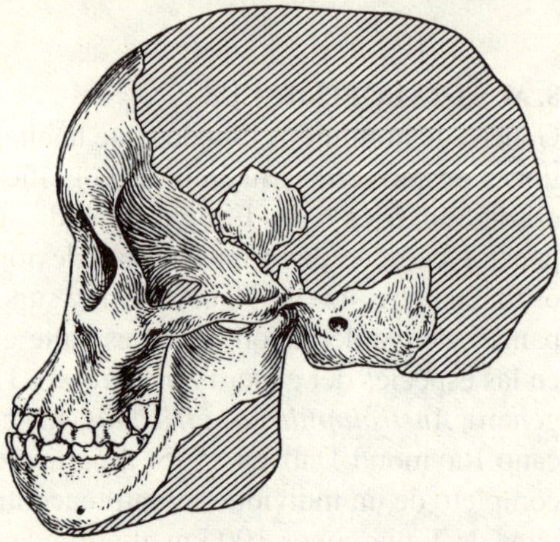

Cráneo de *Australopithecus africanus* infantil de Taung (Sudáfrica).

tura y una capacidad craneana que oscilaba entre 430 y 550 cc. Su cronología se extiende entre cuatro y tres millones de años atrás, acorde con un conjunto de rasgos que confirman su primitivismo con respecto a *A. africanus* de Sudáfrica: una dentición más robusta, una cara larga y masiva que recuerda en cierta medida la de *Parathropus* y un acusado dimorfismo sexual. De acuerdo con Owen Lovejoy, *Australopithecus afarensis* era ya una forma típicamente adaptada a la locomoción sobre el suelo duro de la sabana, pero esta opinión ha sido discutida por otros autores, para quienes la relación entre la longitud de los miembros anteriores y posteriores indicarían una buena capacidad para trepar y hacer vida en los árboles.

De cronología semejante a *Australopithecus afarensis,* aunque geográficamente muy alejada, es la especie *Australopithecus bahrelgazhali,* hallada en Chad, en la localidad de Bahr-el-Gazhal o Valle de las Gacelas, cerca de Koro Toro, a partir de una sínfisis mandibular que conserva un incisivo, dos caninos y los cuatro premolares. Sin embargo, subsisten numerosas dudas sobre las características y la cronología de esta especie, dada la parquedad del material hasta ahora encontrado y la dificultad de hallar series estratigráficas continuas en la zona.

La cronología del género *Australopithecus* dio otra vuelta de tuerca en 1995 con la caracterización de la especie *A. anamensis* por parte de Meave G. Leakey, Craig S. Feibel, Ian McDougall y Alan Walker. *Australopithecus anamensis* está basado en restos craneales y fragmentos esqueléticos poscraneales hallados en las localidades de Kanapoi y Allia Bay, en Kenia. La cronología de esta especie está establecida en torno a unos cuatro millones de años atrás, más concretamente, entre 3,9 y 4,2 millones de años. Dada la parquedad del material recogido, no es posible avanzar datos sobre su estatura o su capacidad craneal. Sin embargo, sí es posible constatar que, para su cronología, *Australopithecus anamensis* presenta una curiosa asociación de caracteres craneales y poscraneales. Así, los restos craneales muestran unos grandes caninos y una dentición relativamente arcaica y robusta, mientras que el fragmento de húmero que se conserva indica un cierto grado de gracilidad. La mandíbula presenta las dos ramas en paralelo (lo que se conoce como «dibujo en *U*»), disposición que recuerda a la de antropomorfos actuales como el chimpancé o el gorila.

En principio, la serie cronológica *Australopithecus anamensis-A. afarensis-A. africanus* parecería diseñar una línea tendente hacia una progresiva gracilidad locomotora y una mayor capacidad craneana. Sin embargo, las cosas no son tan sencillas como parecen; hoy en día subsisten numerosos interrogantes en torno a la evolución de *Australopithecus* entre 4 y 2,5 millones de años. Así, la relación entre el aparato locomotor de *A. anamensis* y *A. afarensis* no está clara: mientras *A. anamensis* podría representar una forma ya adaptada a la vida en la sabana, *A. afarensis* supondría una forma aún ligada a la vida en el bosque, invirtiendo por tanto la secuencia de cambio ambiental en el Plioceno. Por lo que a *A. Africanus* respecta, por el momento esta especie aparece restringida a Sudáfrica, y sus relaciones con las especies más antiguas de África oriental deben todavía clarificarse. Y queda, además, la cuestión del estatus del poco conocido *Australopithecus bahrelgazhali*.

En el extremo más moderno de la línea, la serie se ha completado recientemente con el descubrimiento de *Australopithecus ghari* por parte del equipo de Berhane Asfaw y Tim White en la localidad de Bouri, nuevamente en el Awash medio. La muestra incluye numerosos restos poscraneales así como un fragmento craneal que incluye buena parte del neurocráneo y del paladar. La antigüedad de estos restos ha podido ser precisada con métodos radiométricos en 2,5 millones de años, lo que la hace coetánea por tanto del *Australopithecus africanus* de Sudáfrica. La especie de Bouri puede diferenciarse claramente de otras formas más o menos contemporáneas de la región, como *Paranthropus aethiopicus*, e incluirse sin problemas dentro del género *Australopithecus*. La cara de *A. ghari* indica en este aspecto una morfología más arcaica que la de *A. africanus* y las formas primitivas del género *Homo*, más próxima en este sentido a la de su probable antecesor *A. afarensis*. De este último, sin embargo, se diferencia por algunos caracteres más avanzados que afectan a la dentición y que indicarían cierta tendencia a desarrollar molares grandes y gruesos (sin llegar a los extremos de *Paranthropus)*. Su capacidad craneana es reducida, se estima en unos 450 cc. En cualquier caso, como indican sus autores, *A. ghari* se sitúa en el lugar adecuado y en el momento preciso para ser considerado como antepasado directo de *Homo habilis,* primer representante de nuestro género. Esta asunción se ve reforzada, según Tim White y su equipo, por el descubrimiento de marcas de uso sobre algunos de los huesos asociados a *A. ghari*. Asimismo, las primeras industrias líticas que se encuentran en el Awash medio datan precisamente de hace 2,5 millones de años, y el único posible autor de las mismas sería esta especie. Sin embargo, la relación entre *Australopithecus africanus* y *Homo habilis* no puede ser tampoco excluida, ya que ambas especies comparten una morfología facial más avanzada que la de *A. ghari*. De nuevo, pues, quedan cuestiones importantes por clarificar también en este momento tardío de la evolución de *Australopithecus* (6, 44, 46, 72).

9. AZAR

Debemos a Darwin y Wallace el mérito de haber dado con un mecanismo sencillo para explicar la actual diversidad de los seres vivos, a saber, la evolución mediante la selección natural de los individuos más aptos. En efecto, la selección natural constituye el único mecanismo conocido capaz de imprimir un carácter direccional y no aleatorio al proceso evolutivo. No obstante, la teoría evolutiva jamás ha podido sustraerse completamente a la sombra del azar, es decir, al hecho de que el resultado de la evolución pudiera ser achacable más a procesos aleatorios que a un proceso de carácter finalista como la selección natural. En este sentido, las apelaciones a la contingencia de la evolución han aparecido y reaparecido constantemente, a modo de «eternas metáforas», al decir de Gould. Por ejemplo, desde la incipiente genética de principios del siglo XX, el mutacionismo pretendió resaltar el carácter aleatorio del proceso evolutivo. Y, de hecho, con el auge del mutacionismo la selección natural perdió fuerza como mecanismo direccional de la evolución, dando lugar a una de las primeras crisis del darwinismo.

Tras la eclosión de la síntesis neodarwinista en los años treinta y cuarenta del siglo XX, el papel director de la selección natural en la evolución se estableció con fuerza, y las escasas propuestas que todavía otorgaban un papel relevante a la aparición y fijación caprichosa de nuevos tipos biológicos, como el «monstruo prometedor» de Goldschmidt, quedaron relegadas al olvido. El debate sobre el papel del azar en la evolución quedó entonces circunscrito a dos únicos temas: la deriva genética y el problema del origen de las especies.

El tema del papel preeminente del azar en la evolución fue retomado en las décadas de los setenta y ochenta, sobre todo a partir de los trabajos de un grupo de paleontólogos encabezado por Stephen Jay Gould, Niles Eldredge, Steven Stanley y Elisabeth Vrba. La base de sus formulaciones fue el reconocimiento de la evolución como un proceso jerárquico, con diferentes niveles de selección que funcionan autónomamente. Así, se quebraba el postulado básico neodarwinista de que el proceso evolutivo a todos los niveles (macroevolutivo y megaevolutivo incluidos) es siempre consecuencia de la selección natural actuando sobre los individuos. Mientras la selección natural permitía predecir el proceso evolutivo a niveles microevolutivos, a otra escala la impredictibilidad, el azar, entraba de nuevo en escena. Particularmente, respecto a los grandes procesos macroevolutivos, algunos autores como S. J. Gould o D. Jablonski llegaron muy lejos a la hora de enfatizar el carácter impredecible del proceso evolutivo, especialmente durante los momentos sujetos a lo que llamamos extinciones en masa. Con el nombre de extinciones en masa se conoce a los grandes eventos que han supuesto la desaparición de más del 50 por ciento de las especies. Se conocen media docena de grandes extinciones en masa, correspondientes al Cámbrico superior, el Ordovícico superior, el Devónico superior, el límite Pérmico-Triásico, el Triásico superior y el límite Cretácico-Terciario. Junto a ellas, existe otra media docena de efectos algo más atenuados, pero con niveles de extinción claramente distinguibles de los momentos de extinción normal o «de fondo».

En 1987 el paleontólogo de la Universidad de Chicago David Jablonski mostró en un trabajo sobre moluscos del Mesozoico que los caracteres que confieren resistencia a la extinción en tiempos de extinción normal no son los mismos que confieren resistencia en tiempos de crisis (extinción en masa). En otras palabras, mientras durante los procesos de extinción de fondo es posible predecir de alguna manera qué especies están mejor preparadas para sobrevivir a una crisis normal, las características que confieren resistencia a la extinción resultan impredecibles en caso de extinciones en masa. De esta manera, en esos tiempos de crisis global sería la *suerte* y no la selección natural la que guiaría la evolución determinando los supervivientes. Como se preguntaba David Raup en uno de sus libros, *«Bad genes or Bad luck?»*

Respecto a la macroevolución, la influencia del azar ha sido también objeto de debate para explicar las tendencias evolutivas que a veces parecen seguir algunos linajes evolutivos a lo largo de millones de años (por ejemplo, en lo que respecta a la talla, la longitud de las patas, la altura de la corona de los molares en mamíferos, etcétera). Y efectivamente, la manera más sencilla de explicar una tendencia evolutiva es negar su existencia, refutarla como un producto del azar. Mediante el sencillo mecanismo de tirar una moneda al aire y registrar el resultado una y otra vez es posible llegar por simulación a curvas que describen comportamientos aparentemente tan sesgados como el índice Dow Jones de los últimos tres años o la evolución del clima en los últimos treinta millones de años (para mencionar sólo dos casos en los que con frecuencia se habla de tendencias). El resultado de estos «paseos al azar» *(random walking)* es tanto más sorprendente por cuanto no existen limitaciones o fronteras en la trayectoria de la curva: cada jugada es independiente de la anterior y la probabilidad de que salga cara o cruz (o, en términos generales, que el resultado sea +1 o –1) es la misma. La única condición para que se genere una curva direccional de este tipo es que el sistema mantenga algún tipo de memoria, por el cual la posición de un punto en la gráfica en un momento dado dependa del estado inmediatamente anterior. De esta manera, si a una serie de jugadas que dan reiteradamente «positivo» les sucede otra que da «negativo», esta reversión no supondrá una variación significativa en la evolución del sistema. Dada la relevancia del tema a la hora de dilucidar si la evolución de una variable está controlada por un factor determinista o es producto del azar, se han ideado diversos métodos para evaluar estadísticamente la significación de estos paseos al azar, en función del número de pasos y la variancia alcanzada (lo que no constituye ninguna sorpresa). A medida que aumenta el número de pasos, se hace cada vez más difícil mantener la tendencia ascendente o descendente, de modo que la pauta general que emergía a pequeña escala deja de tener sentido a gran escala.

Una vez más, en la base de todas las discusiones sobre el azar en la evolución se sitúa la clásica cuestión de en qué medida el azar es una característica intrínseca a cualquier proceso natural (azar ontológico) o bien constituye simplemente una consecuencia de nuestra incapacidad para comprender el comportamiento de un sistema complejo controlado por un número muy elevado de agentes causales (azar epistemológico). Mientras que una tradición biológica y paleontológica muy arraigada (Simpson, Van Valen, Maynard Smith, el primer Gould y muchos otros) ha tendido a reconocer regularidades que hacen de la evolución un proceso en cierta medida predecible, otra en cambio ha incidido en el carácter absolutamente aleatorio e impredecible de la evolución (entre ellos, Raup y el último Gould). Según estos últimos, si rebobinásemos la película de la evolución y ésta empezase de nuevo, los resultados serían hoy completamente diferentes (21, 40, 73, 75).

Henri Bergson.

10. BERGSON, HENRI

Filósofo francés nacido en Auteuil (París) en 1859. Destacado estudiante de física y matemáticas, en 1878 decidió finalmente dedicarse por entero a la filosofía. Tras graduarse, ejerció como profesor de esta disciplina en diversos liceos de educación secundaria (posición que, a diferencia de hoy en día en nuestro país, gozaba de alta consideración social y cultural): Angers (1881), Clermont-Ferrand (1883-1885) y, finalmente, Henri IV en París (1889-1898). En 1889 publica su tesis doctoral *Ensayo sobre los datos inmediatos de la conciencia,* donde ya se plasman las preocupaciones básicas que dominarán su pensamiento, tales como la incapacidad de la inteligencia para captar el tiempo real o *duración,* y el papel que en este sentido desempeña la intuición. Ocho años más tarde publicará su segunda obra, *Matria y memoria,* con la que prosigue sus reflexiones sobre el tema de la «duración real» *(durée).* En 1898 es nombrado profesor de la Escuela Normal Superior, cargo que abandona a los dos años, cuando pasa a ocupar la cátedra de Filosofía del Collège de France. Por aquel entonces inaugura sus cursos de filosofía (verdadero acontecimiento intelectual en el París de principios de siglo), así como sus conferencias públicas, conocidas más tarde como *Les five o'clock de monsieur Bergson.* Ese mismo año publica un pequeño tratado, *La risa*, basado en tres ensayos aparecidos con anterioridad en la *Revue de Paris*, y que se ha convertido en un auténtico clásico sobre el tema de la comicidad. Del método utilizado en esta obra él mismo advierte que «consiste en determinar los procedimientos de fabricación de lo cómico». En 1901 ingresa en la Academia de Ciencias Morales y Políticas, mientras continúa la elaboración de importantes ensayos, como su *Introducción a la metafísica,* que posteriormente incluirá en una recopilación de ensayos y conferencias que lleva por título *El pensamiento y lo moviente.*

En 1907 publica su obra cumbre, *La evolución creadora,* en la que expone sus ideas particulares sobre la evolución. Con ella, Bergson rechaza las dos tendencias que en aquella época se disputaban la explicación de los procesos evolutivos, lo que él llama el mecanicismo y el finalismo. Contra el mecanicismo, Bergson alega que la evolución de la vida no puede ser simplemente explicada por el tipo de factores que condicionan los procesos fisicoquímicos. Si así fuera, argumenta, la vida podría ser fácilmente reproducida de nuevo en un laboratorio, cosa inimaginable en aquel momento. Por otra parte, Bergson reprocha a las diversas interpretaciones finalistas que por aquel entonces proliferaban en Europa que asuman que la evolución camina sobre unos senderos predeterminados y que sus resultados son así previsibles. Para Bergson, ambas escuelas menosprecian el carácter creativo que la duración real imprime a la evolución. La evolución es así un proceso indeterminado e imprevisible que no puede ser reducido a los procesos fisicoquímicos que gobiernan la materia inerte, ni sigue tampoco una pautas predeterminadas por una finalidad interna. El diferente comportamiento de la vida y la materia en este aspecto comporta, según Bergson, la necesidad de pensar en una especie de «impulso vital» *(élan vital)* que penetra la materia inerte y la lleva por derroteros imprevisibles: «El impulso vital de que hablamos consiste, en suma, en una exigencia de creación. No puede crear en absoluto, porque encuentra ante él la materia, es decir, el movimiento inverso al suyo. Pero se apodera de esta materia, que es la necesidad misma, y tiende a introducir en ella la mayor cantidad posible de indeterminación y libertad». La evolución es pues, para Bergson, el resultado de la confrontación entre la materia (la necesidad) y un impulso de indeterminación, al que llama impulso vital.

La no muy afortunada elección del término *élan vital* y la crítica que en su tiempo hiciera del mecanicismo han valido a Bergson el ser incluido dentro de las corrientes vitalistas, florecientes a fines del siglo XIX y principios del XX, que postulaban la existencia de una especie de entidad sobrenatural que guiaba la evolución. En realidad, Bergson se sitúa en *La evolución creadora* en una posición muy diferente. Su *élan vital* es menos un factor sobrenatural que guía la evolución cuanto un factor natural que introduce indeterminación en la evolución y promueve la producción de formas muy diversas en sentidos múltiples e imprevisibles. La materia (hoy diríamos, la necesidad), se opone a este *élan vital* y constriñe su impulso ciego. La evolución es, finalmente, el resultado de este juego entre opuestos, a saber, el *élan vital* que tiende a producir formas aleatoriamente, y las leyes fisicoquímicas que controlan los procesos de la materia inerte. En cualquier caso, el impulso vital de Bergson no es en ningún caso una fuerza que guíe la evolución, como pretendían muchos vitalistas, sino, por el contrario, un impulso que provoca la diversificación de la vida en multitud de direcciones imprevisibles (la evolución creadora). En este sentido, la obra de Bergson no se nos antoja tan alejada de las actuales preocupaciones de los biólogos evolutivos, ya que asume una evolución cuyos resultados responden a procesos aleatorios, al azar. La diferencia radica en que, con su impulso vital, Bergson postulaba la existencia de un mecanismo *activo* de producción de formas biológicas. Para él, que conoció el evolucionismo sobre todo a través de las obras de Herbert Spencer (en el fondo, mucho más lamarckista que darwinista), era imposible imaginar que la «materia» (la necesidad) pudiese estar en el origen de la diversidad de la vida. Por el contrario, esta diversidad sólo podía ser explicada si existía un principio activo que promoviese la ramificación de la vida.

Tras el impacto que tuvo la publicación de *La evolución creadora,* el ascendiente de Bergson en la cultura francesa y, en general, europea de su época no dejó de crecer. En 1914 ingresa en la Academia de la lengua Francesa, en 1925 es nombrado presidente de la Comisión Internacional de la Sociedad de Naciones y, finalmente, en 1927 recibe el Premio Nobel de Literatura. Mientras tanto, dicta conferencias y publica ensayos que luego reunirá en libros como *La energía espiritual* o el ya citado *El pensamiento y lo moviente.* En 1932 publica la última de sus obras, *Las dos fuentes de la moral y la religión,* donde prolonga algunas de las ideas de *La evolución creadora* en el contexto del ser humano. Judío de origen polaco, Henri Bergson morirá de congestión pulmonar en los primeros días de 1941, víctima de las privaciones que él y otros muchos franceses de similar condición tuvieron que soportar en la Francia ocupada (32, 84, 85).

11. BUFFON, GEORGES-LOUIS LECLERC, CONDE DE

Georges-Louis Leclerc, conde de Buffon, miembro de la Académie Française de París, de la Royal Society de Londres, intendente real del Jardin des Plantes, ocupa una posición destacada en el entorno intelectual que

Georges-Louis Leclerc, conde de Buffon.

precedió a la elaboración de las primeras teorías evolucionistas. Era éste un entorno muy particular, el de la Inglaterra y la Francia del siglo XVIII, dominada esta última por un vasto movimiento subterráneo de raíces laicas cuya principal manifestación fue una publicación de gran envergadura, *L'Encyclopédie.* Esta obra aspiraba a recopilar todo el saber positivo de su tiempo, y tuvo que ser impresa clandestinamente en diversas ocasiones. En ella colaboró un gran número de conocidos representantes de la cultura francesa del momento: el matemático D'Alembert; los filósofos y literatos Condillac, D'Holbach, Diderot, Grimm, Helvétius, Voltaire y Rousseau; el historiador Montesquieu; los economistas Quesnay y Turgot y otros. En ese entorno, la figura de Buffon aparece como un referente en el estudio de la historia natural, aunque el propio científico no llegó nunca a establecer una colaboración directa con *L'Encyclopédie.*

Nacido en Montbard en 1707 en el seno de una próspera familia de terratenientes de provincias, Buffon se interesó muy pronto por las ciencias, y más particularmente por las matemáticas, campo en el que mostró una profunda devoción por la obra de Isaac Newton. Establecido en París durante su juventud, trabó conocimiento con destacados newtonianos de la capital (como Maupertuis) y con la élite del movimiento enciclopedista: D'Alembert, Diderot, Helvétius, Voltaire, Rousseau. Sin embargo, nunca llegó a un compromiso expreso con la causa enciclopedista y, una vez aupado al cargo de intendente real del Jardin des Plantes, decidió seguir su propio camino en la historia natural. Así, inicia la redacción de un nuevo proyecto enciclopédico, la *Historia natural,* con el objetivo de sintetizar en una sola obra todo el conocimiento positivo sobre el mundo natural de su tiempo. La *Historia natural* de Buffon alcanzó una difusión extraordinaria para una obra de su siglo, contabilizando numerosas ediciones y siendo traducida a todas las lenguas cultas de su tiempo. Con una extensión de más de cuarenta volúmenes, a su muerte esta magna obra fue continuada por otros colaboradores del Museo Nacional de Historia Natural, entre los que se cuenta el propio Georges Cuvier.

Desde el campo de la historia natural, Buffon inauguró un nuevo estilo en la manera de enfocar el análisis de la naturaleza. En efecto, como Hutton en Inglaterra, Buffon todavía tiene que combatir a finales del siglo XVIII contra una concepción antropocéntrica del tiempo que concibe el desarrollo de la creación como una larga preparación para la entrada del hombre en escena. Una vez adecuada la Tierra para acoger al hombre y una vez entronizado éste en su centro, las antiguas convulsiones que habrían modelado la superficie del globo no serían ya necesarias y el planeta habría entrado en una nueva era de estabilidad (sólo rota por los pecados de la humanidad). Por el contrario, las obras de Buffon nos presentan un planeta cuyas fluctuaciones no muestran un plan predeterminado, estableciendo los supuestos que desembocarán finalmente en una interpretación evolucionista de la historia natural, como las ideas sobre la gran ancianidad de la Tierra y sobre la mutabilidad de las especies. En este sentido, su contribución más significativa se encuentra compendiada básicamente en dos de sus obras: *Théorie de la Terre* (1749) y *Époques de la Nature* (1778).

En esta última obra, Buffon propone una división de la historia de la Tierra en seis épocas, que abarcan hasta los tiempos cosmológicos, y cifra el origen del planeta hace nada menos que en 75.000 años, cifra que parece fabulosa si se compara con los cuarenta días del Diluvio bíblico. El cálculo de esta cifra constituye una auténtica demostración de actualismo, pues la llevó a cabo imaginando el tiempo que necesitaría la deposición de limo en las playas actuales para llegar a formar una colina de «mil toesas de altura» (algo menos de dos mil metros). Además de considerar el origen de las montañas a partir de la sedimentación, el naturalista francés establece ya una clara distinción entre las rocas ígneas y las de origen marino. En otro párrafo, llega a afirmar que «en aquella época, pues, que no dista de la nuestra sino unos quince mil años a lo más, los elefantes, los rinocerontes, los hipopótamos, y probablemente todas las especies que no pueden multiplicarse en el día más que en la zona tórrida, vivían y se multiplicaban en las tierras del norte, que obtenían igual grado de calor y eran, por consiguiente, tan propicias a su naturaleza como lo son ahora las demás».

La referencia a «unos quince mil años a lo más» denota el interés de Buffon por acotar el tiempo geológico en unos límites concretos, a diferencia de otros autores como Stenon, para quienes el tiempo geológico es una vasta extensión sin límites en la que los ciclos de erosión y sedimentación se sucederían ininterrumpidamente. Como Hutton en Inglaterra, Buffon trata de explicar los acontecimientos del pasado recurriendo a los mecanismos que actualmente modelan el paisaje terrestre. Aunque con cerca de cuarenta años de diferencia, ambos publicarán una obra con el mismo título: *Teoría de la Tierra*. Pero las coincidencias entre los dos autores acaban aquí. En efecto, la obra de Buffon, altamente especulativa, carece de un auténtico soporte geológico, al contrario que la voluminosa *Theory of the Earth* de Hutton. A su vez, el abstruso estilo de este último autor se encuentra en las antípodas de la elegante prosa de Buffon. De hecho, la difusión de las ideas de Hutton se realizará indirectamente a través de la obra de su discípulo John Playfair *Ilustrations of the Huttonian Theory*, publicada en 1802. En fin, en sus obras Buffon prefigura claramente las ideas actualistas que tomarán cuerpo con Hutton y, sobre todo, con Lyell. Gracias a las obras de Buffon, Hutton y Playfair, el actualismo comienza a introducirse en el balbuciente pensamiento geológico. De hecho, con Darwin el principio del actualismo desempeñará un papel fundamental en la interpretación de la realidad geológica y, sobre todo, de la realidad biológica.

Pero la obra de Buffon no sólo allanó el terreno al actualismo geológico y a la concepción de un tiempo geológico inusualmente largo para su época, sino que, de modo más solapado, introdujo grietas en la pretendida inmutabilidad de las especies. Así, a lo largo de diversos capítulos de su *Historia natural*, Buffon constata que todos los grupos de animales pueden ser reducidos a unos pocos diseños básicos (idea que alcanzará un amplio eco en Alemania con la *Naturphilosophie* de Schelling y Goethe). Así, parece como si el conjunto de todos los organismos hubiesen derivado, *por degeneración,* a partir de un limitado número de especies originales. Pero cuando Buffon llega a comparar el caballo y el asno, como miembros de una misma familia, los conceptos alternativos de *degeneración* y *perfeccionamiento* se relativizan. Si el asno es la forma salvaje original, ¿cómo imaginar que el caballo sea una forma degenerada? Por el contrario, es la acción conjunta de la naturaleza y del hombre las que han creado una criatura como el caballo. En este caso no cabe hablar de degeneración sino de perfeccionamiento. Por el contrario, cuando se deja a la naturaleza actuar por sí sola, los casos de perfeccionamiento resultan mucho más raros, mientras que los casos de degeneración por mezcla son los más abundantes. Ahora bien, Buffon deja la puerta abierta a que, a causa de las sucesivas migraciones que las han obligado a desplazarse fuera de su área de origen, algunas especies puedan haberse transformado en otras en el decurso del tiempo. Aunque el propio Buffon probablemente no quiso ahondar públicamente en esta idea, a fin de no provocar nuevos enfrentamientos con los censores de la Sorbona (con los que ya había chocado por cuestiones mucho menos problemáticas), es evidente que era plenamente consciente de sus consecuencias: «si se admite [...] que el asno sea de la *familia* del caballo y que no difiere de éste más que porque ha degenerado, podría decirse también que el mono es de la *familia* del hombre, que es un hombre degenerado, que el hombre y el mono han tenido un origen común como el caballo y el asno, que cada *familia*, tanto entre los animales como entre los vegetales, no ha tenido más que un solo tronco, e incluso que todos los animales proceden de un solo animal que, con la sucesión de los tiempos ha producido, perfeccionándose y degenerando, todas las razas de los otros animales». Éstas son, evidentemente, las reflexiones de un naturalista hacendado, acostumbrado a constatar en sus propios dominios los niveles de variabilidad que los humanos son capaces de inducir en las especies domésticas. Otro naturalista hacendado sacará idénticas conclusiones pero dará un paso más al proclamar que toda la diversidad del mundo viviente es efectivamente el resultado de procesos naturales semejantes a los que la selección practicada por los humanos induce artificialmente. Su nombre es Charles Darwin.

Pero Georges-Louis Leclerc, conde de Buffon, no entrevió o no se atrevió a dar este paso, en el marco del delicado juego que los enciclopedistas franceses se veían obligados a jugar en la Europa prerrevolucionaria del siglo XVIII. Buffon murió finalmente en 1788, a los 81 años de edad, cómodamente instalado como aristócrata en su Montbard natal. Tan sólo un año después, la Revolución francesa barrería aquel universo cerrado y poliédrico, en el que las ideas seminales de la evolución sólo podían prosperar gracias a la habilidad y a la autoridad intelectual de gentes como Buffon (32, 35, 55).

12. BURGESS SHALE

Formación esquistosa de la zona oriental de Canadá, famosa por albergar restos de una importantísima fauna que se remonta a hace unos 530 millones de años, a mediados del periodo Cámbrico. La importancia de estos yacimientos radica en que no sólo se han preservado organismos con partes esqueléticas duras, sino también muchos otros de cuerpo blando de los cuales no se tenía noticia. Descubierto en 1909 por el paleontólogo norteamericano Charles D. Walcott, de la Smithsonian Institution, ha proporcionado restos de hasta ocho tipos nuevos de organismos, así como numerosos tipos de artrópodos hasta entonces desconocidos, como los enigmáticos *Opabinia* y *Anomalocaris*. Junto a ellos se encuentran miembros de grupos de invertebrados marinos primitivos todavía existentes, como los priapúlidos y los onicóforos.

Gracias a las excepcionales condiciones de preservación de sus fósiles, el estudio de este yacimiento ha mostrado que hace más de quinientos millones de años existía ya una extraordinaria diversidad de diseños básicos. Ésta sobrepasaba ampliamente los actuales niveles de *Baupläne* (término alemán con el que se designa a cada uno de los diseños estructurales básicos del reino animal), con organismos de toda clase, como *Opabinia*, inclasificables dentro de los grandes tipos biológicos reconocidos desde el siglo anterior. Especialmente significativo fue el caso de los artrópodos, muchos de los cuales fueron inicialmente incluidos dentro de las grandes clases actuales del grupo. Gran parte de los artrópodos de Burgess Shale, sin embargo, se han revelado también como formas inclasificables del grupo, que muestran combinaciones de rasgos no conocidas en la actualidad. Hasta trece diferentes *Baupläne* han sido reconocidos hasta la fecha por Whittington y colaboradores entre los artrópodos de esta localidad, pero según estos mismos autores la cifra final podría elevarse a veintitrés.

Este dato sirvió como argumento para que el paleontólogo americano Stephen J. Gould proclamase en su obra *La vida maravillosa* (1989) que el famoso «árbol de la vida» había sido siempre malinterpretado. Contra la clásica afirmación de que a lo largo de la evolución se ha producido un *aumento de la diversidad*, Gould propone exactamente lo contrario: después de la radiación evolutiva del Cámbrico, ha tenido lugar una drástica disminución en la diversidad de los diseños corporales básicos o *Baupläne*. Para Gould, por tanto, el «árbol de la vida» está invertido. La diversidad actual responde en realidad a una exigua minoría dentro de los diseños presentes en Burgess Shale, los cuales han mantenido posteriormente una sorprendente estabilidad a lo largo de cientos de millones de años, sin dar lugar a nuevos (y teóricamente posibles) *Baupläne*. De acuerdo con Gould, ambos fenómenos, disparidad de diseños en el Cámbrico y estabilidad estructural posterior, pueden ser explicados en función de las constricciones impuestas al desarrollo durante la evolución. Por un lado, la plasticidad morfológica que se encuentra en Burgess Shale indicaría que estos mecanismos de constricción embrionaria no estaban todavía suficientemente desarrollados. De esta manera, existiría una mayor flexibilidad en los patrones de desarrollo embrionario. Con el tiempo, los itinerarios ontogenéticos han quedado canalizados de manera que sólo unos determinados *Baupläne* supervivientes son posibles. Los mecanismos de constricción al desarrollo aparecidos con posterioridad a Burgess Shale han mantenido la estabilidad estructural de los grandes grupos desde entonces. Una prueba de la plasticidad original del Cámbrico medio radica en el alto número de homoplasias (fenómenos de convergencia evolutiva) y reversiones que se detectan entre los elementos de Burgess Shale. Determinados caracteres tienden a aparecer indistintamente en diferentes grupos, dando lugar a una especie de combinatoria libre, un «todo vale» evolutivo que se encuentra muy lejos de la congruencia que hoy se observa en los grandes tipos zoológicos. Como ha señalado Gould, el punto en cuestión es que en la fauna de Burgess Shale todos los caracteres muestran un nivel similar de plasticidad, de manera que ningún análisis a priori permitiría definir grupos estables dentro de la diversidad de diseños de este yacimiento. Este hecho contrasta con la realidad posterior de los *Baupläne*, a partir de la cual es posible definir una serie de rasgos básicos, sobre los cuales se estructuran otros caracteres «más superficiales».

La idea de unos *Baupläne* canalizados de modo activo por constricciones al desarrollo es profundamente extraña a la biología evolutiva clásica. Para Darwin y los neodarwinistas, la estabilidad de los tipos morfológicos era una consecuencia pasiva de la extinción de las formas intermedias. Por el contrario, para Gould, la estabilidad morfológica se ha mantenido durante centenares de millones de años *de una manera activa*, por acción de las constricciones al desarrollo. Para un estricto darwiniano, los crustáceos podrían en cualquier momento de su historia desarrollar especies con tres o más pares de antenas simplemente por acción de la selección natural. Para Gould, el hecho de que después de Burgess Shale los crustáceos se hayan mantenido durante millones de años sólo con dos pares de antenas confirma la existencia de un mecanismo subyacente de constricción de la variabilidad. Así pues, las constricciones al desarrollo no sólo han mantenido a lo largo del Fanerozoico la estabilidad de los *Baupläne*, sino que también habrían impedido la aparición de nuevos diseños básicos, al estilo de la fauna de Burgess Shale. Debe hacerse notar que, de nuevo, la estabilidad es el dato: el hecho clave, de acuerdo con Gould, no es tanto la diversidad morfológica de la fauna de Burgess Shale como la estabilidad activa que ha dominado desde el Cámbrico superior (13, 40, 73, 93).

13. CANALIZACIÓN DEL DESARROLLO

El concepto de canalización del desarrollo fue introducido por C. H. Waddington para explicar las anomalías en la expresión de la variabilidad detectadas en el análisis de cepas isogénicas de *Drosophila,* la mosca del vinagre. Waddington observó que la variabilidad fenotípica era mucho más amplia en individuos homocigóticos que en los mayoritariamente heterocigóticos. Este epigenetista escocés interpretó que el desarrollo del individuo, esto es, la expresión del genotipo en el fenotipo, estaba constreñido a unos cauces mucho más estrechos en el caso de los heterocigotos que en el de los homocigotos. Waddington utilizó un símil geológico para ilustrar esta canalización del desarrollo: en unos casos, el desarrollo del individuo discurre por unos valles muy estrechos y profundos, de manera que puede hablarse de la existencia de unas pautas o itinerarios ontogenéticos muy estrictos, independientemente de los factores ambientales, que determinan el resultado final del fenotipo. En otros casos, por el contrario, el desarrollo de un carácter en una determinada dirección estaría sujeto a factores aleatorios ligados a las variaciones ambientales durante la ontogenia.

A partir de la obra de S. J. Gould, *Ontogeny and phylogeny*, y de los trabajos de Alberch, McKinney y McNamara, la investigación sobre los procesos de canalización del desarrollo y los consiguientes itinerarios ontogenéticos avanzó considerablemente durante la década de los ochenta, formalizando de una manera rigurosa las ideas iniciales de Waddington. En definitiva, antes incluso de que la selección natural restrinja el número de fenotipos viables, los itinerarios ontogenéticos determinan ya unas constricciones internas que impiden que determinadas variantes morfológicas puedan aparecer durante la ontogenia. Por tanto, no todo es posible en el marco de la variabilidad fenotípica; para cada grupo existen determinadas morfologías que aparecen como prohibidas de entrada. Ello se hace particularmente evidente cuando se analiza lo que Pere Alberch llamaba «la lógica de los monstruos». Así, los distintos casos teratológicos que a veces se observan en la naturaleza no responden a una gama infinita de modelos. Por el contrario, los monstruos, pese a su deformación, muestran un alto grado de integración orgánica y responden a un número reducido de patrones bien delimitados. Por ejemplo, no son infrecuentes los casos de perros u ovejas con dos cabezas, pero difícilmente encontraremos alguno con tres cabezas. Asimismo, cuando se produce una pérdida de dedos en salamandras y en ranas, el número resultante al final puede ser el mismo, pero la vía a través de la cual se produce esta reducción es diferente en cada caso. Mientras que todos los anuros tienden a perder el primer dedo, los urodelos pierden primero el quinto dedo (12, 36, 38, 39).

14. CATASTROFISMO

Doctrina elaborada inicialmente por el paleontólogo francés Georges Cuvier, según la cual cada cierto tiempo la Tierra se ha visto sacudida por violentas revoluciones que han tenido como consecuencia la extinción de la fauna existente. Después de cada gran catástrofe, un nuevo conjunto florístico y faunístico se extendería por la superficie del globo, inaugurando una nueva era. Cuvier expuso esta doctrina por primera vez en el prólogo a su obra *Recherches sur les ossements fossiles des quadrupèdes.* Este extenso prólogo sería luego editado aisladamente con el título de *Discours sur les révolutions de la surface du globe.* El catastrofismo geológico le llega a Cuvier de la mano de Blumenbach y otros geólogos de la escuela alemana, entre quienes esta idea estaba firmemente establecida. Es innegable que el término «revolución», que Cuvier utiliza para encabezar su *Discours,* debía de mantener unas connotaciones inequívocas en la mente de sus contemporáneos y sugería una clara correspondencia entre el desarrollo de la humanidad y el de la naturaleza. Una diferente concepción del decurso de la historia humana hallaba su correlato en una concepción igualmente distinta del curso de la historia natural. De hecho, la expresión «revoluciones del globo» no suele aparecer en obras anteriores a los sucesos de 1789 (incluidas las del propio Buffon). Sin embargo, en el ámbito anglosajón Cuvier fue raramente leído en versión original. Por el contrario, su teoría de las revoluciones del globo fue rápidamente asumida y adaptada por los concordistas británicos en su intento de proporcionar un fundamento científico al relato bíblico de la creación. La versión concordista de la teoría de Cuvier supone una Tierra periódicamente devastada en la que a cada catástrofe seguiría una nueva creación *ex nihilo* de todas las especies. Pero en realidad, Cuvier no se plantea en absoluto el tema del origen de las especies, problema que, como Lyell, considera irresoluble en ese momento. El paleontólogo francés constata que las especies aparecen ya plenamente formadas, sin etapas de transición, después de cada catástrofe. La apropiación indebida de las ideas de Cuvier por parte de los concordistas es tanto más patente cuanto que en el *Discours* la Biblia es sólo citada en una ocasión, en el contexto de una discusión que hace referencia a diversos relatos mitológicos, entre los que se incluye el mito de la Atlántida.

En cualquier caso, las ideas catastrofistas gozaron de gran popularidad entre numerosos geólogos del siglo XIX, avaladas sin duda por la autoridad intelectual de Cuvier. Por ejemplo, en una fecha tan tardía como 1878, el naturalista catalán Pere Alsius, descubridor de la mandíbula anteneandertaliana de Banyoles, se expresaba en los siguientes términos al explicar la geología de la zona gerundense: «Un extenso mar debió de cubrir en consecuencia el suelo de nuestra provincia, como consta de otras regiones dentro y fuera de la península, hasta que un cataclismo horroroso levantó y dejó en seco los bancos de roca en su seno sedimentadas y las más antiguas que les sirvieran de lecho». Como en el caso de los concordistas británicos, también Alsius considera el diluvio bíblico como la última de las catástrofes globales: «Nuevos infortunios estaban reservados a la humanidad en los comienzos de su peregrinación de este mundo. Ora fuese por el derretimiento de las nieves que se habían acumulado durante el periodo glacial [...], ora fuese por las oscilaciones sufridas por los continentes [...], la Tierra se vio cataclísticamente cubierta por torrenciales y caudalosas corrientes, dejando poco menos que aniquilada la vida animal en toda su superficie sin excepción de latitudes y alturas en ambos hemisferios».

Con la publicación de los *Principios de geología* del inglés Charles Lyell, el catastrofismo cayó definitivamente en descrédito. En esta obra, Lyell pudo demostrar (como después hiciera Darwin al tratar la evolución por selección natural) que no hace falta recurrir a causas extraordinarias ni a enormes cataclismos para explicar fenómenos como la aparición de las montañas o las variaciones del nivel del mar. Las causas que operan actualmente han operado de la misma manera en el pasado, y su lenta y gradual acción durante largos periodos de tiempo es la responsable de la configuración actual del globo y de sus habitantes (doctrina conocida con el nombre de actualismo).

Así pues, durante cerca de cien años, el término catastrofismo permaneció arrinconado en los manuales de la historia de la ciencia. Esta situación, sin embargo, cambió abruptamente a partir del año 1980, cuando, desde las páginas de la revista *Science*, Walter y Louis Alvarez propusieron una revolucionaria interpretación para explicar el anormal incremento de los niveles de iridio en estratos del límite Cretácico-Terciario. El iridio es un elemento muy raro en la corteza terrestre, pero es más abundante en el manto. Ello explica por qué muchos meteoritos presentan también una alta concentración de este metal, ya que se supone que estos cuerpos celestes corresponden a fragmentos de antiguos planetas. Dado que el límite Cretácico-Terciario coincide con una de las grandes crisis biológicas de la historia de la vida, la conclusión del equipo de Alvarez fue obvia: un gran cuerpo extraterrestre, de unos diez kilómetros de diámetro, colisionó con la Tierra hace 65 millones de años. Aun cuando los efectos inmediatos de la propia colisión ya debieron de ser devastadores cientos de kilómetros alrededor del área de impacto, los efectos a nivel global habrían sido todavía peores, con la emisión de toneladas de polvo que habrían dado lugar a un repentino oscurecimiento de la atmósfera y habrían provocado unas condiciones semejantes a las del invierno nuclear: paralización de la producción primaria, lluvia ácida, bruscos cambios de temperatura y todos sus efectos derivados.

Después del artículo de Alvarez y sus colaboradores, nuevos niveles enriquecidos en iridio salieron a la luz asociados a otros periodos de extinción en masa, como por ejemplo en el caso del límite Ordovícico-Silúrico, del Devónico superior o del límite Pérmico-Triásico. Posteriormente, los paleontólogos americanos S. Raup y J. Sepkoski, con la ayuda de un potente arsenal estadístico, establecieron que las extinciones masivas en la historia del planeta mostraban aparentemente una periodicidad de veintiséis millones de años. Como explicación, ambos autores propusieron que, periódicamente, el sistema solar entraba bajo la influencia de Némesis, una supuesta estrella-hermana del Sol, la cual desestabilizaría el campo de asteroides de Orth, provocando la caída de alguno de estos cuerpos sobre la Tierra. A pesar de que la existencia de Némesis nunca ha sido probada y de que la teórica periodicidad de veintiséis millones de años ha sido repetidamente puesta en duda, por primera vez en mucho tiempo la paleontología construía una hipótesis de ámbito global que podía ser contrastada. ¿Era posible que la Tierra se hubiese visto periódicamente sometida a grandes catástrofes planetarias, como la caída de grandes meteoritos, provocando las grandes extinciones en masa que desde Cuvier los paleontólogos habían invocado? En ese caso, la evolución difícilmente podría ser ya vista como aquel proceso gradual y progresivo que llevaba desde la ameba hasta el ser humano. Por el contrario, la historia de la vida aparecería caracterizada por largos periodos de estabilidad (lo que se traduciría en una estasis evolutiva), bruscamente puntuada por grandes reorganizaciones globales de la biosfera, en las que sería el azar el que determinaría qué especies supervivientes habrían de repoblar de nuevo el planeta (9, 18, 33, 34).

15. CLADÍSTICA

El origen de lo que se ha llamado sistemática filogenética o cladística se sitúa en la obra *Phylogenetic systematics*, del entomólogo alemán Willy

Henning, publicada en 1965. Como su nombre indica, la sistemática filogenética constituye una metodología ideada para elaborar clasificaciones que reflejen la historia de un grupo. No se trata, en realidad, de averiguar cuál es el antecesor directo de un determinado taxón, ya que, según la filosofía de la ciencia de Karl Popper (en que la cladística afirma basarse) las relaciones ancestro-descendiente no son refutables y, por tanto, no constituyen auténticas hipótesis científicas. De lo que se trata es de establecer hipótesis de parentesco, es decir, constituir grupos monofiléticos basados en un determinado taxón y su pariente más cercano (lo que se denomina grupo hermano). Todo proceso de especiación incluye una dicotomía por la cual una especie B se diferencia a partir de otra especie A previamente existente. Decimos entonces que A es el grupo-hermano de B. Ambas especies poseerán en común cierto número de caracteres que a su vez formarán parte del acervo de otras muchas especies. Es obvio que este tipo de caracteres no nos proporciona información sobre las relaciones filogenéticas entre A y B. A su vez, durante el proceso de especiación, es muy posible que B adquiera un cierto número de especializaciones propias, que no compartirá con ninguna otra especie, ni siquiera con A. Tampoco este tipo de caracteres nos proporcionará información sobre las relaciones entre A y B. Los únicos caracteres, por tanto, que nos permitirán afirmar que A es el grupo hermano de B serán aquellos compartidos a su vez por A y B, pero no por ninguna otra especie, producto de su historia en común. Así pues, en principio, para cada carácter, Henning distingue entre un estadio primitivo, plesiomórfico, y un estadio derivado o evolucionado, el estadio apomórfico. Los grupos hermanos deben constituirse a partir de aquellos caracteres derivados en común por las dos especies, es decir, los llamados estadios sinapomórficos, debiendo rechazarse aquellos caracteres primitivos compartidos con otros grupos (o estadios simplesiomórficos) así como aquellos caracteres derivados en solitario (o autapomórficos). Desde esta perspectiva, un grupo monofilético es aquel formado estrictamente por una especie más todos sus descendientes. Las relaciones entre convergencia evolutiva, sinapomorfía y simplesiomorfía pueden resumirse en el siguiente esquema (suponiendo que el estadio *a* es plesiomórfico y el estadio *A* es apomórfico):

A	a	A	Convergencia
a	A	A	Sinapomorfía
A	a	a	Simplesiomorfía

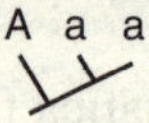

Un grupo formado por la concurrencia de caracteres convergentes será entonces un grupo polifilético y, por tanto, «no natural» desde el punto de vista de la sistemática filogenética. Pero, además, la cladística introduce un nuevo tipo de categoría taxonómica no natural, los denominados grupos parafiléticos, es decir, aquellos formados a partir de caracteres simplesiomórficos. Categorías tales como invertebrados, peces o reptiles constituyen grupos parafiléticos que expresan grados de complejidad estructural pero no auténticos grupos monofiléticos con significación filogenética (es decir, una especie más todos sus descendientes). A partir de esta base conceptual, la cladística ha desarrollado un ingente número de métodos para la elaboración de cladogramas, reconocimiento de grupos hermanos, establecimiento de criterios de polaridad y otras técnicas que han contribuido a una reinterpretación profunda de la sistemática (29, 35, 82).

16. COPPENS, YVES

Paleoantropólogo francés nacido en Vennes, Bretaña, en 1934. Siendo muy joven participó con el profesor Giaud en la excavación de yacimientos neolíticos y de construcciones megalíticas en Francia. A los dos años de licenciarse en ciencias naturales, entró en el Centre National de la Recherche Scientifique y comenzó sus campañas paleontológicas en el norte y este de África. La primera, en Chad (1960-1966), desembocó en el descubrimiento de un fragmento craneal atribuible a una forma próxima a *Homo erectus,* para el que creó un nuevo género y especie, el *Tchadanthropus uxoris*. Poco después pasó a desarrollar su actividad investigadora en el valle del Omo (1967-1976) y en la depresión de Afar (1972-1977), donde participó junto con Donald Johanson en el descubrimiento de *Lucy*, ejemplar muy completo de australopiteco primitivo a partir del cual definieron la nueva especie *Australopithecus afarensis*. Fue subdirector del Musée de l'Homme de París (1969) y, posteriormente, director y profesor de antropología en el Museo Nacional de Historia Natural de la capital francesa (1980). Actualmente es profesor del Collège de France y miembro correspondiente de la Academia de Ciencias. Ha escrito numerosos trabajos sobre los orígenes humanos y varios libros como *Le singe, l'Afrique et l'homme* o *La plus belle histoire du monde* (escrita junto a otros científicos y publicada en España con el título de *La historia más bella del mundo*).

A pesar de haber coincidido con Johanson y White en la definición de la especie *A. afarensis*, Yves Coppens siempre ha discrepado de ellos al considerar que en Afar se encontraba no una sino dos especies de homínidos de talla diferente. La más pequeña de ellas correspondería efectivamente al esqueleto conocido como *Lucy* y entraría dentro de la definición de *Australopithecus afarensis*. Junto a éste, sin embargo, los restos de mayor tamaño corresponderían a otra especie, la cual representaría uno de los primeros eslabones que llevarían al género *Homo*. De este modo, Coppens se suma a la opinión de aquellos que, como Louis Leakey, pensaron que los orígenes del género *Homo* podían retrotraerse a las primeras fases de la evolución humana, en el Plioceno inferior, y que la mayor parte de miembros del género *Australopithecus* no forman parte de la línea directa que llega hasta nosotros (8, 51, 72, 91).

17. CREACIONISMO

Una de las cosas que más sorprende cuando se entabla una conversación con algún colega paleontólogo de Estados Unidos son las muchas horas que algunos de ellos han tenido que emplear para defender la teoría de la evolución frente a las posturas creacionistas que todavía imperan en muchos estados norteamericanos. Es éste, por el contrario, un aspecto al que los paleontólogos y biólogos evolutivos europeos no han tenido que prestar atención desde hace mucho tiempo. En efecto, la teoría de la evolución, que permite explicar de una manera razonable y sencilla el origen de la actual diversidad de los seres vivos, está no sólo firmemente establecida en la ciencia actual, sino también en la conciencia de la inmensa mayoría de ciudadanos de a pie, al menos en el viejo continente. Pero al otro lado del Atlántico, autores de prestigio como Stephen J. Gould han tenido que batallar para demostrar que la evolución no es sólo una teoría más, pendiente de confirmación, sino un hecho establecido por la ciencia. Incluso el ex presidente Ronald Reagan se permitió afirmar que el creacionismo era una teoría tan plausible como la evolución. ¿A qué puede ser debida esta supervivencia del creacionismo en Estados Unidos, cuando en Europa aparece únicamente como un fenómeno residual y más bien esotérico? Naturalmente, las raíces del problema son de índole religiosa, y afectan a la interpretación literal del relato del Génesis. Así, a diferencia de Estados Unidos, la eclosión del evolucionismo en Europa no supuso un trauma para los numerosos paleontólogos católicos que, sobre todo en Francia, se sumaron a las nuevas ideas, y entre los que se contaron nombres tan ilustres como Albert Gaudry, Charles Deperet y, sobre todo, Pierre Teilhard de Chardin. Incluso el papa Pío XII, a través de la encíclica *Humani Generis,* aceptó en la década de 1950 el evolucionismo como teoría no contraria al dogma católico.

La raíz de esta discrepancia, como se ha apuntado, hay que buscarla probablemente en la actitud que a uno y otro lado del Atlántico ha existido respecto al relato del Génesis y, más concretamente, a la Biblia en general. Así, la reforma luterana del siglo XVI estableció una discrepancia fundamental con respecto a la Iglesia católica sobre el papel que habían de desempeñar los textos bíblicos en la salvación humana. Una vez establecido el canon de textos sagrados, la interpretación e incluso la propia lectura de estos textos la reservó Roma a sacerdotes y obispos, que de ese modo se convertían en intermediarios entre Dios y el cristiano de a pie. Por su parte, la lectura del Antiguo Testamento estaba muy restringida, cuando no francamente desaconsejada (no es de extrañar, ya que, como cualquier historia de un pueblo, el judío en este caso, sus páginas están a veces pobladas de sucesos «poco recomendables», como incestos, asesinatos, masacres, etcétera). El católico, por tanto, veía las Escrituras y particularmente el Antiguo Testamento, como algo lejano cuya referencia directa le llegaba no a través de los textos mismos sino mediante versiones suavizadas y previamente preparadas, las denominadas *Historias Sagradas*.

Pero la Reforma luterana cambió por completo esta perspectiva. Para Lutero no debía haber intermediarios entre Dios y los hombres. Al grito de «Sólo la Biblia», proclamó que la salvación del cristiano sólo vendría de la fe, a través de la lectura e interpretación directa del texto sagrado. Para el luteranismo y todas las corrientes protestantes que se derivaron, la lectura no sólo del Nuevo sino del Antiguo Testamento era el único medio que tenía el cristiano para comunicarse con su Creador, sin necesidad de intermediarios que interpretasen tales textos. En este contexto, la Biblia era la palabra directa de Dios y, como tal, no podía ser errónea, tenía que ser interpretada *literalmente*.

Así pues, cuando el evolucionismo comenzó a difundirse en el mundo científico de finales del siglo XIX y principios del XX, el sustrato religioso que encontró a un lado y otro del Atlántico fue muy diferente. De un lado, en la Europa de influencia católica (Francia, Italia, España, Austria, pero también amplias partes de Alemania y del Reino Unido), que tal teoría no se ajustase al relato original del Génesis no supuso un gran problema para muchos creyentes. Al fin y al cabo, podía ser *reinterpretado* como una narración simbólica, adaptada a la particular cosmovisión del entorno judío. Incluso se podía argüir que el orden seguido en la aparición de los seres vivientes parecía ajustarse a la escala progresiva que todo buen evolucionista de principios de siglo admitía: peces, reptiles, aves y mamíferos.

Por el contrario, en el entorno luterano y calvinista, la lectura literal, sin interpretaciones ni intermediarios, de toda la Biblia era un componente básico de la práctica religiosa de aquellas comunidades, por lo que cualquier elemento que pusiese en duda la exactitud del relato bíblico ponía en peligro el sistema. Si, hablando llanamente, el Génesis no era literalmente verdad, ¿qué garantías existían de que el resto de la Biblia lo fuese? El carácter literal, no interpretativo, de la lectura de los textos bíblicos que impuso el luteranismo lastró de cara al futuro cualquier posible connivencia con interpretaciones alternativas respecto al origen de la Tierra o del hombre. Y no hay que olvidar que la primera fase de colonización de Norteamérica no fue llevada a cabo por los elementos más moderados del protestantismo, como pudiera ser la Iglesia episcopaliana, sino precisamente por sus elementos más integristas, los llamados puritanos, a su vez forzados a emigrar del Viejo Continente por sus propios correligionarios reformistas.

Así pues, las raíces del problema son profundas, y es de temer que nuestros colegas norteamericanos tengan todavía que batallar de vez en cuando para que en las escuelas de algunos estados no se siga proponiendo el creacionismo como una teoría alternativa seria al evolucionismo como sucede en la actualidad (11, 18, 19).

18. CUVIER, GEORGES

El nombre de Georges Cuvier aparece asociado a los orígenes de la paleontología y de la anatomía comparada. En efecto, se debe a este investigador francés el reconocimiento, por primera vez en la historia, de una especie fósil, es decir, de una especie extinguida. Antes que él, otros naturalistas, desde Leonardo hasta Buffon, habían reconocido e interpretado correctamente la naturaleza de los fósiles, en tanto que restos petrificados de organismos que habían vivido en el pasado. Estos autores, sin embargo, consideraban que se trataba de las mismas especies que hoy pueblan la Tierra. En otras palabras, jamás antes de Cuvier se había reconocido que algunas especies hubiesen podido llegar a extinguirse (ya se sabe que Noé consiguió salvar en su arca a todas las especies de su tiempo, según el designio divino). Pero en 1796, a la edad de veintisiete años y recién llegado al Museo Nacional de Historia Natural, este brillante naturalista presentó en el Instituto Nacional de Ciencias y Artes de París su *Mémoire sur les espèces d'Éléphants tant vivants comme fossiles*, obra que por vez primera demostraba efectivamente la existencia de especies extinguidas de proboscídeos, el grupo al que pertenecen los elefantes.

Georges Cuvier.

Georges Cuvier nació en 1769 en el seno de una familia luterana establecida en Montebeliard, cuando esta ciudad todavía formaba parte del ducado de Wüttenberg, antes de su anexión a Francia. Tras pasar a formar parte en 1795 del recién creado Museo Nacional de Historia Natural de París, su carrera tanto científica como administrativa no dejó de mejorar. Secretario de la Academia de Ciencias con Napoleón, ministro para cultos no católicos con Luis XIII y Carlos X, par de Francia con Luis-Felipe, Cuvier fue capaz de convivir con casi todos los regímenes políticos de la Francia de su tiempo, sin que ello fuese causa de especial incomodidad. Posteriormente, en 1812 compiló lo que sería su contribución más sobresaliente a la paleontología, sus *Recherches sur les ossements fossiles de quadrupèdes.* Cuvier fue reconocido en vida como uno de los más grandes científicos de su tiempo, y fue públicamente admirado no sólo por el entorno científico sino por numerosos escritores y filósofos, como Goethe, Schelling, Stendhal o Balzac. Este último llegó incluso a preguntarse: «¿No es acaso Cuvier el más grande poeta de nuestro siglo?». Obviamente, el autor de *La comedia humana* se estaba refiriendo a la insólita perspectiva que Cuvier había abierto al reconstruir los mundos perdidos de un pasado que hasta entonces había permanecido oculto para la ciencia de su tiempo.

Sin embargo, toda la gloria que cosechó en vida se trocó en oprobio poco después de su muerte en 1832. De genio científico de su época, Cuvier pasó a encarnar en los libros de historia el papel de un retrógrado reaccionario que habría impedido, más que facilitado, el avance de la ciencia. La razón de este cambio radical de postura respecto a su figura se debe a la actitud que Cuvier mantuvo con respecto al balbuciente evolucionismo de principios del siglo XIX, encarnado en la figura y la obra de Lamarck. Primero frente al mismo Lamarck, a quien trató con altanería, y después frente a su discípulo Geoffroy Saint-Hilaire, Cuvier siempre se negó a aceptar la idea de la mutabilidad de las especies. En realidad, y contra lo que pueda parecer en la actualidad, la actitud de Cuvier encarnaba, a principios del XIX, una nueva manera de hacer ciencia. Así, frente a las obras altamente especulativas de un Buffon o un Lamarck, Cuvier y sus contemporáneos reivindicaban una ciencia estrechamente basada en la observación y en la descripción detallada de la naturaleza. Por el contrario, las ideas de Buffon y Lamarck entraban dentro de lo que, con un cierto desprecio, se conocían como «sistemas», es decir, elaboraciones generales más o menos filosóficas, pero sin referencia directa a la realidad. A finales del siglo XVIII y principios del XIX, estos sistemas, que habían gozado de gran predicamento gracias a autores como Descartes o Leibniz, eran considerados elaboraciones teóricas ya periclitadas. Por lo tanto, cuando Cuvier se oponía a la *Filosofía zoológica* de Lamarck, lo estaba haciendo precisamente en nombre de la modernidad, y no al contrario. Sólo posteriormente, con el auge del evolucionismo, los papeles se invirtieron y Lamarck fue reivindicado frente al fijista y retrógrado Cuvier.

A diferencia, sin embargo, de los fijistas anglosajones, para quienes la fidelidad al relato bíblico desempeña un papel muy importante, Cuvier jamás adujo prejuicios religiosos para justificar su posición. Por el contrario, la argumentación que opuso a la mutabilidad de las especies estuvo siempre fundamentada en sus trabajos de anatomía comparada. Así, frente a Lamarck, Cuvier tenía una visión arquitectural del ser vivo. Su objetivo era establecer las leyes que regulan la relación entre los distintos elementos de un organismo (vertebrado) o, para usar sus propias palabras, «las leyes que presiden la coexistencia de formas de las diversas partes de los seres organizados». Precisamente, la primera constatación de Cuvier es la existencia de arquitecturas prohibidas, es decir, de combinaciones concebibles que, sin embargo, están excluidas de la naturaleza: los vertebrados con dos cuernos tienen las pezuñas hendidas y los carnívoros con grandes colmillos están dotados de garras, pero nadie ha visto nunca un toro con grandes colmillos o un león con pezuñas. Y, sin embargo, el universo mitológico está poblado de toros con garras, leones con alas y caballos con cuernos. Surge así la ley de correlación de los órganos, fundamento de la naciente anatomía comparada: «Todo ser organizado forma un conjunto, un sistema único y cerrado, cuyas partes se corresponden mutuamente y cooperan en la misma acción definitiva por una reacción recíproca. Ninguna de estas partes puede cambiar sin que las otras cambien también y, como consecuencia, cada una de ellas, tomada separadamente, indica y revela todas las demás». Un carnívoro, pues, tendrá dientes de carnívoro, patas de carnívoro e intestino de carnívoro. El principio de correlación de los órganos es, sin duda, la aportación más significativa de Cuvier a la ciencia de su tiempo y es también el argumento lógico que le impidió aceptar la mutabilidad de las especies (o evolución) propuesta por Lamarck. Tomemos como ejemplo ese mismo carnívoro al que ya nos hemos referido, con sus dientes, patas e intestinos. ¿Cómo imaginar su transformación en algo diferente, por ejemplo con extremidades de carnívoro pero dientes de oveja? La modificación de una pieza implicaría la modificación de todo el organismo. Esta paradoja, puesta de relieve por el sagaz Cuvier, fue hábilmente resuelta por otro gran genio científico del siglo XIX, Charles Darwin, al mostrar que la evolución podía obrar por la selección natural de pequeñas modificaciones que se irían acumulando gradualmente (14, 19, 32, 55).

19. DARWIN, CHARLES

Sin duda, calificar a Darwin como el científico más influyente de todos los tiempos no parece una afirmación muy arriesgada. En efecto, otros autores como Isaac Newton o Albert Einstein tienen en su haber teorías unitarias que han modificado profundamente las bases de sus propias disciplinas. Pero además, en Darwin se da el caso de una formulación teórica que no sólo aportó una explicación unitaria a multitud de fenómenos biológicos, sino que también alteró profundamente nuestra propia manera de concebir el mundo y a nosotros mismos. Las implicaciones filosóficas de la idea de evolución no se circunscriben a las de una mera teoría científica, sino que también afectan a cómo concebimos nuestra propia existencia.

Darwin no fue propiamente hablando el autor de la teoría de la evolución, idea ya explícitamente formulada por otros autores como Jean-Baptiste Lamarck o su propio abuelo, Erasmus Darwin, pero sí fue el primero en proponer una explicación convincente sobre cómo opera el cambio evolutivo, algo en lo que hasta entonces habían fracasado sus predecesores. En su obra *El origen de las especies*, Darwin propuso que las pequeñas variaciones que se encontraban en el seno de las poblaciones naturales se verían progresivamente favorecidas por la selección natural de aquellos individuos que lograsen sobrevivir y traspasar estas características a su descendencia. Dado que los recursos son siempre limitados, aquellas características que en un ambiente dado favorezcan la supervivencia de sus portadores (los más *aptos)* tenderán a propagarse y acentuarse en el seno de las especies. Por el contrario, aquellos cuyas características no representen una ventaja sobre sus competidores tenderán a no dejar descendencia y, por tanto, tales rasgos se perderán con ellos. Mediante este sencillo mecanismo, no muy diferente a escala natural de la selección artificial que los criadores y ganaderos ingleses practicaban en sus granjas, Darwin pudo explicar el origen de la inmensa variedad de formas y especies que hoy configuran la naturaleza. Otra de las claves del éxito y difusión de *El origen de las especies* estriba en el concienzudo y detallado análisis que Darwin realiza en esta obra de las pruebas de la evolución, aportando numerosos casos relacionados con la embriología, la biogeografía o la anatomía comparada. Ante tal derroche de documentación, no es de extrañar que los adversarios de la teoría de la evolución se preocupasen seriamente por los efectos de su obra.

¿Cuál fue la clave del éxito de Darwin, allá donde otros habían fracasado? Pues probablemente haya que buscarla en el hecho de que Darwin no se vio en ningún momento imbuido de las ideas evolucionistas preexistentes, las cuales constituían una profunda rémora en el desarrollo de una teoría empírica de la evolución. Con tal bagaje, un evolucionista contemporáneo de Darwin difícilmente podría haber llegado a las conclusiones que éste sacó durante su periplo a bordo del *Beagle:* su interpretación de la distribución geográfica de las especies y de la relación entre individuo y medio ambiente habría estado viciada en su base. De hecho, cuando Darwin se embarca en el *Beagle* lo hace imbuido de unas firmes convicciones fijistas, en la mejor línea cuvieriana. Y es en este fijismo inicial del joven Darwin donde tal vez se encuentre la clave del éxito que le llevó a concebir la evolución como una consecuencia de la selección natural.

La segunda clave del éxito de Darwin es que, sobre la *tabula rasa* de su fijismo original, construye un edificio teórico basado en sus extraordinarias dotes de observación y en su capacidad de reflexión. Contrariamente a los sistemas especulativos de un Buffon o un Lamarck, Charles Darwin se ocupó hasta el fin de sus días de la resolución de problemas científicos muy concretos y apegados a su experiencia directa, como demuestra el repaso a algunos de sus últimos trabajos: *The Fertilisation of the Orchids, The Variation of Animals and Plants under Domestication, The Formation of Vegetable Mould throught the Action of Worms* y otros. Incluso obras centradas en aspectos altamente teóricos de la biología, como *El origen del hombre* o *La expresión de las emociones en los animales,* están basadas en la observación de realidades como la selección sexual o el comportamiento de los animales domésticos, muy cercanas a la vida de un hacendado inglés de su tiempo.

En particular, la idea de selección natural puede ser asimilada a un proceso que Darwin conocía perfectamente, como es la obtención de variantes domésticas. Darwin explica la transmutación de unas especies en otras mediante el mismo mecanismo que los granjeros ingleses aplicaban a su ganado, es decir, promoviendo la reproducción de aquellas variedades más aptas para sus fines y eliminando o impidiendo la reproducción de los descendientes de menor interés. Similarmente a esta selección artificial, existiría en la naturaleza una selección «natural». Ahora bien, ¿qué es lo que fuerza esta selección en la naturaleza? Dado que en el mundo natural no existe un criador que fuerce la selección de unas determinadas variantes, Darwin se vio en la tesitura de encontrar un factor natural que provocase efectos similares. Varios años después de su viaje en el *Beagle*, este factor se le hizo evidente al leer la obra del pastor inglés Thomas R. Malthus *Ensayo sobre el principio de la población* (1798). En esta obra, Malthus argumenta que mientras que la población humana aumenta en proporción geométrica, los recursos lo hacen en proporción aritmética, por lo que siempre existirá un déficit. Este déficit en la disponibilidad de recursos era el factor que Darwin necesitaba para explicar la selección natural. Además, la lectura de la obra de Malthus permitió a Darwin operar un importante salto cualitativo en la formulación de la teoría de la evolución. Así, para explicar el cambio evolutivo, y a diferencia de Lamarck y Geoffroy Saint-Hilaire, Darwin no se sitúa en el plano del individuo, sino que introduce la idea de la población como unidad de evolución. Lo fundamental en este caso es que el concepto de población lleva implícito el concepto de variabilidad intrapoblacional: los individuos de una población no son todos iguales sino que difieren, hasta cierto grado, en sus características. Ello da pie a explicar la evolución mediante el proceso de selección natural: los individuos que presentan unas características más adecuadas para la vida en un ambiente determinado sobreviven y transmiten estos rasgos a sus descendientes. Por el contrario, aquellos cuyas estructuras no son favorables para la vida en ese ambiente difícilmente sobrevivirán y al no dejar descendencia, sus caracteres «poco adaptativos» morirán con ellos (20, 48, 79, 91).

20. DARWINISMO

Se conoce con el nombre de darwinismo la teoría que sitúa la selección natural en la base de todo cambio evolutivo. Esta selección natural opera sobre los individuos, que de esta manera dejan mayor o menor descendencia y transmiten en mayor o menor medida sus características a la siguiente generación. En su formulación primitiva, después de la publicación de *El origen de las especies*, el darwinismo se enfrentó a una grave crisis, de la que no salió hasta bien entrado el siglo XX. Así, mientras la creencia en la evolución no dejó de crecer gracias a la obra de Darwin, el mecanismo que éste había propuesto para explicar esa misma evolución cayó progresivamente en descrédito. El aparente fracaso de Darwin en este sentido se fundamentaba en su incapacidad para explicar dos aspectos fundamentales en cualquier teoría evolutiva: el origen de la variabilidad y la transmisión de esta variabilidad de una generación a la siguiente (esto es, la herencia). Curiosamente, en ambos aspectos Darwin fue favorable hasta el final de sus días al lamarckismo, aceptando la herencia de los caracteres adquiridos durante la vida del individuo. Otras figuras de los primeros días del darwinismo, como Ernst Haeckel, mantuvieron también acusadas posiciones lamarckistas a lo largo de su vida. Pero a finales del siglo XIX y principios del XX, August Weismann y después Thomas H. Morgan pudieron probar que los presupuestos del lamarckismo eran abiertamente falsos: la herencia de los caracteres adquiridos era una falacia. Además, con el redescubrimiento de las leyes de Mendel, se pudo demostrar que los factores hereditarios eran discontinuos y se preservaban de generación en generación, aun cuando no se manifestasen directamente en el individuo. Finalmente, el modelo de cambio gradual para explicar el origen de las novedades por parte de Darwin fue puesto en entredicho por los experimentos de Hugo de Vries, los cuales parecían sugerir que la evolución se producía mediante abruptos saltos en la morfología, saltos que serían conocidos con el nombre de «mutaciones».

Así pues, el darwinismo primitivo debió afrontar en la primera mitad del siglo XX un profundo proceso de reconversión, a fin de incorporar las novedades que aportaban tanto el mendelismo como el mutacionismo. Este proceso de maduración llevó finalmente en los años treinta y cuarenta a la formulación de la denominada teoría sintética de la evolución, que en pocos años se impuso como nuevo paradigma evolutivo (19, 65, 80, 82).

21. DERIVA GENÉTICA

La moderna teoría evolutiva establece tres factores principales como determinantes del cambio evolutivo en las poblaciones naturales (es decir, del cambio en las frecuencias de genes): la selección natural, la mutación y la migración. Se dice de estos tres factores que son deterministas, por cuanto permiten predecir cuantitativamente cuál va a ser la dirección del cambio. Se trata, por tanto, de factores direccionales. Ahora bien, en sentido estricto, el carácter determinista de estos tres factores sólo se cumple bajo unas determinadas condiciones ideales, es decir, en el caso de poblaciones teóricamente infinitas y en las que, además, los genes pueden circular libremente de un extremo a otro de la población (lo que se conoce técnicamente con el nombre de panmixia). Ahora bien, a nadie se le escapa que estas condiciones ideales nunca llegan a cumplirse realmente en la naturaleza, donde las poblaciones son finitas y muchas veces están separadas entre sí por barreras naturales que interrumpen el flujo genético. Si a partir de una población relativamente grande vamos reduciendo progresivamente el número de individuos que la componen, el efecto determinista de factores como la selección natural se hará cada vez menos relevante, mientras que el papel del azar, es decir, de la composición particular de una población en un momento dado, tendrá cada vez más influencia sobre la evolución posterior del grupo.

Este fenómeno fue claramente establecido en 1931 por el genetista americano Sewall Wright, quien acuñó el término «deriva genética» para referirse a él. En realidad, en una fecha tan temprana como 1889, ya J. T. Gulick expresaba sus dudas sobre la capacidad de la selección natural para mantener a una especie dentro de unos límites definidos. Por el contrario, cabía esperar que fuesen las fluctuaciones al azar y no la estabilidad genética lo que predominase en el seno de las poblaciones naturales. Conocido como «efecto Sewall Wright», la deriva genética fue aceptada a regañadientes por los neodarwinistas más recalcitrantes, para quienes la selección natural era el único agente que influía en el proceso evolutivo. Sin embargo, autores nada sospechosos en este sentido como Theodosius Dobzhansky apoyaron plenamente la idea de que en poblaciones pequeñas el efecto del azar podía llegar a ser muy acusado.

Uno de los principales efectos de la deriva genética radica en la posibilidad de diferenciación de pequeñas poblaciones aisladas a partir de la fragmentación de una población mucho más grande. En virtud del agente causante de la disgregación, el reparto de genes en cada una de las poblaciones se habrá establecido de manera aleatoria, por lo que fácilmente se llegará en un lapso de tiempo relativamente corto a poblaciones con características genéticas muy diferentes, que reflejarán más las condiciones de partida de la subpoblación original que el efecto sobre ésta de la selección natural.

Ahora bien, mientras que la deriva genética facilita la diferenciación de subpoblaciones dentro de una población más amplia, al mismo tiempo provoca que en el seno de cada subpoblación el efecto sea el contrario. En efecto, al ser el tamaño de la población mucho menor, el intercambio de genes dentro de ella será mucho más fácil (es decir, se cumplirán las condiciones ideales de panmixia). Ello dará como resultado una homogeneización progresiva de la subpoblación.

Aunque aceptada junto a la selección natural, la mutación y la migración como uno de los agentes del cambio evolutivo, el papel de la deriva genética en la evolución ha sido y sigue siendo objeto de debate: mientras para unos constituye un factor irrelevante, para otros se erige como uno de los principales promotores de la diferenciación genética en las poblaciones naturales (9, 19, 66, 80).

22. DINOSAURIO

Una definición popular de dinosaurio podría ser la siguiente: «Especie de lagartos gigantes que vivieron hace mucho tiempo y que se extinguieron de golpe. De cerebro y comportamiento simple, sus enormes y voluminosas masas corporales forzaban a muchos de ellos a vivir semisumergidos en el agua». Esta definición, de hecho, se encuentra muy próxima al sentido original con que fue creado el término «dinosaurio» por parte del anatomista inglés sir Richard Owen: lagarto *(saurus)* terrible *(deinos).* Todo empezó al encontrarse unos dientes, de atribución incierta, que el propio padre de la paleontología, Georges Cuvier, no acertó a clasificar correctamente. Finalmente, su descubridor, Gideon Mantell, se dio cuenta de que a lo que más se parecían eran a los dientes de las actuales iguanas. Y es así como nació el primer género de dinosaurios reconocido en el registro fósil, el *Iguanodon* o «diente de iguana». El único problema era que los dientes de *Iguanodon* eran unas veinte veces más grandes que los de la iguana más grande. Así pues, en ausencia de cualquier otra evidencia (aparte de algunas vértebras), Mantell imaginó a *Iguanodon* como una iguana gigantesca. En 1854, cuatro años antes de la publicación de *El origen de las especies*, Owen pudo ofrecer una primera recreación del aspecto de los escasos dinosaurios conocidos hasta aquel momento, *Iguanodon* y *Megalosaurus*, a través de unas reproducciones a tamaño natural encargadas al escultor británico Waterhouse Hawkin. Ambos dinosaurios fueron imaginados como enormes lagartos, y esta visión ha perdurado hasta nuestros días, impregnando hasta hace poco toda la cultura marginal que ha rodeado la difusión de estos grandes tetrápodos del Mesozoico. Sirva como botón de muestra todas aquellas películas de temática más o

Reconstrucción de un gran saurópodo del Jurásico *(Atlantosaurus),* en la obra de Camille Flammarion *Le monde avant la creation de l'homme*. Se enfatizan las enormes dimensiones de este saurio comparándolo con un elefante actual.

menos prehistórica en las que, por razones probablemente presupuestarias, se suplía el uso de maquetas mecánicas por imágenes de auténticos lagartos e iguanas, que después eran aumentados hasta adquirir dimensiones gigantescas. Otra prueba de esta confusión se encuentra en aquella propaganda en que lagartos y otras especies reptilianas actuales son presentados como monstruos del pasado, verdaderos supervivientes de un mundo anterior al nuestro. Así, el varano de Komodo se nos presenta como una reliquia del pasado sencillamente porque es grande y es un reptil, dos características que popularmente lo relacionan con los dinosaurios (en realidad se trata de un producto reciente de evolución en condiciones de insularidad). De hecho, con algunas excepciones, la mayor parte de lagartos actuales proceden de una radiación evolutiva posterior a la extinción de los dinosaurios. Y con toda la razón, algunos mamíferos como los actuales monotremas tienen mucho más de testimonios del mundo del Mesozoico que los representantes actuales de lagartos y serpientes. En realidad, esta asimilación de los dinosaurios como lagartos y viceversa responde a una determinada visión de la evolución en que ésta es concebida como una escala progresiva que se desarrolla en el tiempo y que culmina en el ser humano. De este modo, el mundo del Mesozoico se convertía en «la era de los reptiles», sólo superada por el Terciario, o «era de los mamíferos», a su vez coronada por el Cuaternario, la «era del hombre». De hecho, todas estas mitologías tienen poco que ver con lo que realmente fueron y representaron los dinosaurios en los ecosistemas terrestres de hace 150 millones de años.

Para empezar, los dinosaurios tienen muy poco que ver con los lagartos. Lagartos y dinosaurios están en realidad tan alejados entre sí como lo estamos nosotros de estos últimos. Los dinosaurios proceden de una radiación evolutiva de un grupo de reptiles con tendencia al bipedismo que se produjo durante el periodo Triásico, hace unos 200 millones de años. Entre sus características se incluye la presencia de una abertura o ventana suplementaria delante de la órbita, la reducción de los dedos más externos de la mano y la tendencia a desarrollar un pie tridáctilo, además de un modo de locomoción bípedo. Esta innovación locomotora, el bipedismo, fue lo que probablemente propició que los primeros dinosaurios desplazasen como pequeños depredadores a los pesados reptiles mamiferoides terápsidos que entonces dominaban los ecosistemas terrestres. Se da la circunstancia de que algunos terápsidos fueron antepasados directos de nosotros, los mamíferos, y que muchos de ellos ya presentaban características, como la presencia de pelo, típicas de estos últimos. Así pues, el muy extendido punto de vista que concibe los mamíferos como las formas triunfantes sobre los dinosaurios no se corresponde exactamente con la realidad. Primero fueron los dinosaurios los que desplazaron originalmente a los casi-mamíferos, para ser a su vez sustituidos en el tránsito Cretácico-Terciario por los mamíferos que sobrevivieron al final del Mesozoico.

Otro de los mitos que ha rodeado a los dinosaurios es el de sus gigantescas dimensiones, que en algunos casos les habrían obligado a llevar una vida pasiva semiacuática. Evidentemente, un lagarto de treinta metros es, desde nuestra perspectiva, una realidad monstruosa. Ahora bien, este carácter desmesurado pierde buena parte de su elemento sorpresivo si consideramos las dimensiones de una ballena azul o de un cachalote (dos de los mamíferos que han superado ampliamente la talla de los más grandes dinosaurios). Ciertamente, entre los dinosaurios se encuentran los más grandes organismos terrestres que jamás han poblado la Tierra. Ahora bien, junto a los grandes saurópodos como *Diplodocus* o *Brachiosaurus* existieron muchos otros de dimensiones medianas o, incluso, muy pequeñas. Así pues, el gigantismo de los dinosaurios no constituye tanto un tema del libro *Guinness de los récords*, como una cuestión de diversidad biológica. A lo largo de la última parte del Mesozoico, en unas condiciones climáticas óptimas (sin apenas estacionalidad y con temperaturas muy superiores a las actuales) el espectro de variabilidad de la talla llegó en estos organismos a ampliarse hasta extremos desconocidos en un vertebrado terrestre. Los grandes herbívoros, probablemente en estrecha coevolución con algunos elementos de la flora del Mesozoico como las grandes secuoyas, incrementaron progresivamente sus dimensiones, y en esta carrera evolutiva arrastraron con ellos a sus depredadores naturales, como los grandes carnosaurios de los géneros *Tyrannosaurus* o *Giganotosaurus*. Sin embargo, en este contexto cabe recordar que otros dinosaurios carnívoros desarrollaron estrategias evolutivas muy diferentes, basadas en mecanismos de caza cooperativa parecidos a las de los actuales lobos, manteniendo entonces unas dimensiones moderadas. Los grandes dinosaurios del Jurásico y del Cretácico no deben ser vistos, por tanto, como los exponentes de un mundo con tendencia al gigantismo, sino más bien como los extremos de variabilidad de un grupo extraordinariamente diversificado.

También se ha mantenido el mito de la estupidez y el comportamiento simple de los dinosaurios, rasgo obviamente ligado al anterior: normalmente, las grandes dimensiones alcanzadas por este grupo se vieron acompañadas por cerebros comparativamente muy pequeños. Además, dado que los dinosaurios no eran sino «grandes lagartos», no se les suponía un psiquismo mucho más desarrollado que el de una lagartija. Sin embargo, los datos paleontológicos nos indican que, por el contrario, los dinosaurios fueron organismos perfectamente adaptados a su entorno, biológicamente tan eficaces como los reptiles mamiferoides que los precedieron y como los primitivos mamíferos que les reemplazaron. La razón de este cambio de óptica respecto a los dinosaurios radica en un profundo replanteamiento de numerosos datos que hasta hace poco no habían sido tenidos en cuenta, y que hacen referencia a la estructura histológica de sus huesos, la mecánica de su locomoción (registrada en numerosos rastros de pisadas fósiles) o el cociente depredador/presa. Pero fue sobre todo la hipótesis emitida por Bakker, Desmond y De Riqulès, según la cual los dinosaurios eran vertebrados de temperatura corporal constante (de sangre caliente), como los mamíferos y las aves, la que revolucionó más profundamente nuestra concepción de estos tetrápodos. Así, cierto número de estructuras que se encuentran en diversos grupos de dinosaurios parece corresponder a dispositivos tendentes a regular la temperatura corporal.

Éste es el caso, por ejemplo, de las largas espinas vertebrales que se observan sobre el lomo de algunas formas como *Uranosaurus* y *Spinosaurus*, o de las placas del conocido *Stegosaurus*, interpretadas como verdaderas «placas solares». Del mismo modo, el extraordinario volumen alcanzado por algunos saurópodos, muy probablemente complementado por grandes acumulaciones de grasa, debió de constituir un recurso eficaz para minimizar la pérdida de calor en caso de descenso de la temperatura ambiental.

Esta reinterpretación de los dinosaurios ha permitido también replantearse su relación con otros grupos de vertebrados, como las aves. La posible relación entre aves y dinosaurios ya fue entrevista hace más de cien años por Thomas H. Huxley, el «bulldog» de Darwin, cuando se descubrieron los primeros esqueletos completos de *Archaeopteryx*. Ésta, la primera ave fósil conocida, se parecía mucho a un pequeño dinosaurio, pero estaba ya provista de plumas. Ahora bien, al carecer la mayor parte de dinosaurios de clavículas, elementos esqueléticos presentes en las aves y fundamentales para el desarrollo del vuelo activo, la hipótesis del origen saurio de las aves fue abandonada durante años. Hasta que, por fin, aparecieron restos de un grupo de dinosaurios del Cretácico que habían retenido las clavículas y que, aunque carecían de plumas, mostraban muchos de los caracteres anatómicos presentes en *Archaeopteryx*. Esta relación entre aves y dinosaurios, además, arroja luz sobre la función original de las plumas, siempre interpretadas en función del vuelo. Ya hemos visto que la variedad de tamaños de los dinosaurios era muy amplia, desde formas gigantescas hasta otras del tamaño de un pollo. Mientras que en las formas de talla más grande la pérdida de calor podía evitarse gracias a su gran volumen, en el caso de los dinosaurios más pequeños, con una gran superficie relativa, este factor los habría hecho funcionalmente inviables o no habría permitido el metabolismo activo de un vertebrado endotermo. Sin el enorme volumen de *Diplodocus* o las placas termorreguladoras de *Stegosaurus,* sólo algún tipo de estructura epidérmica como el pelo o el plumón habría evitado la disipación de calor. El precursor de la pluma, por tanto, apareció por primera vez en dinosaurios de talla pequeña a fin de evitar la pérdida de calor, y sólo posteriormente adquirió en formas arborícolas una función planeadora o relacionada con el vuelo activo.

Este replanteamiento de las relaciones evolutivas que hace de las aves los descendientes directos de los dinosaurios y por tanto sus más próximos parientes vivos (más incluso que los cocodrilos y, por supuesto, los lagartos), ha tenido una incidencia fundamental en nuestra visión reciente del mundo del Mesozoico. En lugar de la clásica imagen del lagarto gigante, disponemos ahora de un modelo alternativo, el de las aves, a la hora de interpretar tanto su fisiología como su comportamiento. Y, efectivamente, cada vez más, los datos paleontológicos como rastros de pisadas, nidos, estructuras secundarias de reconocimiento específico y otras evidencias indirectas sugieren que los dinosaurios, lejos de comportarse como lagartos gigantes, eran en estos aspectos mucho más próximos a las aves. Hay que dirigir la mirada hacia este último grupo para hacerse una idea de lo que eran los ecosistemas terrestres hace 150 millones de años.

Así pues, las nuevas interpretaciones de Bakker, Desmond, Horner y otros han revolucionado la imagen que hasta hace poco se había transmitido de estos tetrápodos. Respecto a la locomoción, los grandes saurópodos como *Diplodocus* ya no aparecen como pesadas masas flotantes semiinmóviles en los lagos jurásicos. Por el contrario, son ahora representados como ágiles corredores, capaces de desarrollar una marcha activa como hoy en día hacen elefantes o rinocerontes. Esta nueva concepción de los grandes saurópodos, confirmada por los rastros fosilizados de pisadas, se adecua mejor a los ambientes sedimentarios donde suelen aparecer sus restos: extensas llanuras aluviales donde predominarían las grandes coníferas del grupo de las secuoyas. Lo mismo sucede con *Triceratops* y otros dinosaurios cornudos del grupo de los ceratopsios, que ya no son reconstruidos con los miembros en posición lateral, como los actuales reptiles, sino con una disposición parecida a la de los mamíferos, con las articulaciones de codos y rodillas debajo del cuerpo. En el ámbito del comportamiento, hoy sabemos que saurópodos y ceratopsios formaban grandes rebaños que se desplazaban conjuntamente de un territorio a otro, como hoy en día hacen elefantes o ñus en las sabanas africanas. Por su parte, el concepto que hoy tenemos de los grandes carnosaurios está muy lejos de aquellas estructuras pesadas que tenían que arrastrar la cola continuamente para mantener el equilibrio. Los análisis funcionales sobre el movimiento de estos dinosaurios bípedos nos muestran que debían de avanzar con el tronco en situación adelantada y con la cola situada en paralelo al terreno, actuando como balancín.

Y queda, finalmente, el último gran mito sobre los dinosaurios, el de su abrupta y «misteriosa» desaparición hace 65 millones de años, a finales del Mesozoico. Es sabido que el problema de las extinciones en el límite Cretácico-Terciario sufrió un radical replanteamiento a partir del año 1980, cuando, desde las páginas de la revista *Science*, Walter y Louis Alvarez propusieron un revolucionario escenario para explicar la anómala densidad de iridio y otros metales pesados en el citado límite. Dado que el iridio se encuentra pobremente representado en la corteza terrestre pero aparece en una proporción mucho mayor en los meteoritos, estos autores propusieron que hace 65 millones de años un gran cuerpo sideral de unos diez kilómetros de diámetro colisionó con la Tierra. La caída de este meteorito habría lanzado a la atmósfera una gran cantidad de polvo, produciendo un efecto parecido a un invierno nuclear, con todas sus consecuencias: paralización de la fotosíntesis, caída de los productores primarios y toda una serie de efectos en cascada. No obstante, en el caso de la extinción de los dinosaurios, esta posibilidad no goza de tantos partidarios entre los paleontólogos como otras extinciones del límite Cretácico-Terciario. La razón de este escepticismo, compartido sobre todo por los autores europeos y algunos americanos, es que, al igual que otros grupos de vertebrados e invertebrados al final del Cretácico, el número de especies se había ido reduciendo progresivamente respecto a momentos anteriores de su historia. Además, estos últimos eslabones de algunos linajes de dinosaurios se caracterizan por haber alcanzado las más grandes dimensiones dentro de su grupo. Así, *Triceratops*, «el último mohicano» entre los dinosaurios, es ya un gigante entre los ceratopsios. Si a este dato añadimos la baja diversidad a la que hemos aludido, nos encontramos que los dinosaurios eran al final del Cretácico un grupo muy vulnerable a posibles cambios climáticos y ambientales (como lo son hoy en día elefantes o rinocerontes). En este sentido, otras extinciones en el límite Cretácico-Terciario aparecen como bastante más significativas, como el colapso del plancton marino. Ello no invalida, sin embargo, que su desaparición final no fuese causada por el mismo agente que afectó también al plancton, aunque contribuye a relativizar el impacto de esta extinción. Además, hoy sabemos que no todos los dinosaurios desaparecieron. Por el contrario, un grupo de pequeños dinosaurios con plumas, las aves, habían alcanzado a finales del Cretácico una apreciable diversidad, y superaron la gran extinción, dando lugar a una radiación de formas que hoy en día ronda las nueve mil especies (5, 47, 48).

23. DMANISI

Yacimiento del Pleistoceno inferior situado en Georgia, unos 80 kilómetros al sur de la capital, Tbilisi. Se encuentra emplazado en el interior de una importante ciudadela medieval que durante años fue objeto de excavaciones arqueológicas. La última de ellas se desarrolló durante los años ochenta del siglo XX bajo la dirección del arqueólogo georgiano V. Japaridze, quien con su equipo se concentró durante varios años en la parte central de la villa. Un día, al proceder a la excavación de uno de los numerosos fosos que se encontraban en la ciudad, cuál no fue su sorpresa al constatar que, allí, debajo de las murallas, comenzaban a aparecer huesos de elefantes, rinocerontes y grandes carnívoros. Era evidente que aquellos restos no podían ser coetáneos de las estructuras medievales bajo las que se encontraban, por lo que, dada su naturaleza paleontológica, fueron puestos al recaudo del profesor Abesalom Vekua, un conocido paleontólogo de la Academia Georgiana de Ciencias. Vekua identificó inmediatamente los restos de especies que habían vivido en Europa durante el Plioceno superior y el Pleistoceno inferior, hacía casi dos millones de años, como el proboscídeo *Mammuthus meridionalis* (antecesor del mamut), el

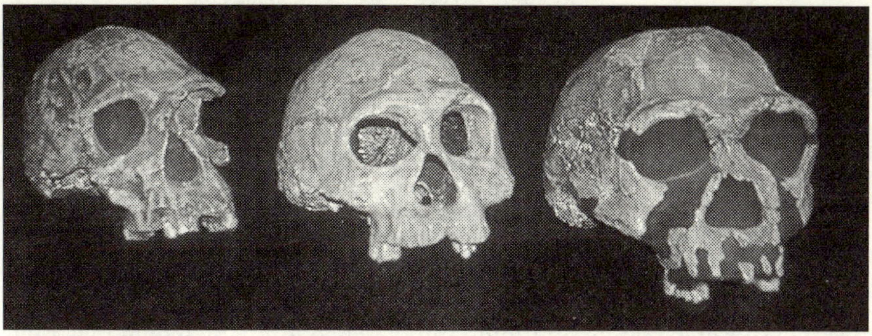

Cráneo D2700 de Dmanisi (centro), comparado con otro de *Homo habilis* (izquierda, KNM-ER1813) y de *Homo ergaster* (derecha, KNM-ER3733) de Koobi Fora.

rinoceronte corredor *Stephanorhinus etruscus* o el gran felino dientes de sable *Homotherium crenatidens.*

Los depósitos pleistocénicos de Dmanisi, de unos cuatro metros de espesor, se depositaron sobre un extenso lecho de lava volcánica que cubre la totalidad de los valles de los ríos Mashavera y Pinezouri. La solidificación del basalto después de su deposición dio lugar a un lago en el que se acumularon los sedimentos que contienen los restos de Dmanisi, y sobre los cuales se edificó posteriormente la ciudad medieval. Dentro de la secuencia lacustre pueden distinguirse tres unidades estratigráficas. La más baja de ellas está formada por un lecho de cenizas volcánicas junto a sedimentos de origen fluviolacustre, y es la que ha proporcionado la mayor parte de restos de grandes mamíferos. La segunda unidad está constituida por una dura costra carbonatada de origen lacustre que selló y preservó los depósitos de la unidad inferior. Se superpone a esta última una tercera unidad, constituida por arenas volcánicas y cantos retrabajados de origen aluvial.

Pero uno de los datos que inmediatamente atrajo la atención de los científicos que trabajaban en Dmanisi fue la presencia en todos y cada uno de los tres niveles mencionados de abundantes útiles líticos junto a los restos de grandes mamíferos. En consonancia con la edad de los restos faunísticos, estas piezas líticas mostraban una tipología muy arcaica, del denominado Modo 1, muy parecido al Olduvayense que se encuentra en el Nivel 1 de Olduvai, y que es el que corresponde a las industrias preachelenses del este de África. Entre las más de 800 piezas que se extrajeron in situ, sobre todo del nivel superior, la mayor parte correspondieron a lascas, junto a algunos núcleos y choppers. En ningún caso aparecieron bifaces o piezas líticas del Olduvayense evolucionado que se encuentra en el Nivel 2 de Olduvai, lo cual da una idea de la antigüedad de los depósitos de Dmanisi. Ello hizo de Dmanisi un lugar de interés mundial a la hora de estudiar el primer poblamiento humano de Eurasia.

Las expectativas creadas en torno al yacimiento no se hicieron esperar y el 24 de septiembre del mismo año aparecían los primeros restos humanos directos en Dmanisi: una mandíbula muy completa con dieciséis piezas dentarias, a la que únicamente faltaban las dos ramas ascendentes. El aspecto masivo y la forma estrecha de esta mandíbula, unida a la fuerte reducción del espacio retromolar y la ausencia de eminencia mentoniana, hizo pensar a los paleontólogos georgianos Leo Gabunia y Abesalom Vekua que se trataba de un homínido muy arcaico, probablemente más relacionado con las formas africanas de *Homo*, como *Homo ergaster*, que con sus variantes asiática o europea (*Homo erectus* y *Homo heidelbergensis*, respectivamente). Ahora bien, los restos más recientes de *Homo ergaster* se encontraban en África en estratos de hace 1,5 millones de años, lo que hacía de la mandíbula de Dmanisi el resto humano más antiguo de Europa con diferencia (baste recordar que los restos humanos más antiguos de la Gran Dolina de Atapuerca tienen unos 800.000 años). Ello significaba que los primeros humanos habían salido de África mucho antes de lo que hasta entonces se había pensado. A finales de los ochenta, los holandeses Will Roebroks y Thijs van Kolfschoten habían propuesto su modelo de *short chronology* (literalmente, cronología corta), para el primer poblamiento humano de Europa: dado que los restos más antiguos del género humano en el continente se remontarían a 600.000 años atrás (rechazaban una mayor antigüedad de los restos de Atapuerca), el poblamiento de Europa por parte del género *Homo* había tenido lugar muy tardíamente, a mediados del Pleistoceno medio. No obstante, la aparición de la mandíbula de Dmanisi contradecía claramente este escenario y mostraba un primer poblamiento de Europa ya a principios del Pleistoceno inferior. Sin embargo, la ancianidad y el carácter arcaico del resto de Dmanisi fueron rápidamente rebatidos por dos paleontólogos alemanes, G. Brauer y M. Schultz, quienes pusieron de relieve la existencia de una serie de caracteres avanzados que permitían encuadrar la citada mandíbula entre otros restos del Pleistoceno medio europeo como Mauer, y contradecían su filiación directa con los homínidos africanos. Por el contrario, dos de los investigadores de Atapuerca, José María Bermúdez de Castro y Antonio Rosas, avalaron el carácter arcaico de la mandíbula y propusieron su adscripción directa a la especie *Homo ergaster*. En cualquier caso, la edad Dmanisi fue puesta en duda.

Cuando apareció la mandíbula de Dmanisi, las evidencias sobre la edad del yacimiento eran altamente sugestivas pero no concluyentes. El depósito de lava debajo del mismo había podido ser datado mediante el método del potasio-argón y arrojaba una antigüedad de 1,8 millones de años. Pero los niveles fosilíferos se situaban *por encima* de dicho lecho volcánico, y eran por tanto posteriores. ¿Cuánto? Probablemente, muy poco: de hecho, estos niveles se superponían directamente sobre la lava. Además, la excavación de los niveles suprayacentes mostró que la superficie del lecho de lava no había sufrido erosión alguna y estaba tan fresca como cuando se solidificó hace 1,8 millones de años. Ello quería decir que muy probablemente los sedimentos fosilíferos del lago de Dmanisi se depositaron inmediatamente después de la erupción volcánica. Además, la fauna de roedores encontrada, aunque relativamente pobre en restos, mostró algunos elementos significativos, como la presencia del arvicólido *Mimomys ostramosensis,* que en Europa occidental y central era un elemento característico de las faunas del Plioceno más superior, hace unos dos millones de años. Todo ello sugería que la industria y los restos humanos de Dmanisi databan de la base del Pleistoceno, y no del Pleistoceno medio, como pretendían G. Brauer y M. Schultz. La confirmación de la edad de Dmanisi corrió a cargo de Carl W. Swisher III, de la Universidad de Berkeley, quien en 1999 desarrolló nuevos análisis radiométricos de la toba volcánica y muestreó paleomagnéticamente la secuencia. Estos nuevos análisis llevaron a confirmar la cifra de 1,8 millones de años como edad de la toba volcánica pero además permitieron confirmar la antigüedad de los sedimentos fosilíferos por encima de ella. Así el análisis paleomagnético de la secuencia de Dmanisi mostró que ésta se situaba en la transición de un episodio de polaridad magnética normal a otro de polaridad magnética inversa, lo cual, asociado a la edad de la lava, sólo dejaba una posición donde ubicar cronológicamente la secuencia, a saber, la transición entre el evento paleomagnético normal de Olduvai al evento paleomagnético inverso del Matuyama superior, hace aproximadamente 1,7 millones de años. De esta manera, los depósitos de Dmanisi se convertían en la más antigua evidencia de presencia humana fuera de África, con una edad comparable a la de los más antiguos restos del género *Homo* en aquel continente.

Ahora bien, ¿a qué especie humana correspondían los restos de Dmanisi?, ¿cuál era la identidad del homínido que emigró por primera vez fuera de África? La respuesta a estas preguntas vino de la mano del espectacular descubrimiento en el año 2000 de dos fragmentos craneales en buen estado de conservación que aportaron datos sorprendentes sobre esta primera etapa de la colonización humana de Eurasia. Los cráneos aparecieron a escasos metros de donde fue encontrada la primera mandíbula, dentro del mismo sector de excavación del yacimiento. Uno de ellos, D2280, correspondía a una calota craneana que conservaba el frontal con los arcos superciliares, los dos parietales y el occipital. La capacidad craneana estimada era de 800 cc. El segundo cráneo, D2282, aunque deformado, era mucho más completo y conservaba buena parte de la cara, a excepción de los nasales y la parte basal de las órbitas. Este segundo cráneo mostraba algunas diferencias con respecto al primero, como era un desarrollo mucho menor de los arcos superciliares y la ausencia de torus occipital. Su capacidad craneana era notablemente más baja, en torno a 660 cc, y además varios rasgos anatómicos, como el escaso desarrollo de los arcos superciliares, indicaban que en Dmanisi había habitado un homínido bastante más primitivo que *Homo erectus*. Ambos cráneos fueron clasificados como *Homo ergaster* por parte de Leo Gabunia, Abesalom Vekua y David Lordkipanidze. Estos autores consideraron que sólo una especie estaba representada en el yacimiento de Dmanisi: atribuyeron el segundo cráneo a una hembra y consideraron que las diferencias entre ambos especímenes se debían a un acusado dimorfismo sexual. Así pues, la muestra de Dmanisi se convirtió en la representación más abundante de la especie *Homo ergaster*, que hasta entonces había sido considerada como una forma exclusivamente africana. En cualquier caso, los hallazgos de Dmanisi desmontaron definitivamente los argumentos de los partidarios de la *short chronology* y mostraron que los representantes del género *Homo* se expandieron fuera de África en una etapa muy temprana, casi inmediatamente o muy poco después de su eclosión en este continente.

Un inesperado hallazgo en 2000 reabrió de nuevo la cuestión de la atribución específica de los homínidos de Dmanisi. Durante la extracción de una serie de muestras de la capa VI con objeto de obtener nuevas dataciones del nivel inmediatamente superpuesto a la colada volcánica, Vekua, Lordkipanidze y los investigadores franceses que en ese momento procedían al muestreo descubrieron allí, asentada sobre ese mismo nivel de cenizas volcánicas, una magnífica mandíbula de homínido a la que, aparentemente, sólo le faltaba el extremo inferior de las ramas mandibulares. La nueva mandíbula era, en muchos aspectos, mucho más completa que la primera del año 1992 y además mostraba una serie de características que la hacían muy diferente de la anterior. Para empezar, su talla era extraordinaria, mucho mayor que aquélla y difícilmente encajable en ninguno de los dos cráneos hasta entonces conocidos en Dmanisi. De hecho, la nueva mandíbula excedía el tamaño de los más grandes ejemplares atribuidos al género *Homo*, como la mandíbula 3 del yacimiento norteafricano de Ternifine (o Tighenif), de unos 300.000 años de antigüedad, convirtiéndose así en el más grande resto de este tipo atribuido a nuestro género. Las ramas mandibulares eran muy altas, mostrando que su poseedor debía de haber presentado una cara asimismo muy alta. Por otro lado, los incisivos eran pequeños y verticalmente implantados, a diferencia de la primera mandíbula. Pero lo más sorprendente fue que la polaridad de las piezas molares, rasgo que había servido a G. Brauer y M. Schultz para poner en duda la antigüedad de los primeros restos de Dmanisi, era ahora opuesta a lo observado en la anterior mandíbula: el tercer molar, muy grande, sobrepasaba la talla del segundo, el cual a su vez estaba más desarrollado que el primero. Era la condición primitiva que un paleontólogo avezado en los fósiles africanos habría esperado encontrar en un homínido de 1,7 millones de años. La asociación de esta serie de características arcaicas junto a su gran tamaño, difícil de encajar en ninguna de las especies conocidas del género *Homo*, movieron a los investigadores georgianos y, particularmente, al paleontólogo Leo Gabunia (que fallecería inesperadamente al año siguiente), a proponer una nueva especie, *Homo georgicus,* para el nuevo resto de Dmanisi.

Pero nuevas sorpresas les estaban reservadas a los investigadores del equipo internacional de Dmanisi. El 24 de agosto de 2001, mientras se procedía a la excavación de una cuadrícula muy cercana a la que había librado la gran mandíbula en el año 2000, apareció nítidamente la cara de un cráneo vuelto al revés que revelaba un extraordinario estado de conservación, mucho mejor que en el caso de los cráneos D2280 y D2282. El extraordinario hallazgo se completó hacia el final de la campaña con una mandíbula asimismo completa, encontrada a pocos centímetros de la cara y que encajaba perfectamente con ésta. El nuevo cráneo, prácticamente completo, reveló una serie de características sorprendentes para un homínido euroasiático, como su pequeño tamaño y su reducida capacidad craneana, de no más de 600 cc. Esta capacidad craneana quedaba definitivamente fuera del volumen encefálico de *Homo ergaster* y *Homo rudolfensis*, situándose de pleno en la de los ejemplares africanos adscritos a *Homo habilis*. La cara, baja y cóncava, dotada de caninos prominentes y acusado prognatismo, también denotaba un arcaísmo acusado, más próximo a *Homo habilis* que a *Homo erectus*. Además, en este caso ya no se podía invocar el dimorfismo sexual para justificar la reducida capacidad craneana (como en el caso del cráneo D2282), pues con sus grandes caninos, el nuevo cráneo probablemente correspondía a un macho. El nuevo hallazgo de Georgia, en definitiva, demostró que la primera colonización homínida fuera de África fue protagonizada por una forma muy próxima a *Homo habilis*, y no por los avanzados *Homo ergaster* (u *Homo erectus)* del tipo del Chico de Turkana. Además, junto a la gran mandíbula del año 2000, el cráneo D2700 obliga a plantearse la cuestión de en qué medida este salto fuera de África fue llevado a cabo por un único tipo de homínido y si en Dmanisi llegaron a coexistir dos especies diferentes de *Homo,* como sucedió en África en ese mismo momento (7, 41, 46, 95).

24. DOBZHANSKY, THEODOSIUS

La primera formulación completa de lo que luego se conoció como síntesis moderna se debió al genetista americano de origen ruso Theodosius Dobzhansky. Nacido en 1900, Dobzhansky emigró a Estados Unidos en 1927, estableciéndose en la Universidad de Columbia. Junto a Morgan, Wright y Fisher, Dobzhansky contribuyó a desarrollar una nueva disciplina dentro de la genética, la denominada genética de poblaciones, que pronto se reveló como un eficaz instrumento a la hora de integrar las diferentes corrientes evolucionistas. Los mencionados autores tomaron como base de experimentación la minúscula mosca del vinagre, *Drosophila melanogaster*, la cual, dada su extraordinaria tasa de reproducción (y de mutación), parecía idónea para contrastar estadísticamente las predicciones postuladas a partir de los modelos matemáticos de Fisher, Haldane y otros. En 1937 Dobzhansky publicó la que sería su obra clave, *Genética y el origen de las especies,* el primero de una serie de libros seminales que, como *Tempo and Mode of Evolution* de G. G. Simpson, establecieron los fundamentos de la moderna teoría evolutiva.

En su libro, Dobzhansky propone un modelo unificado en el que frecuencias génicas (mendelismo), selección natural (darwinismo) y mutación (mutacionismo) aparecen ensambladas en el marco de la naciente genética de poblaciones. A nivel poblacional, en ausencia de cualquier influencia exterior, las variaciones en las frecuencias de genes, así como de las combinaciones entre éstos (frecuencias genotípicas), desembocarán siempre en el equilibrio (la denominada ley de Hardy-Weinberg). Por tanto, la evolución tendrá lugar sólo cuando este equilibrio sea finalmente roto por algún factor. Y es aquí donde entran en juego los factores deterministas que fuerzan la evolución: la selección natural, por una parte, y la mutación y la migración, por otra. En la medida en que la presión de la selección o la tasa de mutación sean suficientemente fuertes, las frecuencias génicas se desplazarán del equilibrio inicial, cambiando las características de la especie (evolución). A estos tres factores de selección, mutación y migración, Dobzhansky añadió un cuarto, la deriva genética o error de muestreo, como él lo llamó. El fenómeno de la deriva genética fue propuesto inicialmente por Sewall Wright en 1932, junto con otras ideas

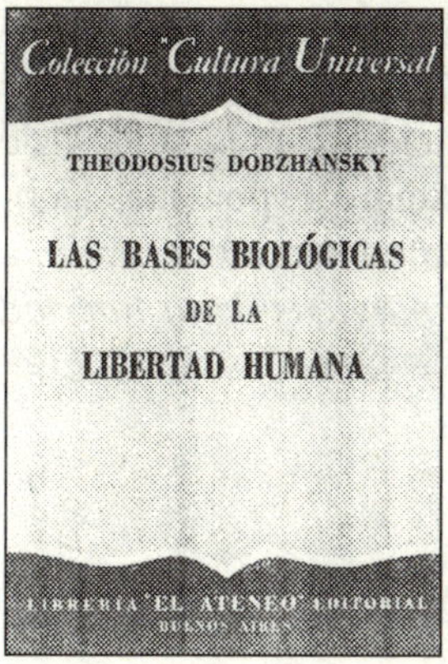

Theodosius Dobzhansky.

(como los picos adaptativos) que ejercieron una profunda influencia en Dobzhansky y demás autores de la síntesis.

Respecto al problema que da título a su obra, el origen de las especies, en la primera edición de 1937 Dobzhansky se muestra proclive a aceptar las ideas de Ernst Mayr, que consideraba la especiación como un proceso estocástico, determinado por la aparición de barreras geográficas que provocarían la interrupción del flujo genético entre dos poblaciones (especiación alopátrica). Sin embargo, para la segunda edición, de 1941, Dobzhansky había modificado profundamente sus ideas sobre este tema. Así, la especiación era ahora vista como un proceso controlado por la misma selección natural, como una consecuencia de ésta. El aislamiento genético sería activamente promovido por la selección natural (y no pasivamente originado por factores aleatorios) por cuanto favorecería el mantenimiento de aquellas combinaciones de caracteres que se hubiesen revelado más eficientes para sobrevivir en un medio determinado (en terminología de S. Wright, mantendrían a la especie en su pico adaptativo). En ausencia de un mecanismo activo de preservación del aislamiento genético, estas combinaciones afortunadas podrían perderse al mezclarse con otras poblaciones de características algo diferentes. La especiación, por tanto, sería también un proceso adaptativo promovido por la selección natural.

Darwinista en el más profundo sentido de la palabra, Theodosius Dobzhansky fue también un firme partidario de la idea del progreso evolutivo, que defendió en obras tardías como *Mankind Evolving*, en la que declara sin tapujos su admiración por las ideas filosóficas de Pierre Teilhard de Chardin. Para Dobzhansky, como para otros padres de la síntesis como Ledyard Stebbins, el progreso en la evolución se mide como «una tendencia al aumento de complejidad del desarrollo y del grado de integración del fenotipo para conferir una mayor capacidad de explotar ambientes nuevos» (como enunció Stebbins en 1974). Dobzhansky compartía la idea de que la evolución ha favorecido a aquellas formas dotadas de una mayor resistencia frente a las fluctuaciones ambientales, de las cuales la especie humana constituiría el más claro exponente. Dobzhansky se explayó extensamente sobre este tema en otra obra tardía, a la que puso el significativo título de *Las bases biológicas de la libertad humana* (20, 60, 65, 82).

25. DRYOPITHECUS

A *Dryopithecus* le cabe el honor de haber sido el primer primate hominoide reconocido en el registro fósil. Fue descrito en 1856 por Édouard Lartet a partir de una mandíbula encontrada en la localidad de Saint Gaudans, en los Pirineos franceses. El primer hallazgo en la península Ibérica se realizó en la cuenca de la Seu d'Urgell, en el Pirineo catalán, donde el paleontólogo británico Smith-Woodward describió en el año 1914 una mandíbula muy completa de la especie original, *Dryopithecus fontani.* Posteriormente, en 1944, los paleontólogos Miquel Crusafont y Josep F. de Villalta anunciaron el descubrimiento de una especie de dimensiones más reducidas en los barrancos de Viladecavalls, en la cuenca del Vallès-Penedès, a la que denominaron *Dryopithecus laietanus.* Rápidamente, los nuevos hallazgos de esta especie se multiplicaron en diversas localidades de esta cuenca, como Sant Quirze, Hostalets de Pierola, Castell de Barberà, Can Ponsic y Can Llobateres. Sin embargo, durante décadas el conocimiento que se tuvo de este grupo de hominoides se reducía a dientes, mandíbulas y fragmentos maxilares. La información proporcionada por tales restos apuntaba a que *Dryopithecus* fue un hominoide de talla relativamente pequeña (no más de treinta kilos) con un fuerte dimorfismo sexual evidente en el desarrollo de los caninos y con molares de esmalte delgado, lo que sugería una dieta frugívora. Pero poco o nada se sabía de su modo de locomoción, y se asumió que *Dryopithecus* debía de ser una forma arborícola primitiva parecida en este sentido al africano *Proconsul* (del que se suponía derivaba directamente). Finalmente, en 1995 se descubrió en el yacimiento de Can Llobateres un esqueleto muy completo de un individuo macho de *Dryopithecus laietanus*, de unos 9,6 millones de años de edad. La pieza, bautizada como *Jordi* por sus descubridores, Salvador Moyà y Meike Köhler, investigadores del Instituto de Paleontología M. Crusafont, llenaba un vacío muy importante en el conocimiento de los hominoides del Mioceno y arrojaba luz sobre el tipo de

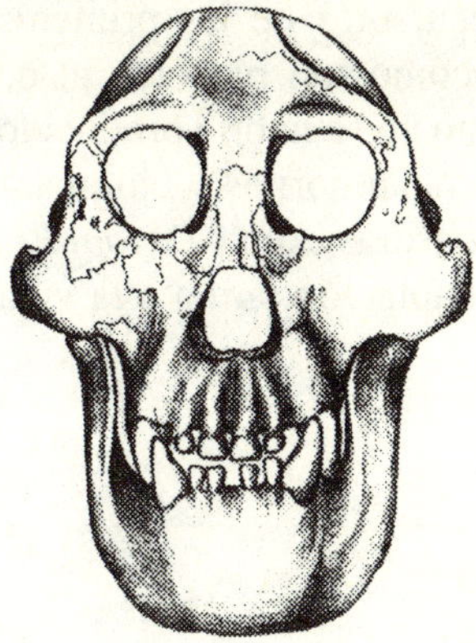

Reconstrucción del cráneo de *Dryopithecus laietanus* de Can Llobateres 2 (según Meike Köhler).

locomoción que debió de caracterizar a los antepasados de los antropomorfos actuales (nosotros incluidos). Efectivamente, entre el hominoide cuadrúpedo *Proconsul*, del Mioceno inferior de África, y el popular esqueleto de *Australopithecus afarensis* conocido como *Lucy*, de menos de cuatro millones de años, no había ningún espécimen medianamente completo que arrojase luz sobre el tipo de locomoción existente entre veinticinco y cuatro millones de años atrás. El esqueleto de *Jordi,* además del cráneo, contaba con los dos fémures, parte de la tibia, diversas vértebras y costillas, parte de la clavícula y buena parte del brazo, incluyendo la mano. La mano de *Dryopithecus* fue uno de los elementos que causó mayor sorpresa, ya que mostraba unas primeras y segundas falanges extraordinariamente largas. Aquella mano, por tanto, estaba adaptada a la vida en suspensión en los árboles, como la que llevan hoy en día los orangutanes de Sumatra. Este tipo de locomoción, sin embargo, difiere de la que practican los antropomorfos africanos como chimpancés, bonobos y gorilas, que hacen mucha más vida sobre tierra. El tipo de locomoción de *Dryopithecus* era también distinta a la de sus antepasados del género *Proconsul*, que se movían a cuatro patas sobre los árboles y presentaban una columna vertebral mucho más flexible. Por el contrario, las vértebras lumbares de *Dryopithecus* eran cortas y se situaban dentro del tronco del animal (y no en una posición más dorsal, como sucede en los antropoides cuadrúpedos). Ello indica que *Dryopithecus* era ya ortógrado, es decir, tenía, como nosotros y el resto de nuestros parientes antropomorfos, una columna vertebral más rígida, adaptada a una posición vertical del tronco, la cual constituye un requisito en la evolución que lleva hacia la adopción de la postura bípeda de los homínidos. Al ser *Dryopithecus* en el fondo una forma relativamente primitiva, próxima en otros aspectos a los primitivos hominoides que desde África colonizaron el continente europeo en el

Mioceno, hemos de pensar que las formas precursoras de los primeros homínidos africanos practicarían un tipo de locomoción parecido al de *Jordi*. Si así fuera, la evolución hacia el bipedismo no se habría producido a partir de la locomoción semiterrestre que practican gorilas y chimpancés, sino directamente a través de formas suspensoras como *Dryopithecus*, siendo la locomoción de este último una adaptación tardía a la vida en la selva africana (45, 53, 67, 88).

26. EFICACIA BIOLÓGICA

Una de las primeras alusiones al concepto de eficacia biológica *(fitness* en inglés) se encuentra en la obra *Principios de la biología* del filósofo evolucionista Herbert Spencer, quien acuñó el famoso eslogan «la supervivencia del más apto» *(survival of the fittest)* para referirse al mecanismo de la selección natural. Este eslogan tuvo una amplia aceptación entre los evolucionistas de la primera época (incluido el propio Darwin) y se convirtió en algo así como el *leitmotiv* del darwinismo. Sin embargo, su carácter tautológico ha sido reiteradamente puesto en relieve desde entonces: si se define la eficacia en función de la capacidad de supervivencia, cualquier organismo aparece como «el más eficaz», ya que su mera existencia indica que ha sobrevivido.

El desarrollo de la genética de poblaciones en las décadas de 1920 y 1930 permitió rescatar este término y asignarle un significado más preciso en términos de éxito reproductivo: quienes consiguen aportar más descendientes a la siguiente generación son considerados más eficaces desde un punto de vista darwiniano. Esta aproximación al concepto de *fitness* se encuentra ya en la obra de J. B. S. Haldane, *The Causes of Evolution*, quien utiliza el término «eficacia darwiniana». En la actualidad, aunque controvertido, el concepto de eficacia biológica ha ampliado su espectro de aplicación, superando el carácter puramente demográfico de las primeras formulaciones (capacidad para producir un mayor número de descendientes) y extendiéndose no sólo a los individuos sino también a los caracteres y a las variantes alélicas de los genes (se habla tanto o más de la eficacia biológica de un carácter o de un gen que de una raza o población).

Aun así, dentro de la genética de poblaciones, el término «eficacia biológica» se refiere al número de individuos que contribuyen con su patrimonio genético a la generación siguiente, que engloba a su vez su contribución en términos fenotípicos (de caracteres) y genotípicos (de acervo genético). Así definida, la eficacia biológica depende a su vez de una serie de factores, entre los que destacan la fertilidad, la viabilidad y la velocidad de desarrollo. La fertilidad es el aspecto más llamativo de la eficacia biológica y normalmente se computa como la probabilidad que tiene un individuo para formar cigotos, es decir, óvulos fecundados o embriones. Esta probabilidad depende básicamente del número de óvulos que producen las hembras de cada especie, pero también de otros factores, como por ejemplo la duración del periodo reproductivo. La viabilidad, es decir, la probabilidad de supervivencia de los individuos así producidos, es el otro gran factor que afecta a la eficacia biológica de una población. Por tanto, de poco sirve producir una gran cantidad de huevos si la mayor parte de éstos no sobreviven y no llegan a la edad de reproducción: sus características y su patrimonio genético habrán desaparecido con ellos sin haber sido transmitidos a la siguiente generación. Por ello, un tercer factor, la velocidad de desarrollo, influye considerablemente en la eficacia biológica: aparentemente, los embriones que antes lleguen a la etapa reproductora tendrán ventaja sobre aquellos cuya maduración sexual quede pospuesta.

Definida en estos términos, la eficacia biológica se convierte así en una magnitud mensurable, ya que se sostiene sobre unas variables (fertilidad, viabilidad) fácilmente cuantificables. Ello la convierte en un concepto operativo dentro de la teoría evolutiva y permite orillar las acusaciones de tautología que el término ha sufrido. Ahora bien, la definición de eficacia biológica de la genética de poblaciones aparece fuertemente sesgada hacia una determinada estrategia reproductora, de la que la mosca del vinagre *(Drosophila melanogaster)* constituye un ejemplo perfecto. En el contexto de esta definición, el organismo más eficaz en términos evolutivos será aquel que produzca un mayor número de descendientes (miles, millones incluso), los cuales, a su vez, deben alcanzar la madurez sexual muy rápidamente para producir lo antes posible un nuevo turno de descendientes. No obstante, si el resultado de la evolución biológica consiste básicamente en la optimización de factores como la fertilidad y la viabilidad, cabe preguntarse cómo es posible que organismos con tasas de reproducción tan bajas como los dinosaurios, las ballenas o los elefantes hayan llegado a tener éxito evolutivo o incluso a existir. Naturalmente, se da aquí un factor de índole metodológica insalvable: las especies utilizadas por la genética de poblaciones *(Drosophila melanogaster)* o la genética molecular (la bacteria *Escherichia coli)* forzosamente entran dentro de la categoría de formas dotadas de una altísima eficacia biológica. A nadie se le ocurriría utilizar elefantes para sus estudios de laboratorio, simplemente porque su tasa de renovación es extraordinariamente baja. Pero nadie negará que elefantes y dinosaurios han sido formas tan eficaces desde un punto de vista evolutivo como los conejillos de Indias que se utilizan actualmente en la experimentación biológica.

De hecho, la insatisfacción producida por el concepto de eficacia biológica definido exclusivamente en términos de fertilidad y viabilidad ha llevado a proponer diversas alternativas, como la adaptabilidad y la durabilidad, para reemplazar el concepto de *fitness*. La adaptabilidad *(adaptability* en inglés; no confundir con *adaptedness,* que constituye una variante de *fitness)* se refiere al grado en que un organismo o especie puede adaptarse a un amplio abanico de condiciones ambientales (de acuerdo con la definición propuesta por Dobzhansky). En este sentido, se opondría al concepto de especialización. La adaptabilidad mide el grado de plasticidad evolutiva, ya se trate de plasticidad del genotipo (variabilidad genética) o del fenotipo (es decir, plasticidad en la expresión del genotipo, dependiendo del ambiente en que se encuentre el organismo). Mientras que la eficacia biológica se aplicaba siempre a un organismo o grupo de organismos *bajo unas condiciones determinadas* (la eficacia biológica de un determinado genotipo o especie puede cambiar si cambian las condiciones ambientales), la adaptabilidad se refiere a la capacidad de sobrevivir en caso de cambio ambiental o migración. Por su parte, la durabilidad corresponde a la probabilidad de que un determinado genotipo, fenotipo o especie deje descendientes a lo largo de un cierto lapso de tiempo. Se expresa en el llamado «tiempo previsto de extinción» *(expected time to extinction)*, que puede ser cuantificado tanto mediante la tasa de aumento de la población como mediante la de extinción. A diferencia de la eficacia biológica o la adaptabilidad, la durabilidad sólo se aplica a conjuntos de alelos (genotipos) o a poblaciones o especies, pero no a individuos. Adaptabilidad y durabilidad presentan mayores problemas a la hora de su conversión en términos operativos, pero tienen en cuenta aspectos de la trayectoria vital de los individuos no reflejados en el concepto de eficacia biológica (1, 36, 37, 80).

27. ELDREDGE, NILES

Paleontólogo especialista en invertebrados fósiles del American Museum of Natural History de Nueva York y profesor de biología en la universidad del mismo estado. Los estudios de Niles Eldredge sobre el trilobites *Phacops milleri* le llevaron, junto a Stephen Jay Gould, a proponer a principios de la década de 1970 el modelo evolutivo de «equilibrios puntuados», según el cual las especies aparecen abruptamente durante el proceso

Niles Eldredge.

evolutivo, permaneciendo estables y sin modificación durante millones de años. Sus ideas macroevolutivas al respecto se vieron inicialmente reflejadas en la obra *Phylogenetic Patterns and the Evolutionary Process* (escrita en colaboración con Joel Cracraft), así como en la más reciente *Macroevolutionary Dynamics* (1989). Junto a Ian Tatersall, abordó el tema de la evolución humana, aplicando su modelo de equilibrios puntuados en la obra *The Myths of Human Evolution* (1982, traducida al español: *Los mitos de la evolución humana).* Otra línea de pensamiento, reflejada en obras como *Unfinished Synthesis* (1985) y, especialmente, *Reinventing Darwin* (1995), se centra en la consecución de una teoría evolutiva que supere la dualidad establecida entre el llamado enfoque genealógico (o jerarquía de categorías taxonómicas) y el enfoque económico (o jerarquía de categorías ecológicas). También se ha interesado por el problema de la extinción de las especies (que aborda en su obra *The Miner's Canary)* (28, 40, 46, 79).

28. EQUILIBRIOS PUNTUADOS

El modelo de equilibrios puntuados fue inicialmente propuesto por los paleontólogos Stephen Jay Gould y Niles Eldredge en un artículo titulado

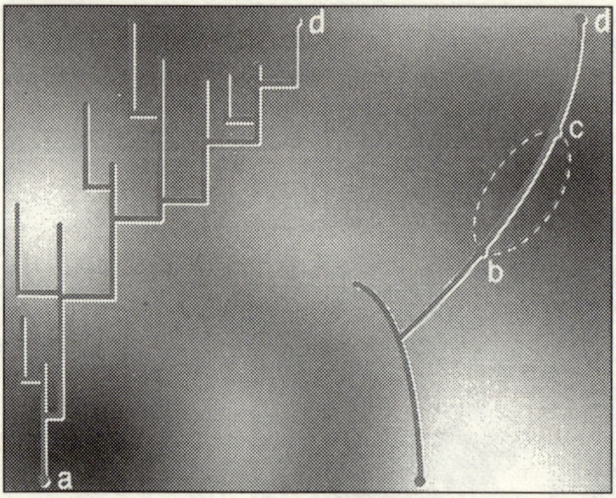

Interpretación contrapuesta de la evolución de dos especies, a y d, según el patrón de equilibrios puntuados (izquierda) y un patrón gradualista (derecha).

«Equilibrios puntuados: una alternativa al gradualismo filético», aparecido en 1972 en un volumen colectivo sobre modelos en paleobiología. Eldredge y Gould se replanteaban en ese artículo en qué medida las discontinuidades que los paleontólogos continuaban observando en el registro fósil (y que ellos mismos detectaban en sus áreas de estudio) eran achacables realmente a lagunas estratigráficas o, por el contrario, constituían una modalidad básica y generalizada en la evolución biológica. En los dos casos documentados por ambos paleontólogos en su trabajo, el caracol *Poecilozonites* del Cuaternario de las Bermudas y el trilobites *Phacops*, del Devónico de Estados Unidos, se observaba el mismo fenómeno, a saber, la aparición abrupta de las nuevas especies, que posteriormente permanecían sin cambios apreciables a lo largo de millones de años. Esta propuesta chocaba con la visión tradicional que desde Darwin se tenía del cambio evolutivo. Según Darwin, la evolución operaba a través de pequeñas modificaciones que se iban acumulando por efecto de la selección natural de los individuos más aptos. Este esquema gradualista (denominado por Eldredge y Gould «gradualismo filético») fue validado en los años cuarenta por el paleontólogo americano George Gaylord Simpson, uno de los cofundadores de la teoría sintética de la evolución, actual paradigma de la evolución biológica. Para Simpson, las nuevas especies aparecían por divergencia gradual a partir de una población homogénea, como consecuencia de la adaptación de dos subpoblaciones de la misma especie a nichos ecológicos diferentes. Este modelo de segregación gradual dominó la paleontología evolutiva durante cerca de tres décadas.

Por el contrario, para Eldredge y Gould, la evolución de cualquier grupo sería reducible a largos periodos de estabilidad morfológica bruscamente cortados por fases de cambio puntual que darían lugar a nuevas especies. El gradualismo filético sería, en realidad, una idea preconcebida impuesta a los paleontólogos desde los tiempos de Darwin, que no obstante no se ajustaría a la realidad de los hechos. Lo que el modelo de Eldredge y Gould propone, por tanto, es que el cambio evolutivo está estrechamente ligado a la generación de nuevas especies, y que es prácticamente nulo una vez éstas han aparecido; así pues, la mayor parte de la evolución se produce durante la especiación, no después. Con un estilo agresivo, sin escamotear citas a Engels y proponiendo el nuevo modelo como alternativa al neodarwinismo (es decir, como paradigma alternativo), el artículo provocó un amplio debate que perdura aún hoy. Probablemente, si Gould y Eldredge hubiesen llegado a prever el eco que tendría su trabajo, hubieran tratado de precisar de modo más riguroso desde el principio su patrón de equilibrios puntuados. Así, el carácter ambiguo del texto generó de inmediato interpretaciones erróneas que ambos autores se vieron obligados a clarificar en un segundo texto publicado en 1977 en la revista *Paleobiology*. En este sentido, no fueron pocos los autores que creyeron que lo que Eldredge y Gould proponían era un modelo evolutivo saltacionista: las especies no surgirían transformándose unas en otras, sino por la aparición abrupta de un nuevo fenotipo, completamente distinto del anterior, que en un momento dado pasaría a ser dominante, produciéndose así un «salto evolutivo».

Como consecuencia, uno de los primeros reproches que sufrieron Eldredge y Gould fue el de pretender resucitar el saltacionismo o mutacionismo, teorías periclitadas que la síntesis moderna había puesto en la picota muchos años antes. Ciertamente, el primer artículo de 1972 es altamente ambiguo en este sentido, ambigüedad que en primera instancia sus autores no se preocuparon en subsanar, especialmente Gould, quien nunca ha ocultado sus simpatías por la idea del «monstruo prometedor» de Goldschmidt. Sin embargo, en el artículo de 1977 quedó claro que al hablar de «cambio brusco o instantáneo» se estaban refiriendo a cambios evolutivos «muy rápidos» (del orden de miles de años), considerados por el paleontólogo prácticamente instantáneos en la escala geológica. En realidad, buena parte de los malentendidos nacieron de la diferente escala temporal con que paleontólogos y biólogos trabajan. Para un genético, un cambio brusco implica un lapso temporal de decenas de años, mientras que para un paleontólogo, aquél puede suponer decenas de miles de años. Lo que para el paleontólogo es pues un fenómeno abrupto para el genético puede constituir un proceso gradual, ampliamente dilatado en el tiempo.

«Gradual» y «abrupto» tenían sentidos diferentes según fuese un paleontólogo o un genético el que leyese el artículo. Eldredge y Gould en modo alguno estaban propugnando la ausencia de poblaciones intermedias entre una especie y sus descendientes. Lo único que afirmaban es que estas poblaciones eran extremadamente raras en el registro fósil, ya que su duración habría sido muy breve: geológicamente, el cambio de una especie a otra aparecería como un salto; biológicamente, sin embargo, el cambio habría sido continuo (aunque no gradual) (27, 40, 59, 62).

29. ESPECIE

La sistematización del concepto de especie es un fenómeno relativamente tardío en el seno de la cultura occidental, hecho sorprendente si se tiene en cuenta que cualquier aborigen de Nueva Guinea es capaz de reconocer las diferentes especies que pueblan su entorno, a veces a niveles superiores a los del especialista más prestigioso. A partir del siglo XVIII, la obra de botánicos como John Ray o Carl von Linné convirtió por primera vez a la especie en una categoría sistemática (lo que los lógicos llaman una clase). Carl von Linné (1707-1778), naturalista sueco autor de renombrados libros de botánica, ideó una clasificación jerárquica que empleaba un sistema de categorías de rango progresivamente creciente, según el grado de universalidad de los atributos que las caracterizaban. Las categorías que estableció, aún hoy usadas por la taxonomía, son las de reino, clase, orden, género y especie. Estas dos últimas, las más importantes del sistema linneano, se expresan a diferencia del resto siempre en latín: el género en nominativo y la especie en genitivo, como acotación del anterior.

El concepto de especie de Linné corresponde en realidad a la definición aristotélica de esencia, compuesta de un género (por ejemplo, *Homo)* más una diferencia específica (por ejemplo, *sapiens).* Esta aplicación estricta de la lógica aristotélica responde al propósito fundamental de Linné de ordenar el conjunto de objetos de la naturaleza según su grado de semejanza, de acuerdo con una serie de atributos que él consideraba importantes. Pero la clasificación de Linné no suponía en absoluto una relación de parentesco ni mucho menos evolutiva entre las diferentes especies. La especie se basa en una serie de caracteres fácilmente reconocibles que permiten identificar y clasificar cualquier espécimen natural, lo que se conoce como *especie tipológica.* La especie tipológica se basa en un único individuo, que adquiere la categoría de *tipo* y se convierte en patrón para reconocer cualquier otro individuo de la misma especie (aún hoy el código de nomenclatura zoológica recoge esta exigencia algo platónica para definir una nueva especie). Con variantes, el concepto de especie tipológica fue asumido por la ciencia natural del XVIII y principios del XIX. Figuras como Buffon o Cuvier contribuyeron a enriquecer el concepto añadiendo a la idea de semejanza la de descendencia en común. Durante años, pues, la especie designó un conjunto de individuos descendientes unos de otros que se parecían entre sí tanto como a sus progenitores. Para los anatomistas de principios del siglo XIX, las especies eran realidades naturales inmutables que respondían a diseños prefijados desde el principio. Cada especie ocupaba una posición definida en el conjunto de la naturaleza, que formaba a su vez un todo armónico al servicio del Creador y de la criatura que coronó su obra, el hombre.

No es de extrañar, pues, que las primeras formulaciones evolucionistas no sólo negaran el carácter inmutable de las especies, sino también su propia existencia como tales. Estas dudas están ya presentes en Lamarck: «Así, todos aquellos que se encuentran profundamente implicados en el estudio de la historia natural conocen hoy en día las dificultades de los naturalistas para determinar los objetos que deben considerar como especies. En efecto, no sabiendo que las especies no son constantes más que en función de la duración de las circunstancias en las que se encuentran, que todos los individuos al variar producen razas que se mezclan con aquellos de alguna otra especie vecina, los naturalistas toman decisiones arbitrarias, atribuyendo los unos a variedades, los otros a especies, aquellos individuos observados en diferentes países y en diferentes situaciones. De ello resulta que la parte del trabajo que concierne a la determinación de las especies deviene de día en día cada vez más defectuosa, es decir, más aparatosa y más confusa».

Nótese, sin embargo, que Lamarck no pone de relieve la existencia o no de las especies, sino la dificultad para reconocerlas mediante los criterios puramente tipológicos propuestos por Linné, Cuvier, Oken y otros anatomistas. La confusión entre la definición de qué es una especie y de los criterios necesarios para reconocerla en el mundo natural está en el meollo de todas las discusiones posteriores sobre el tema, las cuales aún hoy distan de estar cerradas.

Darwin fue plenamente consciente de este problema, lo que es probable que influyera decisivamente en su rechazo de la inmutabilidad de las especies y su adscripción a la causa evolucionista. Pero fue incluso más allá. Para él, como para muchos otros posteriormente, no se trataba sólo de que las especies podían transmutarse unas en otras, sino que, simplemente, no existían como tales. En efecto, fiel a su modelo de cambio gradual, según el cual unas poblaciones se diferenciaban insensiblemente de otras, para Darwin la especie no constituía sino una categoría artificial, un artificio puramente intelectual, intercambiable con los conceptos de raza o variedad: «Por estas observaciones se verá que considero que el término *especie* se ha dado arbitrariamente, por motivo de conveniencia, para reunir un grupo de individuos que se asemejan íntimamente entre sí, y que no difiere esencialmente del término *variedad*, que nos da formas menos distintas y más fluctuantes. El término variedad, a su vez, en comparación con las meras diferencias individuales, también se aplica arbitrariamente por cuestión de conveniencia».

Así pues, el tema del origen de las especies quedó aparcado durante la larga crisis del darwinismo a principios del siglo XX, hasta que fue rescatado por los autores de la síntesis neodarwinista durante las décadas de 1930 y 1940. Particularmente, Ernst Mayr, con su obra *Systematics and the Origin of Species* (1942), estableció las bases del moderno concepto biológico de especie. De acuerdo con su definición, una especie está constituida por aquellos grupos de poblaciones naturales cuyos individuos son potencialmente interfecundos y que se mantienen reproductivamente aislados de otros grupos semejantes. Como puede verse, en este concepto biológico de especie se hace hincapié más en el aislamiento reproductivo que en las diferencias morfológicas entre unos individuos y otros. Aunque no exento de problemas, hasta el presente el concepto biológico de especie propuesto por Mayr es el que ha alcanzado mayor consenso entre los biólogos evolutivos.

Uno de los terrenos en el que el concepto de especie biológica ha tropezado con más dificultades para su aplicación es el de la paleobiología, es decir, a la hora de considerar el factor cronológico en la definición de especie. Ya desde los primeros momentos de la síntesis neodarwinista, George G. Simpson, tan acorde en otros aspectos con las ideas de Dobzhansky y Mayr, propuso un concepto alternativo de especie que tuviera en cuenta su extensión en el tiempo. De acuerdo con Simpson, una especie evolutiva es un linaje (o secuencia de poblaciones de ancestros y descendientes) que evoluciona independientemente de otros linajes y mantiene su propio papel y tendencias evolutivas. Este concepto evolutivo de especie trata de responder a los problemas de los paleontólogos para delimitar especies biológicas en el pasado. Desde una óptica puramente gradualista, el paleontólogo se encuentra a menudo con una sucesión de fósiles (ya sean individuales o poblaciones) que van cambiando progresivamente a lo largo de una secuencia estratigráfica. En los niveles más recientes de la secuencia, los fósiles en cuestión pueden llegar a mostrar unas características por completo diferentes de la población que se encuentra en la base, por lo que la inclusión de unos y otros en especies diferentes parece evidente. Ahora bien, con frecuencia ambos eslabones de la cadena aparecen enlazados por una serie de poblaciones intermedias, cuyos rasgos distintivos van fijándose gradualmente. ¿Cómo identificar entonces el momento en que una especie biológica se convierte en otra? Este problema es en realidad irresoluble, y el propio Simpson fue consciente de ello al admitir que, en tales casos, sólo quedaba establecer límites arbitrarios entre poblaciones transicionales, a fin de satisfacer los requerimientos de los taxónomos (en bioestratigrafía se requieren especies sólidamente definidas a fin de delimitar una correlación estrecha entre estratos de áreas que pueden estar muy alejadas entre sí). Las especies, definidas de este modo como fragmentos más o menos arbitrarios de un mismo linaje evolutivo, son denominadas *cronoespecies*. Este concepto evolutivo de especie no es compartido, sin embargo, por los partidarios del modelo de equilibrios puntuados, para quienes las especies aparecen abruptamente y permanecen inmodificadas a lo largo de su existencia. Según estos autores, que no admiten un proceso gradual de especiación, el problema de las «especies evolutivas» no existe, ya que el tiempo no afecta a las características de las mismas, como no sea para producir muy rápidamente una nueva especie que será fácilmente distinguible de la anterior.

En la base del concepto de especie evolutiva se encuentra el problema del reconocimiento de las especies biológicas en el registro fósil. Este último se compone de restos de los fenotipos ancestrales, por lo que el paleontólogo difícilmente puede recurrir al aislamiento reproductivo o a la genética molecular para comprobar si dos poblaciones morfológicamente próximas constituían dos especies biológicas o no. Sin embargo, la estimación del número de especies en los distintos periodos del pasado (o sea, la evolución de la biodiversidad) constituye un aspecto esencial para comprender el funcionamiento global de la biosfera. En este sentido, al no tener acceso a los genotipos de las especies extinguidas, el paleontólogo debe aplicar en la práctica el concepto de morfoespecie o especie tipológica, tan denostado desde el punto de vista de la biología evolutiva. Ello no significa que el paleontólogo no pueda tener en cuenta criterios biológicos para definir e identificar sus especies, al contrario, su situación es hoy en día bien distinta a la de los anatomistas del XIX. Por ejemplo, el paleontólogo puede llegar a diferenciar caracteres afectados por una elevada plasticidad fenotípica (con lo cual, las distintas variantes, aunque diferentes, pueden estar integradas dentro de una misma especie biológica) de otros cuya variabilidad está altamente constreñida por el genotipo, como, por ejemplo, el caso de los dientes de los mamíferos. En esta última cuestión, sobrepasado un determinado límite de variabilidad, el paleontólogo puede estar casi seguro de que se encuentra ante dos especies biológicas diferentes. El caso de las especies gemelas es prácticamente irresoluble para el paleontólogo, por cuanto en esta situación los fenotipos de ambas especies son idénticos, diferenciándose sólo en aspectos moleculares o de comportamiento. Por tal motivo, las estimaciones de biodiversidad del pasado son probablemente muy conservadoras y hay que suponer para cada época un número mayor de especies del que se desprende del registro fósil. Este hecho, sin embargo, es menos preocupante que la situación contraria (que parecía preocupar a Lamarck y Darwin), en la que el número de especies aparece sobredimensionado. Por otro lado, si dos poblaciones de fósiles presentan diferencias fenotípicas del tipo de las que no suelen llegar a manifestarse en el caso de especies gemelas, el paleontólogo tiene aquí un nuevo argumento para considerar a ambas como especies biológicas distintas.

Existe, finalmente, un concepto de especie que logra aunar los requerimientos de la especie biológica, la morfoespecie y la especie evolutiva. Se trata del concepto de «reconocimiento específico» *(recognition species concept)* de H. E. H. Patterson, según el cual una especie puede ser definida como aquella población que incluye a todos los individuos biparentales que comparten un mismo sistema de fertilización. A diferencia del concepto biológico de especie, que pone el acento en la relación excluyente (aislamiento) presente entre miembros de especies distintas, en su definición Patterson pone el acento en las relaciones coespecíficas entre miembros de una misma especie. Todos los individuos de una especie comparten un mismo sistema de fertilización, por el cual un individuo de un sexo determinado reconoce a otro individuo del sexo opuesto de la misma especie. Este sistema es altamente específico y está estrechamente adaptado a las condiciones del ambiente. En consecuencia, incluye una serie de señales (visuales, olfatorias, instintivas, etcétera) que constituyen el «sistema específico de reconocimiento para el apareamiento» *(specific mate recognition system).* El reconocimiento es la respuesta específica de un sexo a la señal específica que el otro sexo emite, y que permite la fertilización entre individuos de la misma especie y excluyen a los de una especie diferente. Ahora bien, frecuentemente, los componentes del sistema específico de reconocimiento entre sexos incluyen estructuras físicas que pueden fosilizar (por ejemplo, astas, cuernos u otras producciones exosomáticas). Y, de hecho, el organismo como un todo incluye ya numerosas señales físicas que permiten su reconocimiento como miembro de la misma especie. Por tanto, el concepto de reconocimiento específico de Patterson permite utilizar aquellos caracteres fenotípicos que estaban presentes en los conceptos tipológico y evolutivo de especie, superando a su vez aquellos aspectos incontrastables del concepto biológico de especie, basado en el aislamiento genético. Nótese que el concepto de reconocimiento específico engloba también al concepto biológico de especie, pero no viceversa: el aislamiento genético *se deriva* del sistema de reconocimiento específico, constituye una consecuencia necesaria del mismo. Sin embargo, la evolución o, mejor dicho, la selección natural no promueve en este caso la especiación; ésta se sobreimpone cuando, al quedar alguna subpoblación sometida a condiciones diferentes, cambian los mecanismos de reconocimiento (que, recordemos, están formados por caracteres altamente adaptativos, dada la importancia que tiene la fertilización en la supervivencia de la especie). Así pues, el concepto de reconocimiento específico incluye los supuestos y consecuencias del concepto biológico de especie, pero no deriva de aquél.

Ciertamente, el concepto de reconocimiento específico es sólo aplicable, en principio, a las especies sexuadas, lo que excluye a todos los organismos unicelulares que se reproducen por medios no sexuales, es decir, aquellos en los que no existe una diferenciación entre soma y germen. Sin embargo, éste es también un problema de la definición biológica de especie, según la cual los organismos unicelulares no son verdaderas especies sino cepas, es decir, agregados de individuos cuya única característica en común es que descienden de un mismo antepasado. Ahora bien, aquí la definición de especie basada en el reconocimiento específico ofrece también ventajas sobre el concepto biológico de especie, al no basarlo en el hecho reproductivo (caso del aislamiento genético) sino en la fertilización. Como expresó Darlington mejor que nadie, una especie es ante todo una comunidad de recombinación genética, la cual es una consecuencia de la combinación de sexualidad y reproducción en las especies sexuadas. Como es sabido, en los organismos unicelulares la sexualidad, la recombinación de cromosomas, está separada de la reproducción, que es asexual. Pero ello no significa que no exista recombinación bajo la forma de conjugación, mecanismo por el cual individuos de la misma especie intercambian y recombinan su material genético. La definición de Patterson permite reconocer a aquella población de protistas que se conjuga entre sí como una especie verdadera, basada en su sistema de reconocimiento específico, cosa que no ocurre con el concepto biológico de especie (30, 35, 60, 79).

30. ESPECIACIÓN

Como es sabido, uno de los problemas que Darwin dejó sin resolver en su monumental obra *El origen de las especies* fue precisamente... el origen de las especies. Por supuesto, Darwin creía haberlo resuelto, por cuanto para él las especies realmente no existían, sino que eran asimilables a razas, variedades o, simplemente, a cualquier población variable sujeta a la acción de la selección natural.

Pero la síntesis neodarwinista reconoció el estatus biológico de las especies y su papel en la evolución. Respecto al tema del origen de las especies, desde el principio se establecieron dos puntos de vista divergentes. Por un lado, se alineaban los genéticos de poblaciones como T. Dobzhansky, para quienes la especiación era desde el principio un proceso adaptativo: las nuevas especies aparecían por divergencia gradual a partir de una única población homogénea, como consecuencia de la adaptación de dos subconjuntos de la misma especie a requerimientos ecológicos diferentes. Este modelo corresponde a la llamada especiación *simpátrica,* dado que ambas subpoblaciones se mantienen en contacto a lo largo de todo el proceso. Desde este punto de vista, la especiación sería un rasgo más de la adaptación de las poblaciones al medio por selección natural. Como afirma el mismo Dobzhansky en uno de sus artículos, «la integración de los individuos en poblaciones mendelianas –en supraorganismos sexuales, si se quiere– es una adaptación evolutiva. La integración posterior de poblaciones mendelianas elementales en poblaciones de orden superior, como razas o especies, es igualmente adaptativa. Puede verse que la formación de razas y especies ha sido necesaria debido a la gran diversidad de ambientes del planeta». En la tercera edición de su obra clave, *Genética y el origen de las especies*, apostillaría: «los mecanismos de aislamiento que se encuentran en la naturaleza aparecen como contribuciones *ad hoc* que impiden el intercambio de genes entre especies en proceso de formación, más que como incongruencias originadas por cambios accidentales en la función de los genes».

El punto de vista alternativo, sustentado por Ernst Mayr en su obra *Systematics and the Origin of Species* (1942), concebía el origen de las especies básicamente como un proceso fruto del azar. De acuerdo con este autor, el mecanismo más frecuente en la formación de nuevas especies sería la denominada «especiación alopátrica», que tiene lugar cuando dos poblaciones quedan aisladas entre ellas por alguna barrera, fundamentalmente geográfica. Los cambios genéticos y cromosómicos que tienen lugar en estas poblaciones son diferentes en cada caso y así, cuando ambas poblaciones llegan a ponerse de nuevo en contacto, el cruce es ya imposible. El modelo alopátrico de Mayr concibe, pues, la especiación como un proceso aleatorio. En la evolución, por tanto, un proceso estocástico y adireccional, la especiación, se superpondría a un proceso finalista y direccional, la adaptación. Mientras que el primero corresponde a un proceso discontinuo, conceptualmente relacionado con ideas tales como evento, corte, catástrofe o frontera, el segundo hace referencia a un proceso gradual, relacionado con las ideas de transición y continuidad.

Una variante del modelo de especiación alopátrica es la especiación peripátrica, que se produce cuando, por algún accidente, una pequeña población periférica queda aislada de la población principal de la especie. En determinadas circunstancias, una pequeña subpoblación de este tipo puede experimentar una diferenciación muy rápida y convertirse abruptamente en una nueva especie. De acuerdo con el modelo de equilibrios puntuados de Eldredge y Gould, la especiación peripátrica sería la responsable de la mayor parte de «saltos evolutivos» observados en el registro fósil y constituiría el mecanismo básico de especiación en el pasado (21, 29, 60).

31. EVA MITOCONDRIAL

La hipótesis que sitúa el origen del hombre moderno en África recibió su espaldarazo final no tanto por el hallazgo de fósiles especialmente significativos (que también los ha habido), sino especialmente gracias a los análisis practicados originalmente por Cann, Stoneking y Wilson sobre ADN mitocondrial humano. El ADN mitocondrial es un tipo de material genético considerado inocuo desde el punto de vista funcional pero, por este mismo motivo, de gran interés para esbozar una reconstrucción filogenética. Las mitocondrias, los orgánulos celulares responsables de la respiración, proceden de bacterias aerobias que entraron en simbiosis con otros elementos para formar la primera célula con núcleo organizado o eucariota. En consecuencia, las mitocondrias conservan un ADN circular muy parecido al cromosoma único que encontramos actualmente en cualquier bacteria. Este ADN residual interviene únicamente en el momento de la división de la mitocondria y, por tanto, su papel en el metabolismo propio de la célula es marginal. Otro tanto puede decirse de su herencia, ya que, al carecer nuestro espermatozoide de cualquiera de los orgánulos que conforman una célula somática, el ADN mitocondrial se transmite únicamente por vía materna, a través del óvulo. Además, al no entrar en el juego de la recombinación genética al que se ve sometido su compañero del núcleo, cualquier cambio que se produzca en el ADN mitocondrial de determinado linaje se transmitirá ininterrumpidamente de generación en generación, hasta que una nueva mutación modifique la secuencia original.

De este modo, el ADN mitocondrial se convierte en un instrumento de primera magnitud a la hora de reconstruir la historia evolutiva de un grupo. Dado que las mutaciones se acumulan al azar a un ritmo que se supone constante, el ADN mitocondrial «más primitivo» será precisamente aquel que muestre una tasa mayor de mutación. Un trabajo publicado en 1987 por Cann, Stoneking y Wilson demostró que el ADN más variable y que, por tanto, había estado expuesto durante más tiempo a una tasa constante de mutación, procedía de muestras pertenecientes a individuos de raza negra, ya fueran africanos o afroamericanos. Ello equivalía a proponer que el antecesor común de todas las razas actuales se había originado en África, y sólo en África, hace unos 200.000 años, de acuerdo con la tasa de mutación calculada para el reloj mitocondrial. Dado que el ADN mitocondrial se transmite únicamente por vía materna, se acuñó el término «Eva mitocondrial» para hacer referencia a este hipotético ancestro africano. No parece haber sido una elección muy afortunada, ya que en muchos casos se ha transmitido la idea de que toda la humanidad procede de una única mujer africana que vivió hace 200.000 años, idea a todas luces disparatada desde un punto de vista evolutivo. Lo que Eva mitocondrial designa en realidad es que el genotipo que los humanos modernos compartimos puede hacerse derivar a partir de un único genotipo que existió al menos en una mujer africana de hace 200.000 años, pero que, obviamente, ésta compartió, junto con otros genotipos, con otros individuos (44, 64, 74).

32. EVOLUCIÓN

El término «evolución» tiene en la actualidad un significado inequívoco, y pocos dudarían sobre el contenido de un libro que llevase por título *Diccionario de la evolución*. Sin embargo este término no fue nunca empleado por los primeros «evolucionistas» como Lamarck, Wallace o los dos Darwin (aunque Charles lo hiciera suyo en fechas posteriores a la publicación de *El origen de las especies)*. Evolución procede del latín *evolvere,* literalmente «desenrollar», y éste es ciertamente su significado primigenio en biología, ya que en sus primeras acepciones, la evolución hacía referencia al desenrollamiento de la célula germinal en los sucesivos estadios embrionarios, lo que hoy en día llamamos desarrollo. El uso de este término fue establecido por los llamados preformacionistas, que sostenían que todo individuo adulto se encontraba miniaturizado en el óvulo y, por tanto, después de la fecundación éste se *desenrollaba* o desarrollaba, dando lugar al embrión, de forma similar a como hoy en día un ordenador «desarrolla» un programa. Así pues, durante los siglos XVII y XVIII, el término evolución era equivalente al de desarrollo embrionario.

Y éste es el uso que hacían de él a principios del siglo XIX los seguidores de la *Naturphilosophie* en Alemania. Para autores como Schelling, Goethe u Oken, el término alemán *Entwicklung* designaba precisamente el *evolutio* latino, es decir, los sucesivos estadios de desarrollo de un ser vivo. Pero en su tránsito por la filosofía natural germánica, el término se tiñó de un significado más metafísico. La morfología trascendental de Lorenz Oken presuponía la unidad de los seres vivos en una serie de planes básicos *(Bäuplane)* de los que las diferentes especies eran simples variantes. Estos planes básicos preexistían en la mente del Creador (algo así como las ideas platónicas), pero se materializaban (se «desarrollaban» o «evolucionaban») en variantes diversas. Ello explicaba por qué los embriones de los diferentes grupos de vertebrados atravesaban una serie de estadios comunes que parecían recorrer una escala progresiva de la naturaleza, desde la mónada hasta el ser humano. Ahora bien, esta evolución no tenía nada que ver con la evolución tal como hoy la concebimos, ni tan sólo con la visión que concibieron Jean-Baptiste Lamarck o Erasmus Darwin. Se trataba, por el contrario, de una evolución ideal, trascendental, de la plasmación de unos arquetipos biológicos que, lejos de poner en duda la inmutabilidad de las especies, la reforzaban, al postularse como invariables.

Ahora bien, esta concepción de la *Entwicklung* no fue general, y al constatar que las fases embrionarias de un vertebrado parecían reflejar la propia historia del grupo (con un primer estadio de tipo pez, seguido de otros en que iban surgiendo los miembros anteriores y posteriores y el resto de órganos hasta formar el individuo completo), algunos seguidores de la *Naturphilosophie,* como Friedrich Tiedemann o Johann Friedrich Meckel, llegaron a dar el salto conceptual y unificaron la evolución en sentido estricto (es decir, la evolución embrionaria) con la evolución o desarrollo general del grupo. Sin embargo, el término en sí no había variado su significado, sino que extendía su aplicación a la historia general de los seres vivos. En efecto, para estos autores, muy alejados aún de las ideas surgidas a partir de Darwin, la evolución en sentido general correspondía al desarrollo de una serie de tipos orgánicos prefigurados en los arquetipos originales. Sólo que, a diferencia de idealistas como Schelling u Oken, ellos pensaban que el desarrollo de estos tipos no era un proceso puramente trascendental, sino que realmente había tenido lugar en el tiempo. En sentido estricto, no obstante, la evolución seguía obedeciendo al «desenrollamiento» o desarrollo de un plan previo, del cual la evolución o desarrollo embrionario era sólo una versión abreviada.

Con este doble significado, la teoría de la evolución traspasó las fronteras de Alemania y llegó a Gran Bretaña, donde *Entwicklung* fue traducido por *evolution*. El uso del término evolución en su sentido actual fue primeramente popularizado por el filósofo Herbert Spencer en varios de sus libros, años antes de que Darwin publicase *El origen de las especies*. El mismo Darwin no menciona el término en su obra, ya que él prefería referirse a la «descendencia con modificación» (como en su libro *El origen del hombre*). Sin embargo, el término hizo fortuna no sólo entre sus seguidores, sino, sobre todo, entre sus detractores, entre los que se contaban Richard Owen y Louis Agassiz. Así, cuando Owen clamaba «contra la teoría de la evolución del señor Darwin», estaba tomando en consideración el doble sentido original, embrionario y filogenético, de los idealistas alemanes, ya que buena parte de sus críticas se centraban en la asunción darwinista de que la ontogenia (o evolución del individuo) recapitulaba la filogenia (o evolución del grupo). En medio de este debate, el término evolución se generalizó a finales del siglo XIX y adquirió el significado con que hoy lo conocemos (18, 19, 55, 84).

33. EXTINCIÓN

Si hubiera que definir algún tema específicamente paleontológico, un objeto de estudio que caracterizase a la paleontología como ciencia, éste sería sin duda el tema de las extinciones. En efecto, la paleontología es y ha sido por antonomasia la *ciencia de las especies fósiles*, es decir, de las especies extinguidas. En una fecha tan temprana como 1796, en el contexto de optimismo social y confianza en el progreso generado por la Revolución francesa, Georges Cuvier pudo certificar, cual pájaro de mal agüero, que la extinción de las especies era un hecho. En una sesión pública de la Academia de Ciencias de París, el fundador de la paleontología y la anatomía comparada afirmaba, por primera vez en la historia, que los restos de elefante hallados en Siberia no correspondían a ninguna de las dos especies existentes de este grupo. Una tercera especie de elefante, el mamut, había existido en el pasado y se había extinguido sin dejar descendencia. Por tanto, la muerte no era sólo una condición de los individuos sino también de las especies. Por primera vez, se postulaba la existencia de lo que podríamos llamar el *mal biológico:* las especies, la vida, puede extinguirse y desaparecer sin continuidad. Posteriormente, el trabajo desarrollado por el propio Cuvier y otros paleontólogos a principios del siglo XIX mostró que en la historia de la vida las extinciones no se distribuían de manera regular, sino que tendían a concentrarse en estrechas franjas de tiempo, las cuales solían servir para poner límites entre las grandes eras (Paleozoico, Mesozoico, Cenozoico). El mismo Georges Cuvier emitió la hipótesis de que estas grandes discontinuidades (así como otras que fueron descubriéndose posteriormente) correspondían a grandes catástrofes que habían sacudido la Tierra en el pasado. Estas violentas revoluciones habrían provocado la extinción masiva de la fauna preexistente y su sustitución por otra nueva.

Con la teoría de la selección natural, Darwin pudo ofrecer un argumento mucho más sencillo para explicar el fenómeno de la extinción sin tener que recurrir a eventos excepcionales como las grandes catástrofes propuestas por Cuvier: paulatinamente, a lo largo de la historia de la vida, los individuos más eficaces habían desplazado a los peor dotados para vivir en las cambiantes condiciones de cada momento, y como consecuencia, las formas desplazadas dejaban de contribuir a la siguiente generación con su descendencia. Con Darwin, pues, la extinción aparecía como una consecuencia directa de la competencia entre los individuos de las diferentes especies, proceso lento y gradual que conllevaba el reemplazo continuo de unas por otras. De este modo, la extinción aparecía como un proceso puramente pasivo, como la caída de las hojas de un árbol, sin incidencia en el proceso evolutivo. Dentro de este esquema no había lugar para los abruptos recambios propuestos por Cuvier, por lo que las aparentes discontinuidades que se observaban en las secuencias estratigráficas no podían corresponder a fenómenos reales, sino que cabría achacarlas al imperfecto conocimiento que se tenía del registro fósil. Para Darwin, así pues, la extinción era simplemente el fin de un linaje concreto, es decir, un proceso individual y propio de cada especie. Las causas de estas extinciones, por lo demás, serían muy variadas y diferentes en cada caso, por lo que cualquier intento de llegar a una especie de «teoría de la extinción» paralela a la «teoría de la evolución» sería fútil. Se comprende, por tanto, que con la teoría darwiniana el tema de la extinción de las especies pasase a un segundo plano.

Las cosas cambiaron radicalmente en 1980, cuando desde las páginas de la revista *Science*, Louis y Walter Alvarez propusieron una revolucionaria interpretación para explicar la existencia de concentraciones anormales de iridio en niveles correspondientes al límite Cretácico-Terciario. Puesto que el iridio es un elemento habitual en diversos cuerpos celestes, la desaparición de los dinosaurios y otros grupos zoológicos hace 65 millones de años podía ser finalmente explicada por el impacto de un meteorito de unos diez kilómetros de diámetro, que habría lanzado a la atmósfera gran cantidad de polvo en suspensión, provocando así un abrupto declive de la actividad biológica global. Posteriormente, los paleontólogos americanos S. Raup y J. Sepkoski, armados de un potente arsenal estadístico, emitieron la hipótesis de que catástrofes planetarias semejantes se habrían producido periódicamente cada veintiséis millones de años, al entrar el sistema solar bajo la influencia de Némesis, hipotética estrella-hermana del Sol que jamás ha sido localizada. Desde entonces, los estudios sobre el fenómeno de las extinciones en masa se han disparado, con cientos de artículos aparecidos en publicaciones científicas de todo el mundo y diversas conferencias internacionales (14, 34, 75).

34. EXTINCIÓN EN MASA

La extinción constituye un proceso normal en la evolución de la biosfera por el cual se produce un *turnover* o reemplazo continuo de unas especies por otras. La causa fundamental de la extinción es la propia competencia entre las especies, tal como establece el principio de la Reina Roja, lo que se conoce como «extinción de fondo». Sin embargo, en determinados momentos de la historia de la vida se han producido grandes episodios repentinos de extinción en masa que han afectado a más del 50 por ciento de las especies, sin que se haya producido un recambio inmediato por parte de otras nuevas. A lo largo de la historia de nuestro planeta ha habido hasta nueve grandes eventos de extinción masiva que han dado lugar a reordenaciones globales de la biosfera. Las nueve extinciones en concreto son las siguientes:

1) *Final del Ediacariense.* La fauna del yacimiento precámbrico de Ediacara, fechada en unos 700 millones de años, estaba formada por una variada gama de organismos pluricelulares que poco tenían que ver con los actuales grandes troncos zoológicos. Aunque se poseen muy pocos datos sobre este primer evento de extinción masiva, ocurrido hace unos 570 millones de años, sus consecuencias fueron extraordinarias: desaparecieron buena parte de los elementos de la primera radiación de metazoos, lo cual permitió el desarrollo de los tipos actuales.

2) *Final del Cámbrico inferior.* Esta crisis acabó con un conjunto faunístico muy homogéneo que incluye los primeros animales dotados de partes esqueléticas, como diversas familias de trilobites o como los arqueociátidos, un grupo de extraños organismos parecidos a las actuales

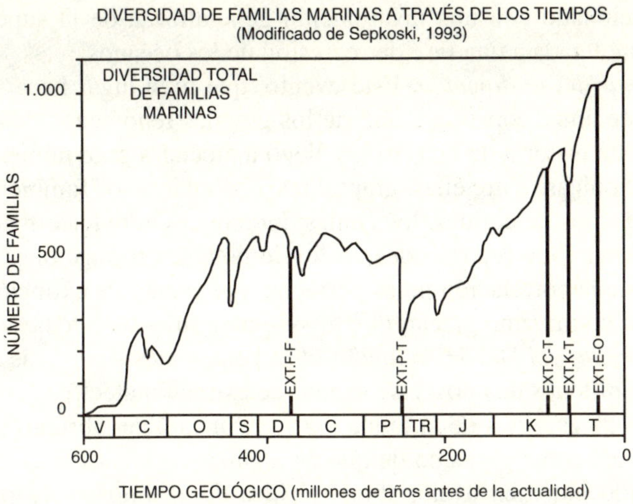

Extinción en masa. Evolución de la diversidad de familias marinas durante los últimos 600 millones de años. Las incisiones corresponden a extinciones en masa. Se resaltan en particular las del Devónico superior (F-F, límite Frasniense-Fameniense), límite Pérmico-Triásico (P-T), Cretácico medio (C-T, límite Cenomaniense-Turoniense), límite Cretácico-Terciario (K-T) y límite Eoceno-Oligoceno (E-O). Figura modificada de Sepkoski (1993).

esponjas. No existen evidencias claras de cuál pudo ser el agente que provocó la extinción de este conjunto faunístico.

3) *Final del Cámbrico*. A la extinción del Cámbrico la siguió una importante radiación de invertebrados marinos. Durante la parte media y superior del Cámbrico aparecieron numerosas familias de trilobites, así como de braquiópodos y varios grupos de moluscos (nautiloideos, gasterópodos) que fueron masivamente diezmados al final de este periodo, hace unos 500 millones de años. Como en el caso del Cámbrico inferior, este evento no se correlaciona claramente con ningún otro fenómeno geológico (orogenias) o climático (glaciaciones). De cualquier modo, no se trata de un proceso abrupto, sino que las extinciones se sucedieron escalonadamente al final del periodo.

4) *Final del Ordovícico inferior*. Tras la crisis de final del Cámbrico, una nueva radiación evolutiva dio lugar a la diversificación de grupos como los conuláridos y los graptolites, aunque los ambientes de plataforma costera continuaron dominados por trilobites, braquiópodos y cefalópodos del grupo de los nautiloideos. La cadena de extinciones que se suceden al final de la primera parte del Ordovícico marcó el final de los trilobites como grupo dominante del bentos marino (los bivalvos, por el contrario, fueron cada vez más frecuentes). Este declive tal vez pudiera

estar relacionado con una disminución generalizada de la superficie de plataforma, ligada a una fase de regresión de los océanos.

5) *Final del Ordovícico*. Este evento, que tuvo lugar hace unos 440 millones de años, constituye uno de los grandes fenómenos de extinción masiva de la historia de la Tierra, y llegó a afectar a gran número de formas planctónicas (entre ellas, graptolites y conuláridos). También afectó a diversos grupos de corales, los cuales durante el Ordovícico medio y superior habían dado lugar al desarrollo de potentes formaciones arrecifales. Aunque la correlación no es perfecta, este evento de extinción parece asociado a un máximo glaciar que tuvo lugar a fines de este periodo.

6) *Tránsito del Devónico medio al Devónico superior*. Acaecido hace unos 370 millones de años, este evento de extinción afectó a cerca del 70 por ciento de especies de la fauna marina. Su carácter abrupto (hoy desmentido), así como el hecho de que en algunas secciones aparecieran niveles enriquecidos en iridio, abonó la idea de un impacto extraterrestre (¿un meteorito?, ¿un cometa?) como posible agente del mismo. De nuevo, las comunidades arrecifales resultaron especialmente afectadas (corales, gasterópodos, equinodermos), aunque otros organismos pelágicos, como los cefalópodos ammonoideos, sufrieron igualmente las consecuencias. Entre los vertebrados, debe apuntarse la desaparición de los placodermos, «peces» primitivos dotados de un exoesqueleto formado por placas.

7) *Final del Pérmico*. Por su magnitud, éste es sin duda el evento de extinción masiva más importante de la historia de la Tierra, ya que supuso la desaparición de cerca del 96 por ciento de las especies existentes hace 240 millones de años. En su transcurso, grupos de invertebrados marinos como los trilobites y los fusulínidos (grandes protozoos dotados de una concha calcárea) desaparecieron definitivamente del registro de especies vivientes. La crisis afectó igualmente a las comunidades arrecifales, mientras que otros organismos pelágicos, como los ammonoideos, pasaron de doce a cuatro familias. Aun así, existen dificultades para desentrañar la causa o causas concretas que pudieron afectar tan gravemente a las biotas de finales del Paleozoico. Pese a las pretensiones de Raup y Sepkoski, hay que descartar definitivamente la hipótesis de un impacto extraterrestre: las extinciones finipaleozoicas se sucedieron en un dilatado espacio de tiempo y no muestran en absoluto el carácter instantáneo que tal hipótesis requiere. Además, la crisis del final del Pérmico afectó profundamente a todos los ecosistemas marinos, mientras que sus efectos fueron mucho más atenuados sobre los continentes. Cabe señalar que durante la parte superior del Pérmico se produjo otro máximo glaciar, que tuvo como consecuencia una regresión generalizada de los océanos sobre las plataformas continentales. Por otra parte, existen indicios de que las fau-

nas marinas de finales del Paleozoico resultaron afectadas por un evento oceánico anóxico de gran magnitud, que habría dado lugar a la recirculación de diversos iones tóxicos acumulados en las capas profundas de los océanos.

8) *Final del Triásico*. Durante esta fase, hace unos 205 millones de años, desaparecieron cerca del 75 por ciento de especies de invertebrados marinos. En este caso, las comunidades arrecifales no resultaron especialmente afectadas, aunque sí numerosos grupos de foraminíferos, braquiópodos, bivalvos, gasterópodos y cefalópodos ammonoideos. De nuevo, la hipótesis de una crisis climática, asociada a una nueva regresión de los océanos, aparece como causa probable de la extinción.

9) *Final del Cretácico*. El evento de extinción por excelencia, aquel durante el cual desaparecieron grupos como los dinosaurios, los ammonoideos, numerosas familias de bivalvos, esponjas, equinodermos y gran parte del plancton marino del Mesozoico, aparece como uno de los pocos casos claramente asociados al impacto de un meteorito, hace 65 millones de años. Se trata, asimismo, de uno de los pocos fenómenos de extinción masiva en los que hay una buena correlación entre los datos procedentes de los medios marinos y los procedentes de los ecosistemas continentales. Con todo, a pesar de la evidencia de un impacto meteorítico, y si se exceptúa el caso del plancton marino, los patrones de extinción entre los distintos grupos no encaja con un evento de corta duración. Por el contrario, la mayor parte de órdenes muestran procesos de rarefacción escalonados en intervalos de tiempo relativamente breves pero no geológicamente instantáneos. Incluso en algunos casos puede hablarse claramente de extinción gradual o escalonada. Más acorde con lo anterior, el escenario alternativo que liga algunas de las extinciones fini-Cretácicas a las grandes erupciones volcánicas que se desarrollaron en la zona de la meseta del Deccan (India) predice efectos semejantes a los del escenario de Alvarez (oscurecimiento de la atmósfera, caída de la producción primaria), pero permite dilatar los fenómenos de extinción a lo largo de miles o decenas de miles de años (14, 33, 75).

35. FENÉTICA

Las bases de la actual sistemática biológica, es decir, el estudio de los distintos tipos de organismos y su interrelación, fue establecida en el siglo XVIII por el naturalista sueco Carl von Linné (1707-1778). El sistema de Linné, aún vigente, incluye una serie de categorías (clase, orden, género y especie), que agrupa a todos los seres vivos mediante una estructura jerárquica por la que varias especies con caracteres comunes se reúnen en un mismo género, varios géneros con similitudes entre sí forman a su vez una familia, y así sucesivamente hasta llegar a las categorías más generales: clases y tipos. El propósito original de Linné no era otro que el de ordenar el conjunto de seres vivientes según su mayor o menor parecido y según la concurrencia de determinados rasgos, poniendo orden entre los numerosos objetos que la naturaleza proveía y haciéndola más fácilmente aprehensible.

Con la aparición de la teoría evolutiva y el darwinismo, resultó evidente que la sistemática no sólo reflejaba un determinado orden de los seres vivos atendiendo a ciertas características, sino que era la expresión de la propia genealogía de cada grupo. Los géneros eran agrupados en una misma familia no sólo porque manifestaran una serie de rasgos comunes sino porque compartían un mismo antepasado, cuyos caracteres todos ellos habrían heredado. Una vez el darwinismo hubo asimilado el mendelismo, el mutacionismo y la genética de poblaciones, la teoría de la síntesis progresó en esta dirección, sentando las bases de una nueva sistemática, basada en dos conceptos clave: *homología* y *monofiletismo*.

Se considera homología la semejanza existente entre dos órganos a causa de una herencia común a partir de un mismo ancestro, aun cuando las funciones que realicen sean diferentes. Es el caso, por ejemplo, de nuestra mano cuando se la compara con la aleta de un cetáceo o el ala de un murciélago. Por el contrario, hablamos de convergencia cuando a partir de líneas evolutivas independientes se llega a un desarrollo parecido de ciertos órganos. Es el caso del ojo de un calamar, parecido al ojo no mucho más perfecto de cualquier vertebrado como el ser humano. El tipo de caracteres sujetos a una evolución convergente son conocidos como «homoplasias».

Muy ligados a los conceptos anteriores se encuentran los de monofiletismo y polifiletismo. Según la definición del paleontólogo G. G. Simpson, un taxón se considera monofilético cuando se ha originado a partir de uno o más linajes de un taxón ancestral inmediato de rango igual o inferior. Un taxón que no cumpla este requisito se considera polifilético, es decir, producto de un proceso de convergencia evolutiva a partir de varios linajes diferentes. Ahora bien, a pesar del rigor de estas formulaciones, la teoría sintética no proveyó de instrumentos teóricos que permitiesen verificar en la práctica la monofilia de un taxón o el grado de parentesco entre varios de ellos. Como el mismo Simpson reconoció, la sistemática seguía constituyendo, en parte, un «arte» dependiente del mejor o peor ojo del especialista.

Una primera tentativa de elaborar una sistemática objetiva se encuentra en la taxonomía numérica, también conocida como fenética. Las bases teóricas de esta nueva escuela sistemática parten del rechazo ante cualquier criterio subjetivo asociado a los prejuicios del científico. Así, los conceptos de analogía y homología deben dejarse a un lado, pues encierran un peligroso argumento circular: se dice que los órganos de dos especies son homólogos por cuanto ambas proceden de un tronco común; ahora bien, la base de la que partimos para considerar que dos especies están emparentadas es precisamente la homología de sus órganos. Por otro lado, la fenética considera que no debe admitirse una valoración previa de los caracteres a utilizar, y que debe emplearse el mayor número posible, sin primar o rechazar ninguno, cuestionando así la actitud de los biólogos sistemáticos desde Linné, que otorgan mayor significación a determinados caracteres para elaborar sus clasificaciones. En aras de la objetividad científica, estos caracteres deben ser preferentemente cuantificables o al menos expresables en parámetros cuantitativos. Sometidos posteriormente a un adecuado tratamiento estadístico, la conjunción de todos estos valores permitirá la elaboración de un árbol filogenético o dendrograma, en el que el tanto por ciento de similitud fenética sobre la totalidad de caracteres utilizados determinará la distancia a la que se sitúen los distintos nudos del árbol y, por tanto, el grado de parentesco entre los distintos taxones.

Sin embargo, el problema tanto de la sistemática de la síntesis como de la taxonomía numérica radica en que ninguna de ellas consigue hacer operativo el principio básico de que la clasificación debe ser reflejo de la filogenia, es decir, de la historia del grupo. En particular, al obviar la taxonomía numérica los posibles fenómenos de convergencia, los dendrogramas elaborados según esta filosofía sistemática reflejan el grado de similitud, pero no necesariamente las relaciones de parentesco entre las especies o taxones. En otras palabras, la taxonomía numérica no constituye una auténtica sistemática filogenética (15, 35).

36. FENOTIPO

La distinción entre fenotipo o conjunto de caracteres del individuo y genotipo o dotación genética del mismo se debe al fisiólogo danés Wilhem Johanssen, el mismo que en 1909 creó el término *gen* para referirse a cada uno de los factores hereditarios que Gregor Mendel había postulado. Implícitamente, la distinción entre genotipo y fenotipo se encuentra ya en

Mendel, quien dedujo que después de cruzar dos «razas puras» (hoy diríamos homocigóticas) de guisantes, la aparente proporción 3:1 que obtenía (por ejemplo, guisantes lisos frente a guisantes rugosos) enmascaraba una proporción 1:2:1 (correspondiente a la simple combinación de *AA* x *aa* que da 1 *AA* + 2 *Aa* + 1 *aa*). Así, en la primera generación, aun cuando dos tercios de los guisantes presentaban el mismo aspecto, en realidad se componían de plantas con una diferente combinación de factores hereditarios, lo que hoy conocemos como alelos o variantes de un mismo gen. Mendel asumía, pues, la existencia de elementos hereditarios, que aun presentes a un determinado nivel (hoy apostillaríamos «genético»), no llegaban a expresarse finalmente en el individuo resultante. Se establecía así una ruptura entre los factores hereditarios (futuro genotipo) y las características del individuo finalmente formado (futuro fenotipo). Esta distinción comportaba la existencia de un nivel subyacente de información que permanecía oculto (el conjunto de unidades de la herencia, los genes, inalterados de generación en generación) y un nivel superior aparente, fenoménico, compuesto por los caracteres que conforman finalmente al individuo.

La expresión más elemental del fenotipo son las proteínas recién formadas a partir del ADN. Tras ello, el proceso que lleva al desarrollo completo de dos fenotipos diferentes es largo y complejo, dependiendo en buena medida del ambiente que rodea a cada uno de ellos. Un genotipo no da lugar a un único tipo de desarrollo sino a una norma de reacción ante determinadas condiciones ambientales. Por ejemplo, en numerosos vegetales terrestres la respuesta del genotipo varía según el grado de humedad o de radiación solar, lo que da lugar a diferentes tipos de plantas según el ambiente en el que se desarrollan. Lo mismo sucede en varios grupos de mamíferos cuya producción de melanina puede variar en función del ambiente en el que se desarrollen. Así, una de las razas del conejo común, *Oryctolagus cuniculus*, conocida con el nombre de Himalaya, presenta una coloración blanca, excepto en sus patas, que son negras. Este fenómeno se debe a la presencia de un enzima implicado en la síntesis de la melanina, que se inactiva por encima de los 30 ºC. Los conejos criados a una temperatura superior mantienen este enzima inactivo en la mayor parte del cuerpo, excepto las extremidades. Pero si durante un tiempo se coloca un objeto frío sobre el pelaje, el pigmento se sintetiza en la zona afectada, aun cuando todas las células de los Himalayas presentan un mismo genotipo. En conclusión, la diferencia de temperatura de distintas partes del cuerpo determina la reacción del genotipo en cada una de ellas.

En los organismos pluricelulares, el cambio de una sola molécula puede repercutir de modo muy distinto a varios niveles, ya que el organismo es un todo integrado. Por ejemplo, la alteración conocida como plumaje rizado de los pollos, por el cual el eje o raquis de sus plumas aparece enrollado, con un número reducido de barbas que no llegan a entrelazarse entre sí, constituye el aspecto más llamativo de la mutación, pero no el único, pues va asociado a muchos otros efectos que disminuyen considerablemente la eficacia biológica del animal. Así, su temperatura corporal se mantiene por debajo de los límites normales (probablemente un efecto de la pérdida de calor por su plumaje defectuoso) y su metabolismo, acelerado, no mantiene un ritmo constante. El corazón, deforme y de mayor tamaño, incrementa la frecuencia de latido, aunque se trata de individuos mucho menos activos que los pollos normales. Las alteraciones afectan también a otros órganos y glándulas, como las glándulas suprarrenales y tiroides, el aparato digestivo (más desarrollado) y los riñones (de mayor tamaño). Estas anomalías disminuyen su fertilidad, y la viabilidad de las crías es a su vez mucho menor: frecuentemente, el embrión muere antes de eclosionar y los polluelos que lo consiguen perecen fácilmente, sobre todo si se ven sometidos a cambios de temperatura. Este fenómeno, por el que un alelo o variante genética puede desarrollar múltiples efectos en componentes distintos del organismo, se conoce con el nombre de *pleiotropia.* En este sentido, resulta útil la distinción que hiciera Williams entre *efecto* y *función:* un alelo puede tener múltiples *efectos* (pleiotropia), pero probablemente sólo uno de ellos será especialmente ventajoso; se dice entonces que el alelo tiene una *función.* La distinción es importante, pues mientras la función es fijada por la selección natural, el efecto es en última instancia producto del azar.

La pleiotropia rompe con la imagen simplista de la genética mendeliana, según la cual cada gen determinaba un solo carácter (lo que se resumía en la conocida expresión «un gen, un carácter»). Bien al contrario, existen características determinadas por un gran número de alelos, caso, por ejemplo, de los caracteres cuantitativos, que fueron objeto prioritario de investigación por parte de los biómetras darwinistas. En este tipo de caracteres (entre los que se encuentran la altura y el peso), toda una batería de genes determina el resultado final. Si aplicásemos un modelo estrictamente mendeliano, el hipotético cruce de dos razas puras para cada uno de estos genes (o sea, del tipo *AABBCCDDEEFFGG* x *aabbccddeeffgg*) produciría una primera generación que mostraría un punto intermedio entre los valores de ambos progenitores (correspondiente a un genotipo del tipo *AaBbCcDdEeFfGg*). La reversión a la media que los biómetras darwinistas como Francis Galton encontraban en este tipo de caracteres es de hecho explicable desde un punto de vista mendeliano, si consideramos que no es un gen sino muchos los que determinan el resultado final (13, 38, 39, 43).

37. FRECUENCIA GÉNICA

La genética de poblaciones considera que la unidad de evolución es la población, no el individuo ni la especie. Una población puede definirse como un grupo de individuos que comparten un mismo conjunto de genes, los cuales se combinan entre sí dando lugar a los diferentes fenotipos. Para caracterizar una población, por tanto, interesa obtener una muestra de los genotipos en ella representados. Simplificando mucho y partiendo de un solo gen (o locus) *A* representado por dos alelos *(A* y *a),* interesará obtener una estimación de los valores de este gen en la población. Por ejemplo, si los dos alelos se combinan libremente, podemos tener la proporción de 25 *AA*, 50 *Aa* y 25 *aa.* Las frecuencias de cada asociación de alelos serán, por tanto, de 0,25 para *AA,* 0,50 para *Aa* y 0,25 para *aa.* Estas frecuencias, llamadas genotípicas (P, H y Q), se pueden obtener a partir de una muestra significativa de la población. Otra estimación de la heterogeneidad genética de una población la constituyen las frecuencias génicas, que reflejan la periodicidad con que aparece cada alelo en particular. En cada par de alelos, las frecuencias génicas *q* y *p* pueden ser directamente calculadas a partir de las frecuencias genotípicas, y viceversa, ya que es fácil demostrar que $p = P + \frac{1}{2} H$ y $q = Q + \frac{1}{2} H$.

Si asumimos que los cruces en una población se realizan estrictamente al azar y que, por tanto, todos los individuos tienen la misma probabilidad de dejar descendencia, la evolución de las frecuencias genotípicas en la siguiente generación puede calcularse fácilmente por la ley de distribución binomial de las frecuencias genotípicas, es decir

$$(p + q)^2 = p^2 + 2pq + q^2$$

Ahora bien, esta ley sólo se cumple cuando los cruzamientos se realizan al azar y cada gameto tiene exactamente la misma probabilidad de cruzarse con los demás, lo que se conoce con el nombre de panmixia. Además, existe cierto número de factores que pueden modificar las frecuencias génicas y genotípicas, como la deriva genética, la frecuencia de mutación, la selección natural, las migraciones o las diferencias de fertilidad y viabilidad. En ausencia de estos factores, sin embargo, G. H. Hardy, matemático en Cambridge, y W. Weinberg, físico en Stuttgart, demostraron cada uno por su cuenta que las frecuencias génicas y genotípicas están en equilibrio, de modo que se mantienen constantes de generación en generación, siendo las segundas determinadas por las primeras. Como puede verse, este principio, conocido como ley de Hardy-Weinberg, consta de dos partes: por un lado, el postulado de equilibrio de las frecuencias, y por otro, su mantenimiento de generación en generación.

El primero de ellos viene dado por la propia ley de distribución binomial de las frecuencias. Respecto al segundo, es fácil demostrar matemáticamente que en condiciones de panmixia el equilibrio se recupera en una sola generación. Así, si para un par de alelos tenemos las frecuencias p^2 *AA*, 2pq *Aa* y q^2 *aa*, el cruce al azar de la primera generación dará p^4 *AA* + $2p^3q$ *AA* + p^2q^2 *AA* + 2 p^3q *Aa* + $2p^2q^2$ *Aa* + $2p^2q^2$ *Aa* + $2pq^3$ *Aa* + p^2q^2 *aa* + $2pq^3$ *aa* + q^4 *aa*.

Para la frecuencia genotípica de *AA*, por ejemplo, tendremos:

$$p^4 + 2p^3q + p^2q^2 = p^2 (p^2 + 2pq + q^2) = p^2 (p + q)^2 = p^2 \text{ (dado que } p + q = 1)$$

De forma parecida, la frecuencia resultante de *Aa* será 2pq, y la de *aa*, q^2, por lo que las frecuencias se habrán mantenido invariables al pasar de una generación a otra. En realidad, basta una sola generación que cumpla las condiciones de panmixia para que el equilibrio se alcance de nuevo, ya que su validez se basa en la combinación al azar de los gametos y no en los condicionantes históricos. La distribución paterna no afecta al resultado y en cada nueva generación se reproducirá el equilibrio.

La importancia de la ley de Hardy-Wienberg radica en que, de acuerdo con los principios mendelianos, la variabilidad de la población se conserva de generación en generación, lo que representa un dato muy importante para comprender la evolución. En efecto, mientras Mendel mostró que los factores hereditarios, los genes, se mantenían incontaminados de generación en generación, el equilibrio de Hardy-Weinberg constata de nuevo, pero a otra escala, que en principio no sólo los genes sino incluso las frecuencias en que éstos aparecen se conservan a lo largo de la evolución. De nuevo, el proceso de la herencia mendeliana aparece como un mecanismo que tiende a conservar la variabilidad, no a incrementarla.

La genética de poblaciones, por tanto, muestra la evolución como un proceso altamente improbable, sólo producido cuando un mecanismo suficientemente fuerte rompe el equilibrio de Hardy-Weinberg. De acuerdo con este esquema, pues, la evolución se reduce a un proceso paulatino por el que la acción constante de la selección natural, la mutación, la migración y, en menor medida, la deriva genética, consiguen modificar las frecuencias génicas y genotípicas de una población. Ahora bien, ¿es ésta la imagen que arroja el proceso evolutivo? ¿Pueden reducirse los abruptos cambios que se observan en el registro fósil a cambios paulatinos en las frecuencias génicas de grandes poblaciones? La estabilidad propugnada por la ley de Hardy-Weinberg predice presiones de selección muy altas para forzar el cambio evolutivo en un lapso relativamente breve de tiempo. Otra posibilidad es que en determinados momentos de la historia de la vida sea el azar, actuando sobre las frecuencias génicas de pequeñas poblaciones, el que determine el curso de la evolución, más que la propia selección natural. En cualquier caso, de nuevo el mecanismo clásico de la herencia mendeliana, en su versión neodarwinista, nos muestra un universo biológico en el que la norma debería ser la estabilidad biológica y no el cambio evolutivo (21, 38, 39, 80).

38. GEN

Aunque Mendel no llegara a expresarlo de manera explícita, su modelo de herencia conllevaba la combinación al azar de factores hereditarios discretos, individuales, que se mantenían sin modificación durante la vida del organismo y se transmitían incontaminados a la descendencia. Tal modelo daba al traste con la teoría entonces dominante de los líquidos seminales, según la cual la herencia se producía por la mezcla de propágulos líquidos procedentes de ambos progenitores. Sin embargo, Mendel no llegó a identificar la naturaleza de tales factores hereditarios discretos y tampoco propuso un término específico para referirse a ellos. Los redescubridores de Mendel a principios del siglo XX fueron conscientes de que las leyes establecidas por el monje moravo implicaban un soporte material para la herencia, pero no avanzaron significativamente en la caracterización de estos factores. Hugo de Vries, muy influido por la teoría de la pangénesis de Darwin, acertó a articular el término *pangen* para referirse a los factores hereditarios de Mendel. Pero, como otros darwinistas, creía que los pangenes eran propágulos presentes en todas las células del organismo que se transmitían a la descendencia durante la reproducción.

En 1909 el danés Wilhem Johannsen, en su obra *Elementos de la teoría científica de la herencia,* propuso finalmente el término *gen* para referirse a los desconocidos factores hereditarios de Mendel. No es que Johannsen tuviera una idea mucho más clara que sus contemporáneos sobre la naturaleza de los genes, pero a diferencia del término pangen y otros parecidos, los genes de Johannsen no estaban asociados a ninguna teoría en particular de la herencia, lo que determinó que el término fuese aceptado y utilizado por los biólogos de su tiempo. En realidad, al echar mano del concepto de gen de Johannsen, la genética de principios de siglo no hacía sino seguir una táctica epistemológica nada rara en las ciencias empíricas, según la cual lo primero que hay que hacer cuando no se tiene idea sobre algo es darle un nombre. De algún modo, nombrar un fenómeno es empezar a conocerlo, pues se establece un punto de partida con el que articular su análisis posterior. En esta etapa primigenia de la genética, el concepto de gen era correlativo al de «carácter»: cada carácter del individuo era controlado por un gen (aunque no se supiese lo que éste era). A cada una de las variantes de un mismo gen se le dio el nombre de «alelomorfo» o simplemente «alelo» (término creado unos años antes por Bateson). El conjunto de genes constituía finalmente el genotipo, que a su vez determinaba el conjunto de caracteres del organismo o fenotipo.

Sin embargo, aún no se conocía la localización física de los genes en la célula ni se sabía exactamente a qué correspondían. En 1902, un investigador de la Universidad de Columbia, Walter S. Sutton, había sugerido que los factores hereditarios podían encontrarse ubicados en los cromosomas, unos orgánulos del núcleo de la célula que sólo se hacían visibles durante la división celular. Los cromosomas aparecían por parejas que posteriormente se replicaban, yendo a parar cada nuevo par a una de las células hijas. En el caso de la meiosis, el proceso que daba lugar a las células germinales, cada célula hija recibía un solo cromosoma de cada par. Durante la fecundación, la célula resultante, el cigoto, completaba así su número cromosómico, a partir de una dotación paterna y otra materna. Este proceso parecía encajar con el modelo propuesto por Mendel, según el cual el 50 por ciento de la dotación genética de un individuo procedía del padre, y el 50 por ciento restante, de la madre. Sin embargo, subsistía un problema, ya que la tercera ley de Mendel postula que los factores hereditarios se segregan de forma independiente, mientras que si en el mismo cromosoma se hallaba un número indeterminado de genes, su herencia no sería independiente, sino que se transmitiría conjuntamente a su descendencia.

Este argumento fue la causa del escepticismo inicial con que algunos investigadores acogieron el mendelismo, como fue el caso de Thomas H. Morgan, de la Universidad Johns Hopkins de Baltimore. Morgan comenzó a trabajar con un tipo de material muy diferente a los guisantes y otras plantas a las que estaban acostumbrados botánicos como Bateson o De Vries. Para sus investigaciones, escogió la llamada mosca del vinagre *(Drosophila melanogaster),* cuya prodigiosa capacidad de reproducción le permitió avanzar muy rápidamente sobre algunos de los problemas que afloraron tras el reconocimiento de las leyes de Mendel, como las mutaciones o las bases físicas de la herencia. En 1915, junto con sus colaboradores A. H. Sturtevant, H. J. Muller y C. B. Bridges, Morgan publicó *El mecanismo de la herencia mendeliana*, donde afirmaba formalmente que los genes son unidades físicas dispuestas linealmente a lo largo de los cromosomas.

Los genes que se encuentran en el mismo cromosoma tenderían a heredarse juntos, aunque la herencia independiente de buena parte de ellos estaría asegurada por el fenómeno de la recombinación génica, que permite el intercambio de alelos entre cromosomas homólogos paternos y maternos durante el proceso de la meiosis. En cuanto a la composición química de los genes, ya Miescher en 1871 había identificado una sustancia ácida, rica en fosfato, la nucleína, localizada en el núcleo de células purulentas. Sólo años más tarde se pudo determinar que la nucleína era en realidad una combinación de un ácido (al que se llamó ácido nucleico) y un grupo de proteínas, entre las que predominaban las protaminas y las histonas. Había pues dos candidatos, proteínas y ácidos nucleicos, que podían actuar como soporte físico de los genes. Posteriormente, se comprobó que las proteínas cromosómicas eran mucho más variables que los ácidos nucleicos, por lo que cabía pensar que la información genética estaba localizada en estos últimos, más que en las moléculas proteicas. Por otro lado, si el primer producto resultante de la acción de los genes debía ser una proteína (un enzima), resultaba poco lógico que ésta procediese a su vez de otra proteína.

El análisis posterior de los ácidos nucleicos reveló que éstos correspondían a sustancias con una gran proporción de fósforo y constituidas por un elevadísimo número de macromoléculas repetitivas (o monómeros), para las que se acuñó el término de nucleótidos. Cada nucleótido se hallaba formado por un ácido fosfórico, un azúcar de cinco carbonos (o pentosa, fuese desoxirribosa o ribosa) y una base nitrogenada de naturaleza cíclica. Según el azúcar implicado fuera desoxirribosa o ribosa, se trataba respectivamente de ácido desoxirribonucleico o ADN, o bien ácido ribonucleico o ARN. Las bases nitrogenadas, por su parte, podían ser de cuatro tipos: adenina, guanina, citosina y timina (sustituida esta última por el uracilo en el caso del ARN). Así pues, dependiendo del tipo de base nitrogenada, se podían formar cuatro tipos de nucleótidos diferentes a lo largo de las cadenas de ADN o ARN.

Los primeros datos sobre la estructura espacial de los ácidos nucleicos se deben a Chargaff, quien al purificar en 1950 diferentes moléculas de ADN y ARN observó que algunos tipos de bases tendían a aparecer siempre en la misma proporción. Así, la adenina se presentaba siempre en el mismo porcentaje que la timina, y lo mismo sucedía con la pareja guanina-citosina. De este modo, la suma de adenina más guanina siempre parecía igualarse con la suma de citosina más timina (o uracilo) para cualquier ácido nucleico. Por el contrario, la suma de adenina más timina difería siempre considerablemente de la de citosina más guanina. De estos resultados parecía desprenderse que los ácidos nucleicos estaban formados por dos cadenas contrapuestas en las que las bases que aparecían en proporciones similares se complementaban entre sí como los sucesivos peldaños que unen las dos barras laterales de una escalera. Así pues, a principios de los años cincuenta se tenía una idea de la estructura bidimensional del ADN, pero no así de su estructura tridimensional.

Los primeros análisis sobre la estructura secundaria del ADN fueron realizados por Wilkins y Franklin en 1951, mediante difracción por rayos X de ADN cristalizado. Estos análisis mostraban que el ADN tenía una estructura helicoidal. Finalmente, entre 1951 y 1953, James D. Watson y Francis Crick propusieron su famoso modelo en «doble hélice», que les valió el Premio Nobel de Química en 1962. Como ambos revelaron, el ADN está formado por una doble hélice enrollada sobre su eje como una escalera de cuerda retorcida. En este modelo, la «estructura» está formada por los enlaces del fosfato con la desoxirribosa, mientras los «peldaños» están constituidos por enlaces entre las bases nitrogenadas complementarias, a su vez unidos por puentes de hidrógeno, un tipo de enlace fácilmente rompible (y recomponible).

El sentido biológico del modelo de Watson y Crick era doble. Por una parte, el ADN podía romper sus puentes de hidrógeno y «desenrollarse», de modo que cada una de sus cadenas podía actuar como molde y reproducir su cadena complementaria atrayendo nucleótidos aislados en el seno de la célula. Por otro lado, la sucesión de los cuatro tipos diferentes de nucleótidos constituía una secuencia lineal que se ajustaba perfectamente al tipo de soporte físico que podía almacenar la información genética. La secuencia de nucleótidos constituía por tanto la escritura, el mensaje que permitía posteriormente reproducir el organismo completo. Efectivamente, el desvelamiento del código genético reveló que cada secuencia de tres bases nitrogenadas del ADN (o codón) determinaba uno de los veintiún aminoácidos que conforman cualquier proteína. Mientras que la asociación de dos bases nitrogenadas permitía obtener tan sólo dieciséis ($4 \times 4 = 4^2$) combinaciones distintas, insuficientes para los veintiún aminoácidos presentes en los seres vivos, la combinación de tres bases nitrogenadas diferentes ofrecía hasta sesenta y cuatro posibles combinaciones ($4 \times 4 \times 4 = 4^3$), lo que permitía que incluso algunos aminoácidos estuviesen codificados por dos o tres codones diferentes. A partir de aquí, las cadenas proteicas formadas por secuencias de aminoácidos actuaban como catalizadores de los procesos que desembocaban finalmente en la formación de todo el organismo.

El desvelamiento del código genético mostró además que el genotipo no constituía un simple sumatorio de genes independientes y que la evolución no podía reducirse a un proceso aditivo por el cual, uno a uno, nuevos genes eran añadidos o substituidos por el juego de la mutación y la selección natural. Por el contrario, el genotipo se reveló como un conjunto altamente integrado, compuesto por baterías de genes reguladores que a su vez coordinaban a los genes estructurales, encargados de producir el fenotipo final. La idea de un genotipo altamente integrado confirmaba la opinión de Ernst Mayr de que en el seno de las especies existiría una clara resistencia a modificar este nivel de integración y que, caso de modificarse, tal cambio difícilmente prosperaría en toda la población. La única posibilidad de modificación residiría en lo que Mayr llamó «revoluciones cromosómicas», que tendrían lugar en pequeñas poblaciones aisladas en las que, dado el reducido número de individuos, los cambios podrían llegar a quedar fijados por azar (36, 37, 39, 61).

39. GENÉTICA

El origen de la genética como ciencia podría situarse en el redescubrimiento de las leyes de Mendel en 1900, más que en la propia figura de Gregor Mendel. En efecto, la incomprensión demostrada por los científicos de su tiempo indica claramente que hacia 1860, exceptuando al propio Mendel, no existían verdaderos genéticos ni había un planteamiento «genético» de los problemas; más que de ciencia de la herencia, en aquel momento cabe hablar más bien de «ciencia de la hibridación». La maduración de una conciencia genética a finales del siglo XIX y principios del XX tiene lugar con el redescubrimiento de las leyes de Mendel por parte de tres investigadores por separado: el holandés Hugo de Vries, el alemán Carl E. Correns y el austriaco Erich Tschermak-Seysenegg. Además, otros investigadores, como el inglés William Bateson, mantenían puntos de vista semejantes y trabajaban en la misma línea que ellos. El rápido progreso de la genética en esa época se debió a la extensión de la experimentación con materiales botánicos adecuados y al cuidado en reproducir la metodología aplicada por Mendel treinta años antes. Bateson, junto al danés Wilhem L. Johannsen, dotó a principios de siglo a la incipiente genética (término acuñado por él en 1905) de una batería de términos técnicos como alelo, gen, genotipo o fenotipo, que ayudaron a concretar de manera más rigurosa las ideas sobre la herencia, aunque en muchos casos no se conociera exactamente la naturaleza de aquello que cada vocablo designaba.

Sin embargo, a pesar del rápido progreso de la genética en los primeros años del siglo XX, la investigación pronto se estancó en algunos problemas de gran envergadura, tales como el de la naturaleza exacta de los

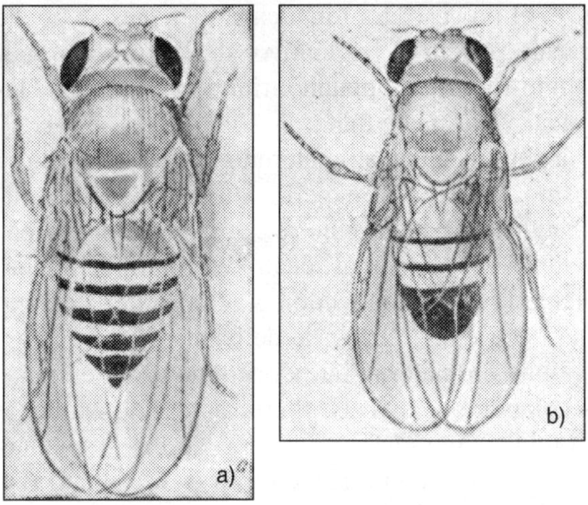

Macho (a) y hembra (b) de la mosca del vinagre, *Drosophila melanogaster* (según T. H. Morgan, *Evolución y mendelismo).*

genes y su ubicación en la célula. Aunque la opción de que los genes se encontraban ubicados en unos orgánulos del núcleo de la célula, los cromosomas, fue ganando adeptos, la integración de las leyes de Mendel y la dinámica asociada a estos orgánulos tardó todavía en llegar. Para empezar, las plantas como *Pisum,* ideales para la experimentación mediante cruzamientos, presentaban cariotipos (conjuntos cromosómicos) complicados. Tampoco eran raros en este tipo de plantas los casos de poliploidía, es decir, de multiplicación de los juegos de cromosomas. Otras plantas, como *Oenothera*, manifestaban durante la meiosis extraños fenómenos de segregación que parecían contradecir las conclusiones mendelianas. El ritmo de los experimentos era, además, muy lento; en el mejor de los casos, había que esperar casi un año para conocer los resultados de los diferentes cruzamientos. Todo ello hacía que el material experimental empleado por la incipiente genética resultase poco adecuado para la resolución de los problemas asociados a la naturaleza del material genético.

Al otro lado del Atlántico, sin embargo, Thomas H. Morgan, zoólogo de la Universidad Johns Hopkins de Baltimore, empezó a trabajar con un nuevo tipo de organismo ideal para la experimentación genética: la pequeña mosca del vinagre, *Drosophila melanogaster*. En primer lugar, esta mosca presentaba un ciclo biológico muy corto; a los dos días de la fecundación, la hembra pone cientos de huevos que se sostienen en un medio acuoso gracias a un conjunto de pilosidades. En veinticuatro horas aparece una larva que, entre el segundo y quinto día, sufre dos mudas sucesivas. A partir del quinto día se forma la pupa y, si la temperatura no es inferior a 19 ºC, al noveno día se tiene ya un adulto completo que puede recomenzar de nuevo el proceso. En total, cada diez días se puede obtener una nueva generación. Además, los cultivos de *Drosophila* pueden ser fácilmente mantenidos a base de plátano triturado o papillas elaboradas con azúcar, agar-agar y harina de maíz.

Más importante aún, la naturaleza de su material genético convirtió a *Drosophila* en un organismo clave en la experimentación genética durante la primera mitad del siglo XX. Este insecto se caracteriza por presentar un número muy reducido de cromosomas, cuatro en total, fácilmente observables incluso mediante la anticuada tecnología óptica de la época. Estos cromosomas, además, presentan una serie de bandas distinguibles mediante técnicas de tinción. Con material tan idóneo, no es de extrañar que Morgan, junto a sus colaboradores A. H. Sturtevant, H. J. Muller y C. B. Bridges, avanzara rápidamente en la resolución de los problemas que genéticos de extracción botánica como Hugo de Vries o William Bateson no habían podido resolver. No sólo obtuvo pruebas de que, efectivamente, los genes se localizaban a lo largo de los cromosomas en forma de secuencias lineales, sino que incluso pudo deducir la distancia relativa que mediaba entre unos y otros, así como su ubicación en cada uno de los cuatro grandes cromosomas. Los genes que se encontraban en cromosomas distintos cumplían el postulado de segregación independiente de la tercera ley de Mendel, cosa que no ocurría en el caso de aquellos situados en el mismo cromosoma.

Los trabajos de Morgan con la mosca del vinagre no sólo sirvieron para dirimir algunas cuestiones básicas que la genética mendeliana no había llegado a resolver, sino que abrieron campos nuevos a la experimentación genética. Así, la mosca del vinagre se reveló finalmente como un organismo muy variable, dotado de gran cantidad de caracteres que podían ser analizados independientemente y que afectaban al color de los ojos, la forma de las alas, el número de pelos en el cuerpo, etcétera. Si a ello unimos su asombrosa capacidad de renovación, no es de extrañar que las poblaciones de *Drosophila* se revelasen como un material particularmente idóneo para el análisis estadístico. En esta línea, las moscas del vinagre podían ser consideradas como partículas sujetas a las mismas leyes de difusión que afectan a los átomos de un gas. Al mezclar dos cepas diferentes de *Drosophila,* la competencia entre sus individuos podía ser asimilada a la que se establece entre las moléculas de dos gases diferentes, por lo que el juego de mutación y selección podía ser asimilado a una reacción química. Aplicando modelos físicos de difusión de partículas gaseosas, así como otros tipos de modelos estadísticos, Fisher, Haldane y Wright establecieron las bases de una nueva disciplina, la genética de poblaciones, que estudiaba a los individuos en función de una unidad superior, la población. De este modo, la genética se reencontraba con el darwinismo allí donde Francis Galton y otros biómetras se habían estancado: en el análisis de poblaciones y la influencia de la selección natural sobre ellas, no sólo sobre los individuos, sino también sobre los factores subyacentes, los genes, que eran los que se transmitían de generación en generación. Bajo el nivel más aparente del fenotipo, *causa* de la selección natural, había aparecido un nivel infrayacente, el genotipo, *resultante* de la selección natural.

Con el desarrollo de la genética de poblaciones, se gestó la nueva teoría sintética de la evolución, que permitió superar desde una óptica darwiniana los problemas que había sufrido la teoría de la selección natural tras la eclosión del mendelismo y el descubrimiento de las mutaciones. Gracias a la genética de poblaciones se pudo conjugar el efecto de la selección natural con los de la mutación, la migración y la deriva genética. Los trabajos de Sewall Wright, J. B. S. Haldane o Theodosius Dobzhansky fueron sintetizados por este último en una obra clave, *Genética y el origen de las especies* (1942). La evolución podía ser finalmente explicada por las variaciones que imprimían estos agentes en las frecuencias génicas de las poblaciones.

La mosca del vinagre no fue el único organismo que a mediados del siglo XX abrió nuevas perspectivas a la genética. Al fin y al cabo, el material genético de la *Drosophila* no dejaba de constituir un sistema muy complicado, como sucede en la mayor parte de seres pluricelulares y en todo aquel organismo dotado de un núcleo diferenciado (eucariota). Los cromosomas son estructuras complejas rodeadas de un gran número de proteínas, y sólo se hacen visibles durante la división celular. No obstante, en los años veinte del pasado siglo, F. Griffith empezó a trabajar con un organismo mucho más sencillo, la bacteria de la neumonía *Diplococcus pneumoniae*. Las bacterias no presentan un núcleo organizado como los eucariotas, y su material genético consiste en un único cromosoma circular, exclusivamente formado por un ácido nucleico. Además, las bacterias presentan mecanismos de transmisión e intercambio genético independientes de la reproducción, a diferencia de los organismos pluricelulares. La reproducción se realiza por división binaria y en ella no se produce recombinación genética, sino que los dos individuos resultantes son genéticamente iguales al ancestro. El proceso equivalente a la recombinación genética se produce durante la llamada *conjugación*, en la que dos bacterias se asocian entre sí e intercambian parte de su material genético. Otro mecanismo de transmisión genética entre bacterias es la *transducción:* el agente transmisor es un fago o virus en el que se ha integrado material genético de una bacteria previamente infectada. Al infectar de nuevo a una segunda bacteria, ésta puede incorporar a su propio cromosoma información genética correspondiente a la bacteria anterior que el fago ha transportado. Finalmente, la genética había dado con un tipo de organismo, las bacterias, en las que la transmisión de la información genética no tenía que pasar por el engorroso trámite de la reproducción.

La experimentación con bacterias permitió avanzar a lo largo del siglo XX en el reconocimiento preciso de la naturaleza del material genético. El citado F. Griffith pudo probar por primera vez en 1928 que el ácido nucleico de la bacteria *Diplococcus pneumoniae* era el transmisor de los caracteres hereditarios de las colonias de este microorganismo. A partir de este momento, inició una serie de experimentos en los que sometió a sus ratones de laboratorio a cepas sucesivamente inocuas y virulentas de esta bacteria. Cuando la cepa utilizada era la variante R (inocua) los ratones no llegaban nunca a desarrollar la enfermedad, y lo mismo sucedía cuando se utilizaban bacterias de la cepa S (virulenta) sometidas a altas temperaturas (y, por tanto, muertas). Ahora bien, al inocular bacterias inocuas de tipo R con extractos de bacterias muertas de tipo S, la enfermedad se reproducía en los ratones infectados. Un análisis posterior demostraba que la aparición de la neumonía era debida a la presencia de bacterias vivas de tipo S. Era evidente, pues, que el factor hereditario que transmite la neumonía había sobrevivido a la muerte por calor de las bacterias de la cepa S, y se había transmitido intacto a las inocuas bacterias del tipo R, transformándolas en virulentas. Este material genético fue identificado posteriormente como el ADN.

Griffith tuvo que trabajar con un organismo huésped, el ratón común, pero ya a mediados de los cuarenta el avance de las técnicas de laboratorio permitió reproducir este tipo de experimentos directamente en tubos de ensayo, sin necesidad de intermediarios. En particular, el desarrollo de técnicas como la autorradiografía o la absorción de luz ultravioleta permitieron avanzar cada vez más en el estudio de la naturaleza química y estructural del material hereditario. En este sentido, desempeñaron un papel muy importante los diferentes análisis autorradiográficos desarrollados sobre la bacteria *Escherichia coli,* que se convirtió en un material privilegiado de experimentación más por su particular relación con los bacteriófagos que frecuentemente la infectan que por sus propias características intrínsecas, no muy distintas a las de otras bacterias. En 1920, Lwoff y sus colaboradores demostraron que ciertos fagos (como el λ o el P22) podían infectar a estas bacterias sin destruirlas. Esta capacidad de resistencia de *Escherichia coli* ante sus fagos parásitos hacía de éstos perfectos correveidiles de la información genética. El material genético del fago se integraba en el cromosoma circular de la bacteria, pudiendo ser luego transferido a otras bacterias. Marcando radiactivamente el material genético de bacterias posteriormente infectadas por fagos, y transmitiendo mediante éstos la información marcada a otras cepas bacterianas, era posible identificar los elementos que configuraban el ácido desoxirribonucleico de *Escherichia coli*, así como sus mecanismos de duplicación y transmisión. De este modo, se llegó finalmente a desvelar la estructura del ADN y del ARN y a desentrañar el código genético que definía las relaciones entre las secuencias de nucleótidos (los genes) y las proteínas que daban lugar a todo el organismo (la primera expresión del fenotipo).

En la actualidad, el nuevo reto de la genética consiste en desentrañar los mecanismos que, a partir del genotipo, llevan al desarrollo de un organismo completo, como la mosca *Drosophila* o el ser humano. ¿Cómo se produce, a partir de una secuencia de genes, una determinada morfología? La respuesta a esta pregunta ha surgido del estudio de una familia particular de genes, los genes homeóticos o genes *Hox*. Los primeros genes homeóticos fueron detectados, cómo no, en *Drosophila,* pero en la actualidad este particular campo de investigación se ha extendido a casi todos los grupos animales, desde gusanos platelmintos hasta vertebrados. Los genes homeóticos constituyen baterías de genes altamente interrelacionados entre sí y dispuestos en secuencias concretas en forma de bloques o «cajas» (de ahí la contracción *Hox* para designarlos: en inglés: *homeotic box* o «caja homeótica»). Lo que diferencia a los genes *Hox* de otros segmentos del genoma es que éstos se disponen en una secuencia lineal y direccional que determina la secuencia asimismo lineal y direccional de diferenciación de un metazoo. Tanto en artrópodos como en cordados, el organismo aparece segmentado en una serie de regiones que adoptan diferentes morfologías y funciones: cabeza, tórax, abdomen... regiones que van diferenciándose progresivamente a lo largo del desarrollo a partir de un polo inicial. Primero en *Drosophila* y luego en muchos otros organismos, se ha comprobado que el control de tal diferenciación se basa en baterías particulares de genes *Hox* dispuestos en secuencias lineales que reproducen la secuencia posterior de segmentación del organismo. Existe una sorprendente correlación espacial entre el orden de cada uno de estos genes en el cromosoma y la posición del segmento somático que controlan. Los genes *Hox* establecen unos gradientes de concentración de proteínas que determinan asimismo los gradientes de diferenciación morfológica del animal.

Así pues, la lectura ordenada de estos conjuntos de genes determina su expresión ordenada para cada región del organismo. En *Drosophila*, por ejemplo, se han reconocido hasta ocho genes *Hox*, agrupados en dos complejos, el Antennapedia y el Bithorax. En el caso de los vertebrados, se han reconocido hasta cuatro complejos, con entre 9 y 11 genes *Hox*. Lo que sorprende en los genes *Hox* es igualmente el hecho de que genes homólogos han sido reconocidos en tipos de organismos muy diferentes, como artrópodos y cordados. Ello da una idea de la ancianidad de estas baterías de genes, que corresponden a etapas muy primitivas y básicas de organización de los primeros metazoos (36, 38, 61, 89).

40. GOULD, STEPHEN JAY

Paleontólogo, nacido en Nueva York el 10 de enero de 1941 y profesor de la cátedra Alexander Agassiz de la Universidad de Harvard. Junto a Niles Eldredge, propuso en los años setenta el patrón evolutivo denominado de «equilibrios puntuados», basado en el modelo de especiación peripátrica de Ernst Mayr. Según tal patrón, las especies biológicas se originarían muy rápidamente a partir de pequeñas poblaciones periféricas de una especie precursora, y se mantendrían después prácticamente inalteradas a lo largo de su existencia. Este modelo permitía explicar la dificultad, muy frecuente en paleontología, de encontrar poblaciones transicionales entre dos especies: si la especiación es un fenómeno muy rápido a escala geológica que se produce a partir de pequeñas poblaciones periféricas, la probabilidad de dar con alguna de ellas en el registro fósil será extremadamente reducida.

Pero la contribución de Stephen J. Gould a la biología evolutiva no se limita a este modelo de equilibrios puntuados. En 1977 publicó *Ontogeny and Phylogeny*, obra en la que rescata el tema de las relaciones entre desarrollo embrionario y evolución. Era éste un tópico que la eclosión de la síntesis neodarwinista había arrinconado, dadas sus implicaciones poco darwinianas, demasiado cercanas a la denostada «ley biogenética fundamental» de Ernst Haeckel, según la cual la ontogenia recapitula la filogenia. Con su obra, Gould puso de relieve el interés que para la teoría de la evolución tenían las llamadas heterocronías en el desarrollo y abrió un nuevo campo de investigación. El mérito de Gould en este caso estriba en haber lanzado de nuevo a la palestra la cuestión de las relaciones entre ontogenia y filogenia, tema que fue inmediatamente elaborado y reelaborado por embriólogos y paleontólogos, entre los que destacan Pere Alberch, Michael L. McKinney y Kenneth J. McNamara. El propio Gould confesó en cierta ocasión a Alberch que, si hubiese tenido que decidir de nuevo el tema al que dedicarse, habría optado por el análisis evolutivo de la ontogenia en vez de la paleontología. Pere Alberch, por aquel entonces un mero estudiante que acompañaba a Gould al aeropuerto (ejercer de taxista ocasional

Stephen Jay Gould.

de huéspedes ilustres es un cometido usual entre estudiantes y becarios de un departamento), hizo caso de la recomendación, con resultados notables.

A finales de la década de los ochenta, el pensamiento científico de Gould experimentó un cambio de rumbo. En 1989 publica su obra *La vida maravillosa,* en la que realiza un análisis crítico de la fauna del yacimiento del Cámbrico inferior de Burgess Shale, en la Columbia británica (hoy Canadá). Gracias a unas excepcionales condiciones de preservación este yacimiento incluye gran número de organismos, tanto de cuerpo blando como con esqueleto mineralizado, muchos de ellos tipos nuevos sin relación directa con los tipos zoológicos actuales. De este modo, y frente a la idea de que a lo largo de la evolución se ha producido un incremento de la diversidad, Gould muestra que, al contrario, la evolución ha comportado una disminución en la diversidad de diseños básicos. Asimismo, la fauna de Burgess Shale mostraba el poderoso papel del azar en la evolución, pues los tipos biológicos desaparecidos, tal vez por una extinción en masa, estaban tan preparados para subsistir como los supervivientes. Entre estos últimos se hallaba un único cordado, *Pikaia*, que, de haber corrido la misma suerte que muchos de los tipos extinguidos de Burgess Shale, habría cambiado por completo el curso posterior de la evolución, pues los vertebrados jamás habrían aparecido.

A partir de esta obra, Gould pondrá cada vez más el acento en el carácter contingente y aleatorio de la evolución, llevando al límite sus posiciones antiseleccionistas. En este sentido, contrasta la posición adoptada por Gould en dos ensayos publicados con catorce años de diferencia, ambos centrados en la evolución y el tamaño de los planetas. En el de 1977, Gould acababa con un canto entusiasta a la capacidad deductiva de la ciencia: «La ciencia es, en el mejor de los casos, unificadora. Resulta atractivo para mi fantasía intelectual descubrir que el principio que regula la presencia de una mosca en el techo de mi cuarto determina también la unicidad de nuestra Tierra entre los planetas interiores (las moscas, como animales pequeños, tienen una elevada proporción entre superficie y volumen; las fuerzas gravitacionales que actúan sobre el volumen no son lo suficientemente fuertes como para superar la fuerza de adherencia superficial que sostiene a la mosca en el techo)». Sin embargo, en 1991, un ensayo de temática similar negaba la capacidad unificadora de la ciencia ante el carácter contingente de cada planeta: «Los planetas y las lunas no son un séquito repetitivo, formado bajo unas pocas leyes sencillas de la naturaleza. Son cuerpos individuales con historias complejas. Y sus rasgos principales están producidos por eventos únicos (en su mayor parte catastróficos) [...]. Los planetas son como organismos, no como moléculas de agua; poseen una personalidad irreducible construida por la historia».

Pero la faceta sin duda más conocida de Stephen J. Gould son sus ensayos mensuales publicados en la revista *Natural History*, la mayor parte de ellos reunidos posteriormente en una serie de volúmenes que llevan por título general «Reflexiones sobre la historia natural», y de los cuales han llegado a publicarse hasta nueve: *Desde Darwin* (1977), *El pulgar del panda* (1980), *Dientes de gallina y dedos de caballo* (1983), *La sonrisa del flamenco* (1985), *Brontosaurus y la nalga del ministro* (1991), *Ocho cerditos* (1993), *Un dinosaurio en un pajar* (1995), *La montaña de almejas de Leonardo* (1998), *Las piedras falaces de Marrakech* (2000). Estos ensayos ponen de manifiesto otra faceta en la que Gould ha destacado, a saber, la de historiador de la ciencia. Gould se ha dedicado a esta actividad tanto a través de sus ensayos mensuales en *Natural History* como de obras notables, como *La falsa medida del hombre* (1981) y *La flecha del tiempo* (1987). Esta perspectiva histórica, de hecho, está continuamente presente en Gould; incluso obras de marcado contenido científico como *Ontogeny and Phylogeny,* contienen una parte dedicada a la revisión histórica del problema. Antes de su prematura muerte en el año 2002, Stephen J. Gould pudo entregar a la imprenta el que ha sido su postrer legado a la biología evolutiva, el grueso volumen titulado *La estructura de la teoría de la evolución*, en el que el celebrado paleontólogo discute por última vez sus principales ideas sobre el tema (27, 28, 43, 78).

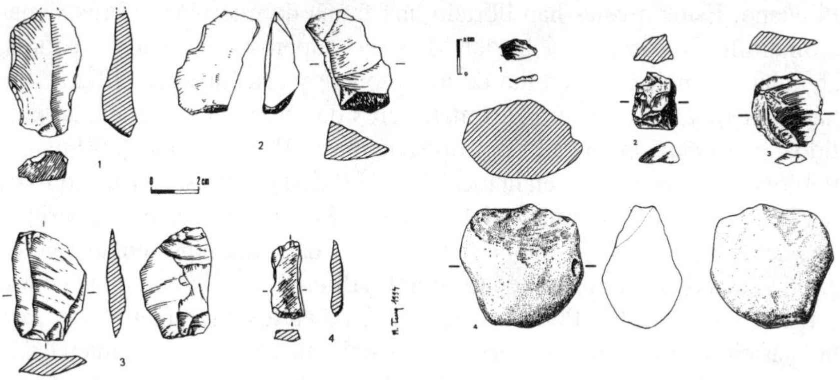

Industria lítica del yacimiento del Pleistoceno inferior de Fuente Nueva 3, en la cuenca Guadix-Baza (según Turg y sus colaboradores).

41. GUADIX-BAZA

La cuenca Guadix-Baza, situada en el extremo nororiental de la provincia de Granada, constituye un enclave único en Europa para el estudio de la sucesión faunística y ambiental de los últimos cinco millones de años, incluido el primer poblamiento humano de Europa occidental, hace más de un millón de años. Esta depresión se formó a causa de las tensiones tectónicas a que se vio sometida esta zona de las cordilleras béticas durante el Mioceno superior. La sedimentación en la cuenca, inicialmente marina durante el Mioceno, pasó a ser continental hace unos siete millones de años, momento en el que se registran los primeros yacimientos de vertebrados. La sedimentación, prácticamente continua desde su continentalización en el límite Mioceno-Plioceno, con decenas de niveles fosilíferos conteniendo micromamíferos, así como los análisis paleomagnéticos llevados a cabo, han permitido obtener un detallado cuadro cronológico de la misma, único en Europa. El estratígrafo y sedimentólogo de la Universidad de Granada José Antonio Vera distinguió en esta cuenca tres formaciones principales: Guadix, Gorafe-Huélago y Baza, aunque la mayor parte de yacimientos de vertebrados se concentran en las dos últimas. Yacimientos importantes en la primera de estas formaciones son los de Gorafe (de unos 4,5 millones de años) y el de Huélago (unos 2,5 millones) que albergan restos de microvertebrados y macrovertebrados. Sin embargo, es en la formación Baza, en la parte oriental de la cuenca, donde se encuentra una secuencia prácticamente ininterrumpida desde el Plioceno basal hasta el Pleistoceno medio (hace cinco millones y 600.000 años respectivamente).

Los niveles inferiores en este sector se encuentran en la serie de Botardo, cerca de la población de Huéscar, correspondientes a la base del Plioceno. Estos niveles han librado una fauna de micromamíferos y macromamíferos parecida a la del Mioceno superior. Entre los roedores, abundan los múridos (familia de los ratones) y cricétidos (familia de los hámsteres), y entre los grandes mamíferos destaca la persistencia de jiráfidos, la asociación de hasta dos tipos de mastodonte diferentes *(Mammut* y *Anancus*, como sucede en la localidad de Baza) y la presencia de équidos del género *Hipparion*, relicto del Mioceno. El Plioceno medio, el periodo de hace entre 4,2 y 2,6 millones de años, se encuentra representado en los alrededores de la población de Galera. La diferencia más importante entre estos niveles y los del Plioceno inferior se da en los micromamíferos, con la aparición de los primeros arvicólidos del género *Mimomys,* antepasado de los actuales topillos y ratas de agua. Por lo demás, la fauna sigue dominada por múridos de origen miocénico, lo que indica la persistencia de las condiciones subtropicales del Plioceno inferior.

A finales del Plioceno medio, hace unos 2,8 millones de años, se produce un evento significativo que marca el inicio de la serie de transformaciones que originará la fauna del Cuaternario. Al hilo del inicio de la dinámica glacial-interglacial, penetran rápidamente en toda Eurasia los primeros representantes de la línea de los caballos *(Equus stenonis)* y de los mamuts *(Mammuthus meridionalis).* Esta irrupción determinó la extinción, abrupta o progresiva según las zonas, de los últimos *Hipparion* y de los mastodontes del género *Anancus,* que en África persistirán mucho más tiempo. Niveles correspondientes a este importante evento se encuentran tanto en la sección de Galera como en la de Zújar, y marcan el inicio de la última fase del Plioceno, hace entre 2,6 y 1,8 millones de años. La fauna de esta fase, como la de Fuente Nueva 1, se caracteriza por la predominancia de los bóvidos, especialmente del grupo de las gacelas *(Gazella borbonica).* Junto a éstas, como ha mostrado el yacimiento de Huélago, se encontraba también otro tipo de gacelas *(Gazellospira torticornis)* y bóvidos más robustos, como *Leptobos* cf. *elatus* o *Hesperidoceras merlae.* Los recién llegados como *Mammuthus meridionalis, Equus livenzovensis* o el rinoceronte corredor *Stephanorhinus etruscus,* comparten territorio con grandes ciervos de astas complicadas, como *Eucladoceros senezensis* y otros de talla reducida, como *Croizetoceros ramosus.* Entre los roedores, predominan los arvicólidos del género *Mimomys*, mientras que la amplia variedad de múridos del Plioceno inferior y medio llega a su fin. En las postrimerías del Plioceno, dos millones de años atrás, tiene lugar la entrada de los grupos que caracterizarán el Cuaternario: bóvidos ovibovinos del género *Praeovibos* (antecesores del actual buey almizclero de Alaska, *Ovibos moschatus)* y los primeros arvicólidos con molares de crecimiento continuo del género *Allophaiomys,* precursor de los actuales topillos del género *Microtus,* mientras que las gacelas y otros bóvidos del Plioceno desaparecen en este momento.

El Pleistoceno inferior, correspondiente a la primera parte del Cuaternario, hace entre 1.800.000 y 800.000 años, constituye una de las etapas mejor representadas y con mayor número de niveles de la formación Baza. Destaca por su riqueza el extraordinario yacimiento paleontológico de Venta Micena, cerca de Orce, que ha librado más 15.000 restos óseos de los vertebrados que poblaron la cuenca Guadix-Baza hace aproximadamente 1.500.000 de años. Esta fauna incluye antepasados del mamut *(Mammuthus meridionalis),* rinocerontes corredores *(Stephanorhinus hundsheimensis),* caballos de complexión grácil *(Equus granatensis),* hipopótamos *(Hippopotamus antiquus),* bóvidos emparentados con el buey almizclero *(Praeovibos* sp., *Soergelia minor)* y con el actual thar del Himalaya *(Hemitragus alba),* bisontes *(Bison* sp.), así como grandes ciervos del género *Eucladoceros* y otros más pequeños, parientes del actual gamo *(Pseudodama vallonetensis).* Todas estas formas herbívoras eran a su vez objeto de depredación por parte de carnívoros grandes y medianos: felinos dientes de sable *(Homotherium latidens, Megantereon whitei)*, grandes hienas *(Pachycrocuta brevirostris),* osos *(Ursus etruscus)*, lobos arcaicos *(Canis etruscus)*, cuones *(Canis [Xenocyon] falconeri)*, zorros *(Vulpes praeglacialis)*, linces *(Lynx* sp.) y tejones *(Meles* sp.). Entre los pequeños mamíferos, dominan los arvicólidos (o topillos) de la especie *Allophaiomys pliocaenicus* y los múridos (familia de los ratones) *Apodemus* aff. *mystacinus* y *Castillomys crusafonti.* También hay que señalar la presencia de lirones *(Eliomys intermedius),* puerco espines *(Hystrix major)* y el desmán de los Pirineos *(Galemys pyrenaicus).* Durante el Pleistoceno inferior, la cubeta de Baza era un extenso lago poco profundo, cuyos límites, marcados por los relieves mesozoicos que bordean la cuenca, serían muy variables y dependerían en gran medida de la pluviosidad. En etapas de sequía, los límites del lago retrocederían, provocando acumulaciones de mamíferos como los de Venta Micena en las zonas donde el agua y la vegetación fueran más accesibles. En fases posteriores de alta pluviosidad, el nivel del lago crecería abruptamente, enterrando los restos acumulados en periodos de sequía.

Por encima del nivel de Venta Micena, la fauna de yacimientos como Barranco León 5 o Fuente Nueva 3 no muestra grandes cambios. Está formada básicamente por mamuts arcaicos *(Mammuthus meridionalis),* hipopótamos *(Hippopotamus antiquus),* rinocerontes *(Stephanorhinus etruscus),* caballos *(Equus altidens),* grandes ciervos de astas palmeadas

(Megaceroides cf. *obscurus),* bóvidos relacionados con el bisonte *(Bison* sp.) y con el thar del Himalaya *(Hemitragus* sp.), las primeras ovejas salvajes *(Ovis* sp.), felinos dientes de sable *(Homotherium* sp., *Megantereon whitei),* osos *(Ursus* sp.), hienas *(Pachycrocuta brevirostris)* y zorros *(Vulpes* sp.). Entre los pequeños mamíferos, dominan de nuevo los topillos arcaicos del género *Allophaiomys* (representados por una especie algo más derivada que la de Venta Micena, *A. lavocati)* y *Mimomys savini,* el antepasado directo de la actual rata de agua de nuestras marismas.

Sin embargo, la importancia de estos yacimientos estriba en que por primera vez se registran indicios de presencia humana en la cuenca. Con una edad de 1,3 millones de años, los yacimientos de Barranco León 5 o Fuente Nueva 3 han proporcionado las evidencias más antiguas de ocupación humana en el continente europeo (con la excepción de Dmanisi, en Georgia). Tal presencia ha sido atestiguada por la exhumación de centenares de útiles líticos poco elaborados, correspondientes al Modo I. La preservación de tales útiles en Barranco León 5 ha permitido incluso detectar pruebas de su uso en materiales variados: madera, tejidos animales o plantas fibrosas. Asimismo, durante la excavación y tras el tamizado de los sedimentos, ha sido posible recuperar diminutas lascas que prueban que los útiles fueron confeccionados y utilizados en el entorno del mismo yacimiento. En este sentido, y aunque tanto Fuente Nueva 3 como Barranco León 5 no han proporcionado restos humanos directos, ambos yacimientos vienen a ocupar un hueco entre Dmanisi, con restos fechados en 1,7 millones de años, y la Gran Dolina de Atapuerca, cuyos restos se remontan a unos 800.000 años.

A partir de estos primeros rastros, las señales de ocupación humana no dejan de sucederse en la cuenca de Guadix-Baza y sus aledaños. El yacimiento de inicios del Pleistoceno medio de Cúllar Baza 1, de unos 600.000 años, proporcionó seis lascas y dos choppers o guijarros asignables al Modo I, así como una fauna muy diversificada que incluye *Mammuthus trogontherii, Equus altidens, Equus sussenbornensis, Stephanorhinus etruscus, Sus* cf. *scrofa, Megaloceros savini, Bison* sp., *Capra* sp., *Canis mosbachensis, Crocuta crocuta, Sorex* sp., *Neomys* sp., *Crocidura* sp., *Apodemus* aff. *sylvaticus*, *Allocricetus bursae, Eliomys quercinus, Microtus brecciensis, Arvicola mosbachensis* y *Lepus* cf. *granatensis.*

En el sector de Guadix, la secuencia prosigue con el yacimiento de La Solana del Zamborino, donde se encontró en los setenta una abundante industria del Modo II (o Achelense) realizada sobre cuarcita, que incluye raederas, denticulados y unos pocos bifaces. Asimismo, se halló un círculo de varios guijarros de cuarcita en cuyo centro se encontraban abundantes indicios de carbón, probablemente un hogar. Estas evidencias están asociadas a una abundante fauna, típica de la fase superior del Pleistoceno medio, constituida por *Arvicola sapidus, Microtus brecciensis, Apodemus flavicolis, Eliomys* cf. *quercinus, Allocricetus bursae, Oryctolagus* cf. *cuniculus, Lepus* sp., *Sorex* sp., *Crocidura* sp., *Equus caballus torralbae, Stephanorhinus hemitoechus, Paleoloxodon antiquus, Mammuthus trogontherii, Bos primigenius, Bison priscus, Cervus elaphus, Dama* sp., *Capreolus capreolus, Sus scrofa, Hippopotamus* sp., *Macaca sylvanus, Canis* cf. *lupus, Panthera spelaea, Lynx* cf. *pardina, Felis silvestris, Testudo* sp., *Lacerta* sp. La edad de este yacimiento, considerablemente más reciente que el de Cúllar-Baza 1, puede estimarse en unos 200.000 años (7, 23, 46, 95).

42. HAECKEL, ERNST

Como es sabido, el camino de *El origen de las especies* de Darwin al otro lado del canal de La Mancha no fue precisamente fácil, dada la vigencia de las ideas fijistas en países como Francia o Alemania. Sin embargo, en este último país, el darwinismo encontró a uno de sus más firmes aliados en la figura de Ernst Haeckel (1834-1919). De formación médica, Haeckel se estableció en la Universidad de Jena en 1862. Desde allí organizó diversas expediciones a las islas Canarias, Ceilán y Java que le permitieron recolectar un elevadísimo número de especímenes zoológicos, objeto posterior de copiosas monografías como *Die Radiolarien,* centrada en un grupo de vistosos protistas. Aparte de sus estudios anatómicos sobre la fauna marina, Haeckel dedicó varias obras a defender la teoría de la evolución y sus puntos de vista sobre ella, como *Generalle Morphologie* (1866), obra en que encontramos la primera metáfora del «árbol de la evolución», o *Anthropogenie* (1874), una de las primeras obras en las que se aplicó la teoría de la evolución al origen de la humanidad.

Como alemán, la obra de Ernst Haeckel está fuertemente influida por la *Naturphilosophie* y de algún modo entronca con ella. Es significativo en este sentido que siempre considerase a Goethe un precursor del evolucionismo, a un nivel comparable a Lamarck y Darwin. Siguiendo la tradición embriológica de «filósofos naturales» como Friedrich Tiedemann o Johann Friedrich Meckel, Haeckel creía que las fases embrionarias de un vertebrado reproducían la historia evolutiva del grupo, de manera que, siguiendo paso a paso a sus antepasados filogenéticos, el ser humano pasaba por un estadio de «pez» durante su ontogenia, lo que se traducía en la presencia de branquias en una fase temprana de desarrollo del embrión humano. En 1874, Haeckel propuso su ley biogenética fundamental, se-

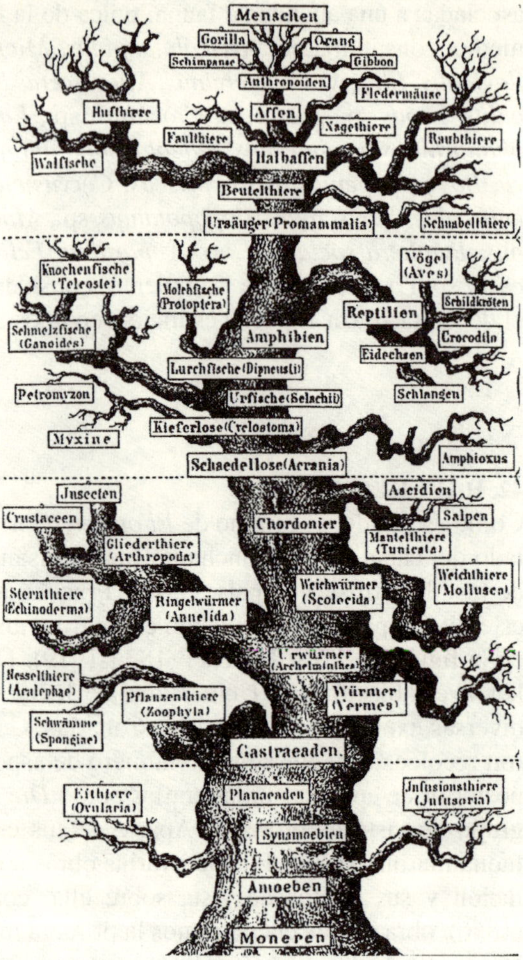

La metáfora del «árbol de la evolución», según Haeckel (1874).

gún la cual «los organismos, durante la ontogenia, recapitulan, en mayor o menor grado, la filogenia». Este enunciado respondía, en el fondo, a una concepción lamarckiana de la evolución. Según Lamarck, las novedades evolutivas se adquieren durante la vida del individuo adulto y posteriormente se transmiten a su descendencia. Desde este punto de vista, las sucesivas innovaciones evolutivas se irían incorporando por adición terminal en los últimos estadios de desarrollo de los descendientes. Para evitar un desarrollo embrionario demasiado largo, los organismos más complejos habrían tenido que acelerar su desarrollo, que quedaría comprimido en unos pocos meses durante los cuales recapitularían todos los estadios evolutivos por los que habrían pasado sus antepasados.

Haeckel confiaba en que gracias a la ley biogenética fundamental la embriología mostraría finalmente las formas de transición entre los grandes grupos que la paleontología se negaba a aportar. Como el mismo Darwin había escrito en *El origen de las especies*: «Los órganos rudimentarios hablarán, de modo infalible, de la naturaleza de las estructuras perdidas de antiguo. Especies y grupos de especies que denominamos aberrantes y que se denominan fantásticamente fósiles vivientes nos ayudarán a formarnos un cuadro de las formas antiguas de vida. La embriología, con frecuencia, nos revelará la estructura, en cierto grado obscura, de los prototipos de cada gran clase.» Ello suponía poder reconstruir el llamado «árbol de la vida» y predecir, incluso, los eslabones perdidos antes de que aparecieran en el registro fósil. El propio Haeckel predijo en 1866 uno de estos eslabones perdidos, el *Pithecanthropus alalus*, forma intermedia entre el hombre y sus parientes antropomorfos de África y Asia. Influido por estas ideas, el paleontólogo holandés Eugène Dubois descubrió en 1891 los restos de un homínido arcaico al que bautizó como *Pithecanthropus erectus*. Haeckel incluso aspiraba a que en el futuro se pudiese elaborar una especie de «Tabla periódica de los seres vivos», comparable a la tabla periódica de los elementos, con la que finalmente se llegaran a predecir todos los tipos posibles de seres vivos que la evolución hubiera podido producir.

Con diversa fortuna, la ley biogenética fundamental de Haeckel permitió incorporar el argumento embriológico a la incipiente teoría de la evolución, así como atraer a la causa darwinista a una tradición evolucionista anterior incluso a Darwin (y ante la que el mismo Darwin había mostrado muy poco entusiasmo). Con el paso de los años, la ley biogenética de Haeckel se reveló como un regalo envenenado para la causa transformista. Así, los adversarios del darwinismo no pararon de encontrar excepciones a una norma que se autoproclamaba «ley biogenética fundamental». Por ejemplo, muchos de los caracteres que mostraba el embrión correspondían en realidad a adaptaciones particulares de la etapa embrionaria, no a estadios anteriores de la evolución de los adultos (por ejemplo, las membranas amnios y alantoides en reptiles y aves, o la placenta en los mamíferos). Además, abundaban los casos que contradecían los postulados de Haeckel: los descendientes no prolongaban la evolución de sus ancestros, sino que, por el contrario, reproducían la morfología infantil de aquéllos (lo que se conoce con el nombre de neotenia), produciendo un retraso en el desarrollo y no una aceleración del mismo.

En realidad, con su ley biogenética, Haeckel resucitaba un legado que yacía muerto y enterrado mucho antes de la publicación de *El origen de las especies*. Así, Von Baer, destacado miembro de la *Naturphilosophie* y uno de los padres de la embriología, ya había clamado contra una interpretación filogenética de los estadios embrionarios. En una fecha tan temprana como 1828, había enunciado cuatro principios básicos que parecían regir el desarrollo de los organismos superiores: 1) durante el desarrollo embrionario, los caracteres generales aparecen antes que los particulares; 2) después de los caracteres más generales, aparecen los menos generales y, finalmente, los específicos de cada especie; 3) durante su desarrollo, un grupo animal va distanciándose cada vez más de la forma de los otros grupos; 4) los estadios juveniles del desarrollo de un animal no se asemejan al estado adulto de animales más primitivos, sino a los estadios juveniles de éstos.

Precisamente este último principio de Von Baer refutaba ya la futura ley biogenética fundamental de Haeckel: que los mamíferos pasaran por un estadio con hendiduras branquiales como los peces no significaba que se parecieran a los peces adultos, sino a los embriones de pez. En otras palabras, en su desarrollo los organismos reproducen momentos del desarrollo embrionario de sus antecesores, no sus estadios adultos. Fue Grandjean, en 1922, quien apuntilló la ley biogenética fundamental al proclamar que «la ontogenia no reproduce la filogenia, la crea».

En sus últimos años, cuando Alemania se precipitaba hacia la catástrofe de 1918, Haeckel fue agasajado y vitoreado por la sociedad de su tiempo, incluso aunque éste llegara a defender que las razas humanas correspondían a especies diferentes y que, al igual que en el árbol de la evolución, era posible establecer una escala natural de las razas o especies humanas, en la que unas aparecían naturalmente por encima de las otras: «Las diferencias físicas que existen entre estos diversos grupos son mucho mayores que las que utilizan comúnmente los zoólogos para distinguir las especies de un género de animales. Sin embargo, aun hoy en día la mayoría de antropólogos están apegados al viejo dogma de la unidad de la especie humana y continúan emborronando papel sobre esta cuestión en absoluto indiferente». Citando el texto que él mismo transcribe de su colega W. Dames, «si el negro y el caucásico fueran escarabajos, se les consideraría como dos especies perfectamente establecidas que jamás habrían podido nacer de una misma pareja por divergencia progresiva». Con el último Haeckel, la liberal y progresista doctrina darwiniana se adentró por escabrosos territorios de los que, como los genes de Mendel, emergería de nuevo incontaminada (19, 32, 43, 55).

43. HETEROCRONÍA

Cambio evolutivo que se produce a través de una alteración en el desarrollo del organismo, ya sea afectando a su ritmo, a la edad de maduración sexual o al momento en que un carácter determinado empieza a manifestarse. La identificación de un proceso heterocrónico precisa, pues, la comparación entre los estadios de desarrollo de una especie ancestral y de su descendiente. El fenómeno de la heterocronía fue identificado por el gran evolucionista alemán Ernst Haeckel al establecer en su obra *Generalle Morphologie der Organismen* (1866) su ley biogenética fundamental: «La ontogenia es la breve y rápida recapitulación de la filogenia, dependiendo de las funciones fisiológicas de herencia (reproducción) y adaptación (nutrición)». Según Haeckel, la evolución (siguiendo a Lamarck) procedía por adición terminal de novedades evolutivas en el adulto, por lo que los descendientes tendían a presentar un desarrollo más comprimido que sus antecesores inmediatos, a fin de dar cabida a estas últimas novedades evolutivas. Por consiguiente, durante la evolución se producía una inevitable aceleración del desarrollo, de modo que los caracteres ancestrales quedaban cada vez más relegados a las primeras fases de la embriogénesis.

Sin embargo, a principios del siglo XX, otros autores mostraron que en la naturaleza tanto o más significativo que la aceleración era el proceso contrario, el retardo en el desarrollo. En algunos casos, los descendientes tendían a parecerse a las formas infantiles o juveniles de sus antepasados, contradiciendo así la ley biogenética fundamental. A tales casos se les aplicó el término general de *pedomorfosis*. Un ejemplo espectacular fue el del ajolote mexicano *Ambystoma,* una salamandra que mantiene las branquias toda su vida, como corresponde a su modo de vida acuático, pero que, en determinadas circunstancias, se convierte en una salamandra terrestre, completamente normal, culminando su desarrollo y perdiendo las branquias. Para este fenómeno su descubridor, Julius Kollmann, propuso el término de *neotenia*. Las evidencias de pedomorfosis en el registro fósil se multiplicaron gracias a los trabajos del alemán Otto Schinderwolf, sobre todo en el caso de los ammonoideos del Mesozoico (parientes extinguidos de los actuales nautilus). En 1926, finalmente, el antropólogo holandés Louis Bolk propuso su teoría de la fetalización, según la cual el hombre no es sino una versión fetal de sus parientes antropomorfos. Sin ir más lejos, para Bolk la forma más próxima al hombre no era el chimpancé, sino su cría. Pronto se hizo evidente que, en contra de la visión de Haeckel y sus seguidores, existía una amplia variedad de mecanismos heterocrónicos, que conllevaban tanto el retraso como la aceleración durante la ontogenia.

El desarrollo paralelo de la síntesis neodarwinista, con el auge de la genética de poblaciones, unido a una proliferación confusa de términos, llevó durante años al estancamiento del estudio de los procesos heterocrónicos. Entre 1930 y 1940 el director del British Museum, sir Gavin de Beer, publicó dos obras clave: *Embriology and Evolution* y *Embryors and Ancestors*, en las que pretendió expurgar el tema de la relación entre ontogenia y filogenia de cualquier sombra de duda darwiniana. Sin embargo, la multiplicidad de procesos heterocrónicos descritos para los que no existía un mecanismo genético concluyente frustró en gran medida la tentativa de De Beer.

No fue hasta 1977, cuando Stephen J. Gould publicó su obra capital *Ontogeny and Phylogeny*, que la línea de investigación sobre las heterocronías en el desarrollo renació con fuerza. Para empezar, Gould concentró su atención en los procesos que podían desembocar en una morfología pedomórfica (infantil) o peramórfica (avanzada), más que en la pura catalogación de los mismos. Gould redujo la amplia variedad de procesos heterocrónicos descritos por De Beer a dos categorías básicas, según el mecanismo inductor. En unos casos, como la progénesis o la hipermorfosis, eran los cambios en el momento de la maduración sexual (y, por tanto, el estancamiento del desarrollo) lo que desembocaba en una morfología pedomórfica o peramórfica. En otros casos, por el contrario, lo que se modificaba era el ritmo de desarrollo y no la edad de maduración sexual, aunque el resultado final era igualmente una morfología pedomórfica o peramórfica. Nos encontramos, pues, que procesos muy distintos pueden dar lugar a resultados similares.

Tomemos por ejemplo a los hobbits, esos simpáticos seres fruto de la imaginación de J. R. R. Tolkien. Tolkien define a los hobbits como gente diminuta, de rostro ancho, ojos vivos, mejillas rojizas, bocas dispuestas a la risa, dedos largos y habilidosos y pies recios recubiertos por un espeso pelo rizado. Con permiso del admirado Tolkien y a partir de su propia descripción, nos podemos permitir el lujo de interpretar a los hobbits como variantes pedomórficas, infantiloides, de los seres humanos. Ahora bien, ¿cómo producir un hobbit a partir de un humano adulto? Caben dos posibilidades. Por un lado, puede que un niño madure sexualmente mucho antes que un humano normal, con lo cual su desarrollo se detendrá en ese momento, dando lugar así a una raza de niños precozmente adultos; técnicamente serán ya adultos con todas las características somáticas de un niño. Pero queda otra posibilidad para producir un hobbit. Tome el lector un niño humano, y dilate considerablemente en el tiempo su desarrollo somático. Al desarrollarse a un ritmo mucho más lento, alcanzará la edad de maduración sexual con una morfología somática todavía propia de un niño. Así, de nuevo obtendremos un adulto con características somáticas de niño; aunque el resultado será el mismo, los procesos implicados son diametralmente opuestos. En el primer caso, o progénesis, hemos adelantado la edad de maduración sexual; en el segundo, o neotenia, hemos modificado el ritmo de desarrollo somático, retrasando la aparición de los caracteres típicos de un adulto.

Los dos procesos pedomórficos que acabamos de ejemplificar con los hobbits tienen su contrapartida en sendos procesos peramórficos en los que el descendiente presenta una morfología aún más avanzada que el antecesor. De nuevo, podemos recurrir a la variación en la edad de maduración sexual, esta vez retrasándola. Ello implica que el individuo continuará desarrollándose por más tiempo, llegando a estadios más avanzados en la morfología del adulto. Es lo que se denomina hipermorfosis (opuesta a la progénesis). En el caso contrario, puede ocurrir que el ritmo de desarrollo se acelere, el tipo de aceleración que Haeckel creía universal y que igualmente dará como resultado adultos descendientes cada vez más avanzados (mecanismo opuesto a la neotenia).

Pero aparte de modificar la edad de maduración o de variar el ritmo de desarrollo, a partir de las ideas de Gould, Pere Alberch y otros investigadores introdujeron una tercera categoría de fenómenos heterocrónicos, que se referían al adelantamiento o retardo de la señal que inicia el desarrollo o expresión fenotípica de un carácter con respecto al resto del organismo. Así, un órgano o estructura puede iniciar su desarrollo antes (predesplazamiento) o después (posdesplazamiento) que su antepasado. En el caso del predesplazamiento, el efecto es de nuevo una forma peramórfica, con caracteres más derivados que el antecesor. En el caso del posdesplazamiento, el efecto es el contrario, y da lugar a una forma pedomórfica que recuerda a los estadios infantiles o juveniles del ancestro.

Los procesos heterocrónicos tienen una gran ventaja desde el punto de vista ecológico y evolutivo: mediante la producción de formas pedomórficas, permiten «dar marcha atrás» en la evolución, contrariamente a lo que predice la evolución acelerada, ortogenética, postulada desde Haeckel como principal modelo de cambio evolutivo. En determinadas circunstancias, por ejemplo, de colonización rápida de un hábitat que ha quedado vacío, sin duda tendrán ventaja los llamados «estrategas de la *r*», es decir, las especies con ciclos vitales muy cortos y que se reproduzcan muy rápidamente. El proceso heterocrónico de la progénesis, cuyo resultado es una forma enana que alcanza precozmente la madurez sexual, aparece entonces como un recurso particularmente apropiado para estas ocasiones.

Finalmente, las heterocronías en el desarrollo se configuran como uno de los principales agentes del cambio evolutivo. Así, el recurso a la «variabilidad ontogenética» permite superar el problema que supone la integración de nuevas mutaciones en un todo. Ciertamente, la mutación que se inscribe en un conjunto orgánico tiene muchas probabilidades de resultar menos eficiente que el estado anterior del organismo completo. Pero a diferencia de los abruptos cambios genéticos y cromosómicos que se requieren con el patrón de equilibrios puntuados (las «revoluciones cromosómicas» de Mayr), los cambios introducidos por las heterocronías en el desarrollo genético son probablemente mucho menores y afectan sólo a algunos genes reguladores. Por lo demás, cuentan con la ventaja de que el resultado será una forma orgánicamente integrada, por lo que no hay que esperar a la emergencia casual de un «monstruo prometedor». Las heterocronías en el desarrollo pueden proveer un tipo de cambio evolutivo cuyo resultado es, de nuevo, un todo integrado. No se trata de un nuevo carácter que se incorpora a un organismo ya formado, sino de un nuevo conjunto integrado que reproduce una fase diferente de desarrollo (13, 36, 40, 42).

44. HOMÍNIDO

Formalmente, homínido es todo aquel primate que pertenece a la misma familia que el ser humano, la familia Hominidae. Ahora bien, la percepción de lo que es y no es un homínido ha variado considerablemente con el tiempo. Así, a principios del siglo XX, se incluía dentro de los homínidos al conjunto de formas fósiles que hoy forman parte de nuestro propio género, *Homo*. De hecho, aún en los años cuarenta de ese siglo, se discutía en algunos entornos en qué medida los *Australopithecus* podían ser considerados homínidos o no. Con la inclusión de *Australopithecus* en la familia Hominidae en los años cincuenta y sesenta, los paleontólogos se volcaron en la búsqueda de los antepasados directos de los homínidos, proponiendo candidatos dudosos como *Oreopithecus* y *Ramapithecus*, que luego se ha comprobado que no tienen relación directa con nuestro grupo. La atribución de un carácter homínido a tales formas se basaba sobre todo en la presencia de caninos reducidos y de maxilar arqueado (en vez de en forma de *U*), considerados como rasgos altamente significativos y que servían para diferenciarlos de lo que entonces se consideraban póngidos (o familia Pongidae), que agrupaba a orangutanes, gorilas y chimpancés.

Esta concepción de la familia Hominidae cambió radicalmente en los setenta, a partir de un cúmulo de evidencias de origen muy diverso. En primer lugar, los incipientes datos moleculares sobre la afinidad entre el ser humano y sus parientes más próximos revelaron que gorilas y chimpancés estaban mucho más emparentados con nuestra propia especie que con el orangután. Además, el momento de divergencia indicado por el reloj molecular era sorprendentemente reciente, unos cinco o seis millones de años atrás. Este resultado encajaba con el patrón de distribución geográfica de estos grupos, pero chocaba con las conclusiones extraídas por los paleontólogos a partir de formas del Mioceno, como *Ramapithecus*, que extendían el origen de los primeros homínidos unos doce millones de años atrás. Pero el hallazgo de restos más completos reveló que *Ramapithecus* no era en absoluto un homínido, sino la hembra de *Sivapithecus*, hominoide que hoy sabemos emparentado con el orangután. El esquema mostrado por la biología molecular coincidía, pues, con los datos paleontológicos. Además, descubrimientos como el esqueleto de *Australopithecus afarensis* (más conocido como *Lucy*) revelaron que el carácter más importante entre los homínidos era la locomoción bípeda, no los caninos reducidos o la forma de la arcada dentaria, aspectos fuertemente influenciados por la talla del individuo y que compartían diversas líneas.

En la actualidad, el concepto de familia Hominidae se ha extendido hasta abarcar todas las formas de hominoides africanos, incluyendo chimpancés, bonobos y gorilas. Dentro de la familia Hominidae se distinguiría la subfamilia Paninae (chimpancé, bonobo, gorila) y la subfamilia Homininae *(Ardipithecus, Australopithecus, Paranthropus, Homo)*. Fuera de la familia Hominidae, pero dentro de la superfamilia Hominoidea, quedaría la familia Pongidae, que agruparía formas asiáticas como el orangután junto a los extinguidos *Gigantopithecus*, *Sivapithecus* y otras formas del Mioceno. Sin embargo, hay que decir que algunos autores plantean incluso la inclusión de los póngidos dentro de los homínidos, como una subfamilia de éstos. E, incluso, algunos cladistas extremos han propuesto la inclusión de todos los homínidos africanos dentro del mismo género *Homo* (con lo que tendríamos *Homo troglodytes, Homo paniscus, Homo gorilla*, etcétera). Estas posiciones extremas, sin embargo, no reflejan la complejidad de la evolución homínida, tal como aparece expresada en el registro fósil, por lo que su uso no se ha extendido más allá de sus propios defensores (6, 8, 46, 68, 72).

45. HOMINOIDE

El grupo de los hominoides (formalmente, la superfamilia Hominoidea) incluye a los llamados antropoides superiores (gibones, orangutanes, gorilas, chimpancés, bonobos) y a nosotros mismos. En el pasado, sin embargo, fue un grupo muy variado y diverso que se extendía por toda

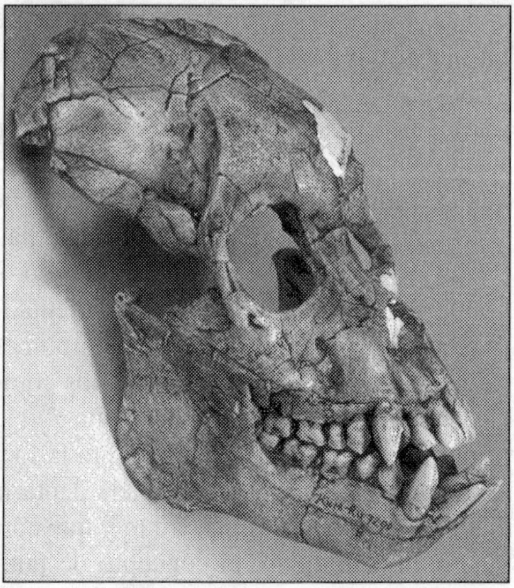

Cráneo de *Proconsul heseloni.*

África y Eurasia. Los primeros hominoides conocidos, los proconsúlidos, se encuentran en el Mioceno inferior de África, hace unos 24 millones de años. Originados a partir de formas oligocénicas del continente como *Aegyptopithecus*, los proconsúlidos protagonizaron en la base del Mioceno una verdadera radiación evolutiva de formas de variada talla y morfología. Los había de baja estatura y cara corta, como *Micropithecus* (de unos cuatro kilos), otros de talla pequeña a moderada y cara más larga, como *Turkanapithecus* y *Proconsul* (entre diez y treinta kilos), y otros finalmente de talla grande y morro alargado, como *Afropithecus* y *Morotopithecus*, próximos a los cincuenta kilos de peso. La mayor parte de estos hallazgos, localizados en Kenia y Uganda, corresponden sin embargo a restos fragmentarios de cráneos y mandíbulas; poco o nada se sabe, en la mayoría de casos, de su aparato locomotor. Una notable excepción la constituye *Proconsul heseloni*, del que se ha hallado un esqueleto juvenil y numerosos elementos poscraneales correspondientes a varios individuos. Por la proporción de sus miembros y la forma de la columna vertebral, la locomoción de *Proconsul* debía de aproximarse mucho a la de un mono (un cuadrúpedo arborícola): los omóplatos estaban a ambos lados del tórax y no detrás como en los hominoides vivos, y el movimiento predominante de los brazos era lateral y hacia delante, más que rotatorio y por encima de la cabeza. La caña del húmero estaba curvada, a diferencia de las cañas rectas de los antropomorfos. Sin embargo, diversas características como la articulación del húmero, la robustez de la fíbula, la forma de los huesos del pie y la ausencia de cola indican que nos encontramos ya ante un hominoide primitivo.

Durante el Mioceno medio, hace unos 14 millones de años, la diversidad de hominoides en África disminuyó drásticamente, y quedó reducida a uno o dos géneros. La forma más conspicua es *Kenyapithecus*, hominoide cuadrúpedo como *Proconsul*, pero con una serie de modificaciones que lo separan de sus antecesores del Mioceno inferior. A diferencia de *Proconsul*, *Kenyapithecus* era probablemente un cuadrúpedo terrestre, más que arborícola. Además, su esmalte dental se había engrosado considerablemente, como corresponde a una dieta más granívora y menos frugívora que *Proconsul*. Estas nuevas adaptaciones en *Kenyapithecus* se corresponden con un notable cambio ambiental global que tuvo lugar hace entre 16 y 14 millones de años. Los hielos antárticos se extendieron notablemente, mientras que en África oriental el fenómeno se tradujo en la primera expansión de las gramíneas y el surgimiento de espacios abiertos en el seno del bosque tropical del Mioceno inferior. Ello se tradujo en un cambio correlativo tanto en la dieta como en el modo de vida y la locomoción de estos primeros hominoides. Hace unos 14 millones de años, el descenso del nivel del océano permitió el contacto de la placa africana con Eurasia, lo que llevó a *Kenyapithecus* a dispersarse por Europa central, donde dejó restos que han sido descritos con el nombre de *Griphopithecus,* aunque no cabe duda de que ambas formas son, sino sinónimas, muy próximas entre sí.

Hace algo más de 12 millones de años, tal vez a partir del propio *Griphopithecus* o como consecuencia de una segunda expansión desde África, se produce en Eurasia una verdadera radiación de nuevos hominoides, probablemente emparentados, que dura hasta hace unos 9 millones de años (en el nivel geológico conocido como Vallesiense). Estos hominoideos incluyen formas gráciles braquiadoras como *Dryopithecus* en Europa occidental, *Ankarapithecus* en Turquía, *Sivapithecus* en Pakistán o *Lufengpithecus* en China, junto a formas muy robustas que recuerdan al gorila como *Ouranopithecus* (o *Graecopithecus)* en Grecia. Hace 9,6 millones de años, una significativa crisis biológica (conocida como crisis del Vallesiense) determinó la extinción de la mayor parte de hominoides europeos, con la excepción de la forma insular *Oreopithecus*, que persistió por algún tiempo en la isla que formaba entonces la Toscana. Esta extinción no afectó en principio a formas asiáticas como *Sivapithecus*, que probablemente se encuentran en el origen de los hominoides plio-pleistocénicos de ese continente, como el enorme (aunque poco conocido) *Gigantopithecus* y el actual orangután *(Pongo pygmaeus)*. Por esta razón, algunos autores sitúan todas las formas euroasiáticas dentro de la familia Pongidae, que actualmente incluye sólo al orangután. Otros autores, como Louis de Bonis y Georges Koufos, creen que algunos elementos de esta radiación, y más concretamente el *Ouranopithecus* o *Graecopithecus*, son verdaderos homínidos, origen común de homininos, chimpancés y gorilas. Así pues, en este grupo se habría dado un verdadero «retorno a África».

La diversidad de hominoides en el Mioceno medio y superior de Eurasia contrasta con la situación en África, donde hasta hace poco este lapso de tiempo estaba cubierto por escasos restos fragmentarios atribuidos al género *Kenyapithecus* o al muy especializado y mal conocido *Samburupithecus.* Esta situación cambió en 2001, con el descubrimiento de *Orrorin* en sedimentos de hace unos seis millones de años en la formación Lukeino, en Kenia, y de *Sahelanthropus* en Chad. Ambos se encuentran emplazados en el lugar y tiempo precisos para constituir el antepasado común de homininos, chimpancés y gorilas. Sin embargo, el origen de estos géneros y su relación con las formas euroasiáticas sigue siendo una incógnita (2, 25, 70, 83).

46. HOMO

El género *Homo* fue establecido por primera vez por Carl von Linné en su *Systema Naturae* (1758). Linné incluyó en nuestro género a varias especies, entre ellas *H. europaeus, H. asiaticus, H. africanus* y *H. sylvestris* (el orangután). La racionalización posterior de la sistemática redujo todas las especies humanas a una sola, *Homo sapiens*, posición que se mantuvo hasta 1863, cuando el geólogo británico William King reconoció la primera especie fósil de nuestro género, *Homo neanderthalensis*. En 1908, una tercera especie, *Homo heidelbergensis*, basada en la mandíbula de Mauer, fue añadida al repertorio humano. Tales aportaciones, sin embargo, tuvieron escasa incidencia en la sistemática de nuestro género, ya que por aquel entonces cualquier nuevo hallazgo de un homínido del Pleistoceno se situaba dentro de su propio género. Surgieron así denominaciones genéricas como *Pithecanthropus, Sinanthropus, Atlanthropus, Telanthropus, Meganthropus,* entre otras. Ante este galimatías genérico, el paleontólogo británico Wilfried Le Gros Clark propuso un esquema unificado en que la evolución de nuestro género aparecía constituida por una serie de especies que indicaban una progresión en grados evolutivos. Así, variantes como *Pithecanthropus, Sinanthropus,* etcétera fueron incluidas en la especie *Homo erectus*, la cual a su vez daba lugar a una variante ar-

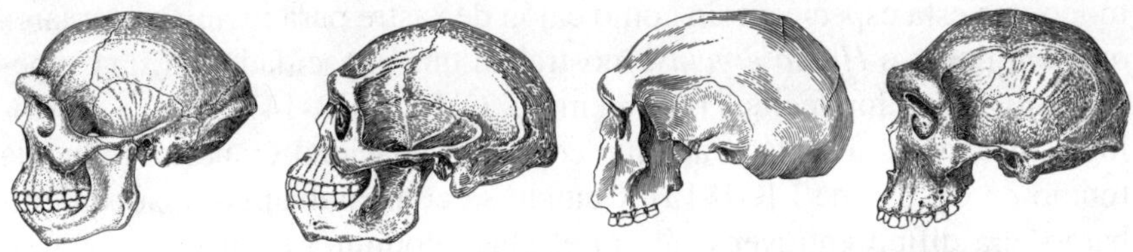

Cráneos correspondientes a diferentes especies del género *Homo*: a) *Homo erectus* (*Sinanthropus pekinensis)* de Zhokoudian (China); b) *Homo erectus* avanzado (*Homo soloensis)* de Ngandong (Java); c) *Homo heidelbergensis* de Steinheim (Alemania); d) *Homo heidelbergensis* (*Homo rhodesiensis)* de Kwabue (Zambia). (© Columbia University Press)

caica de *Homo sapiens* (que permaneció innominada, aunque se trataba del mismo *Homo heidelbergensis* definido en 1908). Ésta, por su parte, se escindía en dos subespecies: *H. sapiens neanderthalensis* y *H. s. sapiens.* Todas estas especies compartían una capacidad craneana igual o superior a 800 cc, una habilidad manual que permitía realizar la denominada «pinza» entre el pulgar y el índice, y la capacidad para fabricar instrumentos. Quedaban por tanto excluidos del género humano los denominados australopitécidos (*Australopithecus* y *Paranthropus*), de capacidad craneana mucho menor y cuyos restos no aparecían asociados a instrumentos líticos.

En ese momento, a mediados del siglo XX, el origen del género *Homo* aparecía como un evento oscuro y relativamente reciente. A primera vista, tal origen podría haber tenido lugar en Asia o Europa, donde se concentraba la mayor parte de hallazgos. Sin embargo, otros autores, encabezados por Louis S. B. Leakey, creían (nunca mejor dicho) en un origen remoto y probablemente africano de nuestro género. En 1964, el propio Leakey, Philip Tobias y J. R. Napier proponían la existencia de una especie muy arcaica de *Homo*, *Homo habilis,* partiendo de una mandíbula, una calota craneana y restos poscraneales (incluyendo una mano), procedentes del Nivel I de la garganta de Olduvai, en Tanzania. La capacidad craneana del neurocráneo era de unos 600 cc, notablemente inferior a la de *Homo erectus* pero superior a la de *Australopithecus* y *Paranthropus*. Además, la aparición de *Homo habilis* resolvía el problema del autor de las industrias olduvayenses que aparecían en el Nivel I de Olduvai, muy primitivas y que, de acuerdo con las ideas de la época, no podían ser atribuidas al coetáneo *Paranthropus boisei*. El término elegido, «hombre hábil», hacía referencia directa a la capacidad de fabricar útiles, característica que se suponía típicamente humana. Sin embargo, los límites de variabilidad de *Homo habilis* nunca quedaron fijados con exactitud, de modo que esta especie sirvió como cajón de sastre para incluir ejemplares que, sin llegar a *Homo erectus*, mostraban una capacidad craneana superior a los australopitecinos (por ejemplo, OH-24, ER-1470) o una morfología facial más avanzada aunque con una capacidad craneana reducida (como en el caso de ER-1813). Cuando se comparaban entre sí, sin embargo, era difícil entrever cuál era el rasgo común a estos especímenes. En cualquier caso, la denominación *Homo habilis* obtuvo el consenso de la comunidad científica, por lo que el esquema lineal propuesto por Le Gros Clark quedó completo: *Australopithecus africanus-Homo habilis-Homo erectus-Homo sapiens.*

Sin embargo, durante los años setenta este esquema simple y gradualista entró en crisis. La causa de ello fue la introducción de la sistemática cladista y de las ideas evolutivas sobre equilibrios puntuados en la paleontología humana, así como los cada vez más frecuentes hallazgos que entraban en contradicción con este modelo puramente lineal. En 1982, Niles Eldredge (uno de los padres del modelo de equilibrios puntuados) e Ian Tatersall publicaron *The Myths of Human Evolution,* obra en la que revisaban críticamente los grados evolutivos propuestos para el ser humano y el esquema gradualista vigente hasta entonces. De acuerdo con las ideas puntualistas de Eldredge y Gould, la evolución humana no estaría constituida por un continuo de formas transicionales, sino por una serie de especies discretas que se habrían sucedido y reemplazado abruptamente, sin solución de continuidad. Muchas de ellas incluso habrían coexistido simpátricamente en África. Partiendo de estas ideas, autores como Bernard Wood iniciaron una revisión crítica de las especies encuadradas en el género *Homo*. Resultado de este análisis fue la separación del resto de especímenes atribuidos a *Homo habilis* del cráneo ER-1470, para el que se rescató la especie *Homo rudolfensis* (establecida por Valeri Alexeev en 1986). Otra consecuencia fue la separación específica de los llamados *Homo erectus* africanos de los *Homo erectus* típicos, retomando para los primeros la especie *Homo ergaster*, establecida por Groves y Mazak en 1975. A su vez, las variantes más evolucionadas de *Homo erectus*, como Aragó, Mauer, Swascombe y Steinheim en Europa o Broken Hill y Bodo en África, se incluyeron en la especie *Homo heidelbergensis*, en el olvido desde 1908. La tendencia a dinamitar *Homo erectus* continuó durante los noventa, cuando el equipo de Atapuerca estableció la especie *Homo antecessor*, que englobaba a los restos humanos de la Gran Dolina, con lo que *Homo erectus* era apartado de la línea que llevaba a *Homo sapiens* y pasaba a agrupar únicamente a los descendientes asiáticos de *Homo ergaster.* Por su parte, en Europa *Homo heidelbergensis* habría derivado en *Homo neanderthalensis* (reconocido como una especie diferente del hombre moderno), mientras que en África *Homo antecessor* habría dado lugar a nuestra especie, *Homo sapiens*.

La discusión en torno al género *Homo* ha continuado a principios del siglo XXI, centrada esta vez en la posición que ocupan las formas más primitivas del género, como *Homo habilis* y *Homo rudolfensis*. En 1986, el descubrimiento por parte de Don Johanson y Tim White en Olduvai de OH-62, un esqueleto parcialmente completo de *Homo habilis*, había mostrado que, de cuello para abajo, se trataba de una especie mucho más parecida a *Australopithecus* que a las formas posteriores de *Homo*. Este descubrimiento complementaba nítidamente el realizado en 1984 por Richard Leakey, un espécimen juvenil casi completo de *Homo ergaster* cuya edad, próxima a 1.600.000 años, le hacía coetáneo de los primeros representantes de *Homo* de África. Lo curioso en este caso es que WT-15000 (número de sigla del joven *ergaster*) presenta un esqueleto poscraneal plenamente moderno y perfectamente comparable al de las poblaciones de menos de 500.000 años de *Homo erectus* de China. Así pues, aunque la capacidad craneana experimenta un gradual incremento desde *Australopithecus afarensis* hasta *Homo ergaster*, el esqueleto locomotor muestra una ruptura súbita (sucedida hace entre 1,8 y 1,6 millones de años, edades respectivas de OH-62 y WT-15000) entre *Homo habilis* y *Homo ergaster*. Ello confirmaba la existencia de patrones evolutivos distintos según se tratase de caracteres craneales o poscraneales: mientras que el esqueleto poscraneal parecía seguir un modelo puntuado, de cambio muy rápido, los caracteres ligados al cráneo (dentición, arcadas dentarias, volumen encefálico) se veían sometidos a un proceso de cambio gradual y progresivo. El análisis cladístico efectuado en 1999 por Bernard Wood y Mark Collard sobre un gran número de caracteres craneales y poscraneales, ha llevado finalmente a estos autores a proponer que tanto *Homo habilis* como *Homo rudolfensis* sean reubicados en *Australopithecus*, constituyendo *Homo ergaster* la primera especie reconocible de nuestro género. De este modo, el género *Homo* pasaría a estar definido por un tipo de locomoción plenamente bípeda y corredora, de tipo moderno, más que por la posesión de un gran volumen craneano o por la capacidad para fabricar útiles (8, 52, 56, 57).

47. HORNER, JACK

Especialista en dinosaurios carnívoros del Mesozoico y uno de los más firmes defensores del origen saurio de las aves, a la vez que asesor científico de Spielberg en su serie jurásica, Jack Horner fue invitado en 1998 por el Instituto de Paleontología M. Crusafont de Sabadell, acompañado por media docena de sus «sufragistas». Para el autor de este libro, nada hubo más refrescante que la animada conversación que pudo mantener con este afamado especialista en grandes dinosaurios (a pesar de militar en el campo opuesto, el de los pequeños mamíferos...). Hablando de los tópicos normales en estos casos (extinción al final del Cretácico, dinosaurios de sangre caliente, origen de las aves), interiormente pude comprobar la agudeza de los puntos de vista biológicos de aquel hombre a quien le había tocado ser asesor científico (gracias, precisamente, a su competencia) de una de las películas con mayor éxito de taquilla de la historia.

Desde el entorno académico (especialmente en Europa), este tipo de colaboraciones reviste cierto riesgo para el científico que se involucra activamente en ellas. Aunque los medios de comunicación valoran positivamente una actitud abierta por parte del cerrado mundo científico, cualquier persona o programa que extralimite su presencia en estos medios corre el peligro de ser calificado por sus colegas de «poco serio». Por ejemplo, mientras que en su país el fenómeno *Parque jurásico* ha contribuido a relanzar la ya potente paleontología del Mesozoico, en Europa podría fácilmente haber hundido las ya de por sí exiguas investigaciones sobre el Cretácico continental. La razón estriba en que en Estados Unidos los fondos que sufragan la mayor parte de excavaciones son privados y fuertemente influidos por la opinión pública, en tanto que, en Europa, la mayor parte de proyectos debe superar el concienzudo análisis de comisiones de expertos mucho menos sensibles al factor mediático. Sin embargo, a medida que avanzaba nuestra conversación, iba creciendo en mí la convicción de que aquel éxito comercial debía mucho a la ciencia y, más concretamente, al propio Horner.

Aunque puedan cuestionarse (¡sin duda!) los valores cinematográficos de *Parque jurásico*, hay un aspecto que marca una diferencia substancial entre este film y cualquiera de sus más toscos predecesores: su *credibilidad*. La credibilidad que merecen los dinosaurios de Spielberg nace, por supuesto, de los avances técnicos e informáticos, pero también y muy especialmente del comportamiento que muestran y de la biomecánica de sus movimientos (manifiestamente «avianos», de acuerdo con las ideas de Horner y muchos otros). Como consecuencia, por vez primera las secuencias con dinosaurios se convirtieron en escenas de *terror* (en concreto, los ataques del tiranosaurio y de los velocirraptores). Esta derivación necesaria de las películas con dinosaurios responde, sin duda, a una elección deliberada del propio Spielberg, pero también a una lógica profunda desde nuestra perspectiva de mamíferos, ya que el terror es la respuesta propia y necesaria de cualquier mamífero terrestre ante la presencia de un dinosaurio carnívoro, ya sea en el mundo real (hace más de setenta millones de años, cuando convivían con nuestro remotísimo pariente *Purgatorius*) o en el virtual. Que Spielberg haya hecho renacer este miedo ancestral 65 millones de años después es, sin duda, consecuencia de la credibilidad que Jack Horner y sus colegas supieron imprimir a las criaturas de la pantalla (con una terrible excepción: dudo que ningún dinosaurio llegase a empuñar el picaporte de una puerta y abrirla).

Finalmente, me permito una consideración. ¿Creen ustedes que buena parte de nuestra conversación versó sobre los grandes dinosaurios como *Brachiosaurus* o *Tyrannosaurus?* Pues no. Precisamente trató de todo lo contrario: los pequeños dinosaurios que dieron lugar a las aves. Éstos tienen una adecuada representación en el original literario de Michael Crichton, pero hubo que esperar a la segunda parte de *Parque jurásico* para verlos reflejados por la industria del cine. Sin embargo, de nuevo el equipo de Spielberg supo dotar a los pequeños *Procompsognathus* de la credibilidad suficiente para mostrar aquello que sin duda los hizo más temibles: su capacidad para invadir rápidamente los medios más diversos e incidir, como una plaga de pirañas, sobre cualquier recurso del entorno. En un final totalmente desaprovechado por Crichton y, por ende, por el propio Spielberg, se les muestra con un comportamiento similar al que precede a las aves en sus migraciones colectivas. En lugar de mostrarnos al feroz *Tyrannosaurus* invadiendo y destrozando Nueva York como un Godzilla cualquiera, Spielberg podría haber optado tal vez por un final más sutil y creíble para su *Mundo perdido:* una plaga incontenible de pequeños dinosaurios invadiendo la civilización y tomándose la revancha 65 millones de años después. Aunque, después de todo, esta película ya se filmó. Se llamaba *Los pájaros* y la dirigió Alfred Hitchcock (5, 22).

48. HUXLEY, THOMAS

En el éxito inmediato de la obra de Darwin no es ajeno el hecho de que éste fuera desde el principio arropado por un conjunto de especialistas que, como él, eran naturalistas reconocidos en la ciencia de su tiempo. Éste fue el caso del botánico Joseph D. Hooker, el anatomista Ernst Haeckel o el mismo Charles Lyell, celebrado autor de *Principios de geología,* que cambió su opinión sobre el origen de las especies y se adhirió a las nuevas ideas evolucionistas. Entre esta pléyade de primeros colaboradores de Darwin destaca sin duda Thomas Huxley (1825-1895), quien se

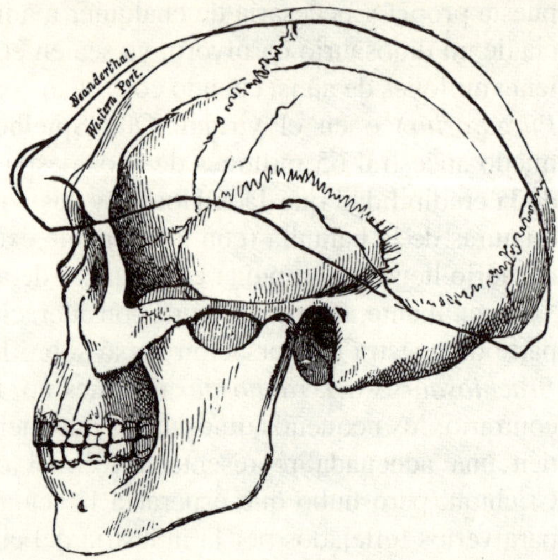

Comparación entre la calota de Neanderthal y un cráneo de hombre moderno, como aparece en la obra de Thomas Huxley *Man's Place in Nature.*

ganó el apodo de «bulldog de Darwin» por las enconadas polémicas que mantuvo en los primeros tiempos del darwinismo.

Médico de formación, Huxley se ganó una posición en la ciencia de su época gracias a sus detallados estudios anatómicos sobre organismos marinos como medusas, moluscos y tunicados. Como Darwin, había también participado en una expedición por los mares del Sur, en tanto que cirujano ayudante del *H. M. S. Rattlesnake*, periplo del que regresó con gran cantidad de material, procedente sobre todo de Australia y de la Gran Barrera del coral. La lectura de la obra de Darwin provocó en Huxley una reacción inmediata, y se prestó a defender su doctrina en aquellos foros en los que Darwin se resistía a intervenir. Thomas Huxley entró en la leyenda cuando, en un debate público en el Museo de la Universidad de Oxford, ante la irónica pregunta del obispo Samuel Wilberforce de si pensaba que descendía del mono por parte de su abuelo o de su abuela, Huxley contestó que prefería descender del mono que de alguien que se permitía hablar de cuestiones científicas que ignoraba y que utilizaba su inteligencia para oscurecer la verdad.

A pesar de todo, y como ocurriera con otros darwinistas de la primera época, su conformidad con el autor de *El origen de las especies* no era completa. Aunque había un consenso total en torno a la idea de evolución biológica, subsistían discrepancias sobre el modo en que ésta se producía. Buen conocedor del registro fósil, Huxley consideraba una carga innecesaria para la teoría de la evolución la transformación lenta y gradual de las especies que Darwin defendía. Tal visión estaba profundamente arraigada en Darwin desde los días en que el autor de *El origen de las especies*, poco después de regresar a Inglaterra, empezara a ordenar sus aún confusas ideas. Frente a la «contradicción cuvieriana», según la cual cualquier nuevo cambio en un organismo disminuiría su eficacia dado que éste constituye un conjunto totalmente integrado, Darwin proponía que las nuevas especies se originaban por la selección de pequeños cambios que se iban acumulando lenta y gradualmente en las poblaciones.

Si ello era así, el registro fósil debía mostrar, a través de formas de transición, la gradual transformación de cada grupo de seres vivos en otro a medida que avanzaba el tiempo geológico. Aquí Darwin tropezó con el mismo problema que enfrentó a Lamarck y a Cuvier: la ausencia de formas intermedias en el registro fósil. En efecto, cuando Darwin, veinte años después de su regreso a Inglaterra, empezó a redactar una primera versión de *El origen de las especies*, la paleontología no había suministrado aún prueba alguna de la existencia de tales formas de transición. Sin embargo, a partir de las primeras ediciones de su obra el panorama empezó a cambiar. En 1861 apareció en los estratos jurásicos de Solenhofen, en Baviera, un fósil que parecía ocupar una posición exactamente intermedia entre reptiles y aves. Formalmente, gran parte de las características de *Archaeopteryx lithographica* (nombre que recibió) parecía relacionarlo con reptiles del grupo de los dinosaurios: maxilares con dientes, cola con más de veinte vértebras, dígitos de los brazos todavía libres... Sin embargo, la magnífica conservación del fósil de Solenhofen permitió comprobar que además estaba recubierto de plumas. *Archaeopteryx* se convirtió, por tanto, en el perfecto eslabón perdido entre dos grandes grupos de vertebrados, reptiles y aves. No obstante, una vez descubierto, el fósil fue inmediatamente puesto en cuestión por quienes dudaban de su carácter intermedio, e incluso algunos llegaron a afirmar que se trataba de una falsificación. Thomas Huxley se encargó entonces de llevar el peso del contraataque ante quienes todavía dudaban de su carácter de eslabón perdido. En 1870 publicó un trabajo en el que presentaba a *Archaeopteryx* como una forma extraordinariamente próxima a alguno de los pequeños dinosaurios que por aquel entonces habían aparecido también en Solenhofen. De este modo, Huxley se cuenta entre los primeros en proponer un origen «dinosaurio» para las aves, hipótesis hoy plenamente confirmada. En concreto, Huxley destacó las notables similitudes anatómicas que compartía con un pequeño coelurosaurio, *Compsognathus*, procedente del mismo yacimiento.

Posteriormente, nuevas formas de transición fueron apareciendo al hilo de sucesivas prospecciones y exploraciones, todas ellas objeto de intensos debates. En particular, destaca el descubrimiento de la calota humana de Neanderthal, en Alemania. La existencia del «hombre fósil» había sido reiteradamente negada por todos los paleontólogos fijistas, empezando por Cuvier. Pero en 1856, en una cueva del valle de Neander, apareció un fragmento de cráneo que parecía mostrar la existencia de una especie humana más primitiva que *Homo sapiens*. El fragmento en cuestión era tosco y robusto, con grandes arcadas por encima de las órbitas y una frente baja y huidiza. A pesar de sus rasgos arcaicos, el hallazgo fue desautorizado por eminentes antropólogos como Rudolf Virchow, quien llegó a afirmar que los restos de Neanderthal habían pertenecido a un individuo muy viejo que se había visto aquejado de artritis deformante en su madurez, lo que explicaría las anomalías observadas en la calota craneana. También se dijo que procedía de un cosaco de los ejércitos de Napoleón que, durante su retirada de Rusia, se habría refugiado y habría muerto en aquella cueva.

Pero en 1863 Thomas Huxley reabrió el debate sobre el fósil de Neanderthal en su obra *Man's Place in Nature,* publicada ocho años antes que *El origen del hombre* del propio Darwin. Desde la publicación de *El origen de las especies,* y aunque Darwin no le dedicara explícitamente ni una sola línea, era evidente que la interpretación evolutiva del origen del hombre era una cuestión candente. Mientras el propio Darwin se tomaba con prudente tranquilidad el espinoso tema, el activo Huxley se avanzó y abordó por primera vez el origen simiesco de los seres humanos. En el segundo ensayo de la obra, sobre «Algunos restos óseos humanos fósiles», Huxley aborda el análisis de dos restos neandertales, los cráneos de Engis y Neanderthal. Sobre este último, Huxley concluye que «se mire como se mire, cuando se observa su depresión en sentido vertical, el enorme grosor de sus arcos superciliares, su occipital inclinado o sus suturas largas y estrechas, encontramos por todas partes los caracteres simiescos que lo definen como la forma más pitecoide que jamás haya sido encontrada entre los cráneos humanos». Aun así, Huxley reconoce que el cráneo de Neanderthal no corresponde al hipotético eslabón intermedio entre humanos y antropomorfos, dada su elevada capacidad craneana, que estima en 1.230 cc. Y concluye: «Así pues, ¿dónde habrá que buscar al hombre primitivo? Los más antiguos individuos de nuestro género, ¿datan del Plioceno o del Mioceno? ¿O son todavía más antiguos? ¿Tal vez están aguardando en depósitos todavía más antiguos a que las investigaciones de algún futuro paleontólogo desvele los restos de algún simio humanoide o los de un hombre más simiesco que los actualmente conocidos? El tiempo lo dirá» (5, 19, 64).

49. INDIVIDUO

La discontinuidad más inmediata en el mundo natural es el individuo (ya sea vegetal, animal o de otro tipo). El individuo expresa una realidad única y contingente, resultado de un proceso histórico. Durante siglos, los individuos aparecieron como realidades trasmutables y fluidas: las plantas devenían mineral en el caso de los corales, de la materia putrefacta podían nacer gusanos y hasta las rocas mutaban a veces tomando la forma de conchas marinas y huesos. Pero a medida que la ciencia natural avanzó a partir de los siglos XVI y XVII, estos individuos devinieron *organismos*, es decir, formas complejas constituidas de diferentes partes llamadas *órganos* (incluido el hombre, lo que se pudo comprobar una vez superada la prohibición medieval de diseccionar cadáveres humanos).

Los organismos podían ser descompuestos en piezas, y éstas, a su vez, podían ser comparadas independientemente de organismo en organismo. Este juego permitió contrastar órgano a órgano las similitudes y semejanzas entre las formas y establecer ensayos de clasificación natural, es decir, de ordenación de la naturaleza. En el siglo XVII, de la mano de botánicos como John Ray y Carl von Linné, se establecieron las bases de la taxonomía todavía en uso. Los individuos podían ser agrupados en una nueva categoría, la especie, cumpliendo el precepto bíblico de dar nombre a todas las criaturas de la Tierra. La especie, pues, constituye la segunda gran discontinuidad que aparece en el firmamento biológico, por encima del estudio de las entidades individuales.

Sin embargo, constatada la existencia de entidades supraindividuales discretas, las especies, surgía inmediatamente la necesidad de explicar el origen de la semejanza. Largas series de especies, géneros o familias parecían ordenarse de acuerdo con secuencias lineales en las que uno o varios caracteres mostraban una polaridad definida. ¿Qué sentido podía tener esta «gran cadena del ser», más allá de la simple apelación al designio divino? La discontinuidad establecida por el concepto de especie aparecía englobada dentro de una continuidad más general, cuyo origen debía ser explicado. La teoría de la evolución, balbuciente con Lamarck, proporcionó en el siglo XIX una explicación todavía imperfecta del origen de esta gradación: las relaciones reflejadas por la taxonomía eran, en realidad, de parentesco.

La teoría transformista de Lamarck consideraba implícitamente al individuo como la unidad de la evolución. De acuerdo con la conocida metáfora, el largo cuello de las jirafas se obtendría por el esfuerzo continuado que realizaban los individuos para alcanzar las ramas de los árboles; a fuerza de estirarlo, el cuello se alargaba y esta modificación se transmitía a la descendencia. Así pues, el lamarckismo se fundamentaba sobre dos supuestos: de un lado, la voluntad del individuo, que conseguía adaptar su organismo a las condiciones del ambiente (adaptación); de otro, las características adquiridas por el individuo durante su vida, las cuales tarde o temprano quedaban fijadas en la especie transmitiéndose a la descendencia (herencia). En consecuencia, la teoría de Lamarck se fundamentaba en el nivel individual: los cambios producidos en cada organismo se extendían a toda la especie, y se convertían en el motor único de la evolución. Se asumía así pues que las especies no podían existir, ya que la evolución quedaba explicada por el plano individual.

Como es sabido, Cuvier mantuvo un punto de vista diametralmente opuesto a Lamarck en cuanto a la existencia de las especies y a su inmutabilidad. El uso y desuso podía, según este autor, producir pequeñas modificaciones en el diseño básico de las especies (como sucede en las razas domésticas), aunque éstas jamás llegarían a producir una especie diferente. Sin embargo, como reputado anatomista, el punto de partida de Cuvier era el mismo que el de Lamarck: el individuo. Así, tanto las interpretaciones de Lamarck y de su alumno Geoffroy Saint-Hilaire como las de Cuvier partían de una premisa epistemológica que hacía muy difícil la correcta interpretación de los fenómenos evolutivos: la biología del individuo. La lectura del *Ensayo sobre la población* de Malthus permitió a Darwin dar con el concepto de selección natural y reconocer que la evolución operaba sobre una unidad superior al individuo, la población. Sin embargo, la primera formulación de la selección natural mantuvo todavía numerosas connotaciones lamarckistas, y no sólo porque admitía la herencia de los caracteres adquiridos, sino porque Darwin, como Lamarck, consideraba que las especies no tenían carta de naturaleza en la evolución, sino que eran simples agregados de individuos. De nuevo, el plano individual constituía el referente básico de la evolución.

Por otra parte, aunque la introducción del concepto de variabilidad poblacional determinó un cambio profundo en la concepción de la evolución biológica, Darwin asumía en su obra la herencia de la variabilidad sin explicar su origen. En el tema de la herencia, la biología mantenía entonces una concepción continuista de la transmisión de caracteres, idea procedente nada menos que de la teoría de los líquidos seminales. Tal teoría (que postula que la herencia se produce por la mezcla de propágulos líquidos procedentes de ambos progenitores) conllevaba dos corolarios indeseados: la existencia de una variabilidad continua entre los descendientes y la herencia de los caracteres adquiridos. Gregor Mendel, con sus leyes, demostró que las unidades de la herencia eran unas entidades discretas, discontinuas, los genes, no sujetos a modificación durante la vida del individuo y, por tanto, transmitidos intactos a la descendencia. El gen marca el tercer gran nivel de discontinuidad de la evolución, el cual, a diferencia de la especie, se sitúa por debajo del plano individual.

El darwinismo tardó más de treinta años en digerir la teoría mendeliana de la herencia, pero al hacerlo dio lugar a una nueva síntesis, el neodarwinismo, origen del actual paradigma sobre el mecanismo de la evolución. Al aceptar el mendelismo, el darwinismo sufrió una revolución epistemológica al situar por vez primera el marco de acción de la evolución por debajo del organismo individual. Los genes no eran sólo las unidades de la herencia sino las auténticas unidades de la evolución. El escollo más importante con que se había encontrado el darwinismo primitivo era finalmente superado con éxito. El estudio detallado de los efectos de la selección natural en la frecuencia de algunos genes aplicado a poblaciones experimentales permitió, finalmente, enunciar la teoría sintética de la evolución y poner supuestamente punto y final a más de un siglo de debate evolutivo.

Este reduccionismo característico del pensamiento neodarwinista ha llegado a su máxima expresión en autores como Richard Dawkins y su «gen egocéntrico», para quienes, en el fondo, el organismo no deja de ser una parafernalia gratuita asociada a la verdadera y única unidad de evolución, el gen. Esta visión del proceso evolutivo queda reflejada en el conocido eslogan «una gallina es el medio que tiene un huevo para producir otro huevo». En palabras del mismo Dawkins, lo único que se preserva, lo único realmente inmortal en la evolución son los genes. Ahora bien, cabría matizar esta afirmación, ya que, por sí mismos, los genes constituyen estructuras con una vida media muy fugaz. Lo que es (al menos potencialmente) inmortal es *la información que portan los genes*. Y esto nos lleva al hecho de que lo único que puede realmente ser inmortal es la información. En efecto, los distintos soportes mortales de una determinada información pueden ser substituidos, pero la información en sí puede cambiar de soporte y persistir en el tiempo. En el caso de los seres humanos, por ejemplo, lo que nos hace «nosotros», lo que otorga singularidad a nuestra existencia, es la información acumulada, es decir, la memoria. Y todas las apelaciones a la inmortalidad humana pasan forzosamente por la preservación de lo que llamamos *yo*, es decir la propia memoria personal.

Así pues, aun cuando el individuo (el organismo) continúa constituyendo el nivel básico sobre el que actúa la selección natural, al fijarnos en *toda* la evolución debemos contemplar que por encima y por debajo de aquél se sitúan, respectivamente, otros dos niveles jerárquicos, la especie y el genotipo. En realidad, el mayor problema de la biología evolutiva a lo largo de su historia es y ha sido formular una *única* teoría de la evolución que vertebre los tres niveles de discontinuidad mencionados: organismo (o individuo), especie y gen (36, 38, 80, 84).

Fauna insular del Pleistoceno de Malta, tal como la imaginó Leith Adams en 1870.

50. INSULARIDAD

Desde Darwin y su famosa escala en las islas Galápagos, el tema de las faunas insulares aparece inevitablemente ligado a la teoría de la evolución. Las faunas de las islas poseen ciertos rasgos comunes, como el carácter endémico, fruto de su aislamiento respecto a las especies continentales de las que proceden, así como una baja diversidad biológica, consecuencia de la escasez de recursos asociada a un área relativamente pequeña. Ello convierte a los ecosistemas insulares en verdaderos laboratorios naturales en los que contrastar hipótesis relativas a los procesos de especiación y a los llamados casos de evolución insular.

En condiciones de insularidad, numerosas especies evolucionan siguiendo unos patrones que se reproducen de isla en isla, independientemente de las especies de origen. Por ejemplo, entre las aves terrestres existe una tendencia a disminuir el tamaño de las alas hasta que éstas quedan reducidas a órganos vestigiales que hacen imposible el vuelo. Es el caso de numerosas aves hoy extinguidas, como la moa de Nueva Zelanda (géneros *Dinornis*, *Emeus* y *Euryapteryx)*, el *Aepyornis* de Madagascar o el pájaro dodo de la isla Mauricio (al este de Madagascar). En cuanto a los mamíferos, es conocido el caso de las faunas cuaternarias de numerosas islas del Mediterráneo, entre las que se dan sorprendentes ejemplos de enanismo insular, con hipopótamos, elefantes y ciervos que no llegan a sobrepasar el metro de envergadura.

El enanismo insular fue interpretado como un ejemplo de «evolución degenerativa», de acuerdo con las ideas ortogenéticas de Eimer y Haacke. No obstante, a partir de la década de los sesenta del siglo pasado, autores como Louis Thaler, en Francia, y sobre todo Paul Sondaar, en Holanda, se aplicaron a un análisis más riguroso de estas faunas insulares, ofreciendo una explicación diferente para las extraordinarias variaciones de tamaño que se observaban en estas especies. Según estos autores, tales variaciones se debían a la ausencia de depredadores en las islas. Dada la escasez de recursos y, por tanto, el reducido número de especies que una isla puede albergar, por debajo de una determinada superficie la supervivencia de cualquier tipo de carnívoro se hace insostenible. Ahora bien, la talla de la mayor parte de herbívoros en suelo continental está fuertemente influida por la presencia de carnívoros. Son raros los herbívoros de tamaño parecido al de sus depredadores; las presas tienden a ser más grandes o más pequeñas que aquéllos, lo que responde a diferentes estrategias defensivas: un mayor tamaño dificulta considerablemente la depredación por parte de carnívoros de tamaño mediano, mientras que un tamaño muy pequeño permite huir escondiéndose entre la vegetación o excavando galerías subterráneas. También se puede huir del depredador alargando los extremos distales de las patas, los llamados metápodos, metacarpianos y metatarsianos, y corriendo por lo tanto más velozmente.

Sin embargo, ninguna de estas adaptaciones es necesaria en una isla en la que no hay depredadores. En estas condiciones, los grandes mamíferos pueden reducir su talla hasta alcanzar aquella que les sea económicamente más adecuada, mientras que los pequeños mamíferos como ratones, lirones y musarañas pueden aumentar de talla a fin de evitar una pérdida excesiva de calor corporal. Como es sabido, el pequeño tamaño de muchos micromamíferos se obtiene a expensas de un aumento considerable de la relación superficie/volumen. Se trata de una estrategia muy costosa, ya que mientras el volumen aumenta en proporción al cubo, la superficie sólo aumenta al cuadrado, por lo que cualquier disminución de tamaño representará un incremento relativo de superficie respecto al volumen, y por tanto una mayor área de disipación del calor corporal. Por tanto, en condiciones de insularidad y ante la ausencia de depredadores que fuercen una evolución continuada hacia tallas muy pequeñas, los micromamíferos insulares tenderán a aumentar su tamaño para obtener así un cociente superficie/volumen apropiado para no disipar una gran cantidad de energía.

Durante el Cuaternario, el desarrollo de la dinámica glacial-interglacial comportó importantes descensos en el nivel de los océanos. Como consecuencia, un cierto número de islas del Mediterráneo llegaron a reducir considerablemente la distancia con el continente o, incluso, a conectarse con él durante los periodos glaciares. Esta situación facilitó su poblamiento por parte de ciervos, elefantes, hipopótamos y otros elementos comunes en los continentes adyacentes. Durante el siguiente periodo interglacial, el nivel del mar ascendía de nuevo, de modo que estas islas quedaban desconectadas del continente o aumentaban considerablemente la distancia entre ambos. Aquellos mamíferos que hubiesen conseguido colonizar con éxito las islas quedaban entonces aislados de sus congéneres continentales, continuando su particular evolución en condiciones de insularidad. Este tipo de fauna insular ha sido hallado en numerosas islas del Mediterráneo, desde las Baleares, Córcega, Cerdeña, Sicilia o Malta hasta Creta y Chipre.

Otro dato sorprendente de estas faunas insulares es que, aun habiéndose originado en áreas y momentos diferentes, la mayor parte de ellas aparecen compuestas por el mismo tipo de elementos: ciervos, hipopótamos y elefantes en el caso de los grandes mamíferos, y glíridos (lirones) en el caso de los pequeños mamíferos. Entre las típicas faunas insulares compuestas por ciervos, hipopótamos y elefantes del Mediterráneo se encuentran las de Sicilia, Malta y Creta. En Sicilia y Malta, la evolución hacia el enanismo por parte del grupo de los elefantes ha podido ser reconstruida a lo largo de todo el Cuaternario. Así, a partir de la especie continental *Elephas antiquus*, que pobló Europa en las etapas interglaciales de los últimos 800.000 años, una primera fase de aislamiento insular dio lugar a la especie *Elephas falconeri,* de tan sólo un metro hasta la cruz, lo que supone una extraordinaria reducción de tamaño comparado con los 3,5 metros de *Elephas antiquus.* Una segunda fase de insularidad, independiente de la anterior, produjo la especie *Elephas mnaidrensis,* de aproximadamente 1,5 metros de altura. Casos similares de enanismo insular en elefantes se encuentran en otras islas del Mediterráneo, como *Elephas melitensis* en Malta, *Elephas cretica* en Creta y *Elephas cypriotes* en Chipre, todos ellos posiblemente derivados de la misma especie continental, *Elephas antiquus.*

Otro caso espectacular de evolución en condiciones de insularidad es el de los pequeños hipopótamos del Mediterráneo. Asociado a *Elephas mnaidrensis,* en Sicilia se encuentra *Hippopotamus pentlandi*, derivado de la gran especie continental del Pleistoceno medio *Hippopotamus major,* pero más pequeño. En Malta, *Hippopotamus pentlandi* evolucionó en la forma enana *H. melitensis*, del tamaño de un cerdo grande. Otro caso de enanismo en hipopótamos es *Hippopotamus creutzburgi* de Creta, de talla comparable al actual hipopótamo enano de África central *Choeropsis liberiensis* (aproximadamente un metro de altura hasta la cruz). Más pequeño aún era *Phanourious minor,* también de Creta. La evolución de estos hipopótamos enanos en condiciones de insularidad no se limitó a una disminución de tamaño, sino que también se plasmó en importantes modificaciones en el esqueleto. Si se comparan estas variantes insulares con el pequeño (pero no «enano») *Choeropsis liberiensis*, especie perfectamente adaptada al bosque tropical africano, se observan notables diferencias que afectan al cráneo y a las extremidades. En particular, una característica propia de las formas insulares es el acortamiento de la parte distal de las patas, sobre todo en los metápodos (metacarpianos y metatarsianos) y falanges. Este acortamiento se observa también en otros ungulados insulares, como los elefantes, ciervos y antílopes enanos, y puede considerarse como una reversión de la tendencia existente en el continente a alargar esta parte de la pata para conseguir una zancada más amplia durante la carrera (algo, como se ha expuesto, muy importante para escapar de un depredador). En el restringido espacio de una isla, y en ausencia de grandes depredadores, mantener cuerpos grandes y patas largas deja de ser ventajoso; resulta mucho más eficaz aproximar el cuerpo al suelo (donde se encuentra la comida) y soportarlo mediante unas extremidades sólidas y robustas que proporcionen seguridad en los desplazamientos por los intrincados relieves de una isla.

Similares tendencias a las observadas en elefantes e hipopótamos se encuentran también entre los ciervos enanos que poblaron las islas del Mediterráneo durante el Cuaternario, como el *Megaloceros cazioti* de Córcega y Cerdeña. Se trata de un pequeño ciervo de aproximadamente un metro hasta la cruz, derivado del gran ciervo megacerino del Pleisoceno medio *Megaloceros verticornis*. Las enormes astas palmeadas de la especie continental se habían reducido extraordinariamente, reteniendo tan sólo un par de candiles. Otros ciervos enanos han sido también reconocidos en Sicilia y Malta *(M. carburangelensis),* hasta llegar al caso extremo de *M. cretensis,* pequeño megacerino de la isla de Creta que tan sólo medía 60 centímetros hasta la cruz y cuyas astas habían quedado tan reducidas que parecían más las de un corzo o un muntjac que las de un ciervo.

La fauna cuaternaria insular mediterránea incluye también a los pequeños mamíferos. En el Mediterráneo occidental encontramos lirones endémicos como los que poblaron las Baleares *(Hypnomys, Eivissia)*, Córcega y Cerdeña *(Tyrrhenoglis)*, y Malta y Sicilia *(Maltamys, Leithia)*. Todas estas formas endémicas de lirones parecen haberse originado a partir de la misma forma continental, el lirón careto *Eliomys quercinus,* aunque todas ellas eran de tamaño mucho mayor. En este sentido, el récord se lo lleva *Leithia melitensis* de Malta, cuyo cráneo medía cerca de 10 centímetros (frente a los menos de 5 centímetros del cráneo de *Eliomys quercinus).* En el Mediterráneo oriental se encuentran casos similares de endemismo en roedores, como, por ejemplo, en Creta. Es el caso del múrido *Kritimys,* que de nuevo muestra una tendencia al aumento de tamaño (aunque en este caso, la especie de origen no fue un lirón sino una variante del ratón común *Mus).* De hecho, múridos (ratas y ratones) y arvicólidos (topillos y ratas de agua) constituyen las familias de roedores más abundantes en los continentes durante el Cuaternario. Es por tanto un dato sorprendente que el elemento endémico más común en las islas del Mediterraneo fuesen los lirones (o glíridos), que son relativamente raros sobre el continente. Tal vez sus supervivencia en un medio insular esté relacionada con su capacidad para hibernar, cuando los recursos en estas islas debían ser muy escasos.

Un caso peculiar de evolución insular es el de la fauna endémica de las Baleares, compuesta por un pequeño antílope del tamaño de una cabra *(Myotragus)*, un gran lirón *(Hypnomys)* y una musaraña endémica *(Nesiotites).* Esta asociación difiere de la que, como hemos visto, es común en la mayor parte de islas del Mediterráneo, con su tríada de elefantes, hipopótamos y ciervos enanos. Esta diferencia es consecuencia del distinto origen de la fauna en uno y otro caso. Así se ha demostrado que la asociación *Myotragus-Hypnomys-Nesiotites* de las Baleares tiene un origen mucho más antiguo que el resto de faunas insulares cuaternarias, habiéndose hallado restos de estas especies en niveles pliocénicos de Mallorca de unos cuatro millones de años de antigüedad. Probablemente, *Myotragus* fue un inmigrante oriental que colonizó el área de las Baleares durante la crisis Messiniense, en el Mioceno superior, hace unos seis millones de años, cuando la conexión con el Atlántico se cortó y el Mediterráneo se desecó casi completamente. Durante esta fase, que duró unos 500.000 años, inmigrantes tanto orientales como africanos poblaron el fondo desecado del Mediterráneo, convertido en un desierto salino parecido al actual mar Muerto. Posteriormente, hace unos cinco millones de años, la erosión actuó en lo que hoy es la zona del estrecho de Gibraltar, y de nuevo las aguas del Atlántico se precipitaron hacia el Mediterráneo, en forma de enormes cataratas. La fauna que poblaba el entonces promontorio balear quedó aislada, y las Baleares se convirtieron de nuevo en archipiélago. Bajo las nuevas condiciones de insularidad, *Myotragus* redujo su talla a la de una pequeña cabra (medio metro hasta la cruz), acortando extraordinariamente los extremos de sus patas (es decir, acortando sus metápodos aún más que los hipopótamos y ciervos enanos del Cuaternario).

Sin embargo, lo más sobresaliente en la evolución insular de *Myotragus* fueron las importantes modificaciones en su cráneo y en la dentición. *Myotragus* quiere decir «ratón-cabra», nombre que hace justicia a la evolución seguida por este extraño antílope en Mallorca y Menorca. Por ejemplo, sus órbitas oculares se adelantaron y se situaron en el mismo plano frontal, lo que conlleva la yuxtaposición de ambos campos oculares y la visión en relieve. Esta posición adelantada de las órbitas se encuentra habitualmente en mamíferos arborícolas (el ser humano la conserva) o en depredadores, en los que el cálculo de la distancia relativa desempeña un papel crucial para su supervivencia. Por el contrario, en la mayor parte de ungulados las órbitas se sitúan en posición lateral, lo que amplia el campo de visión y la detección precoz de posibles depredadores. Aún más sorprendentes fueron las modificaciones en la dentición de *Myotragus*. La especie *Myotragus balearicus* del Pleistoceno superior y del Holoceno de Mallorca y Menorca (hace menos de 50.000 años) presentaba una dentición altamente especializada en la que los incisivos se reducían a un único par en la mandíbula, sin presencia en el maxilar superior. Este par inferior de incisivos, además, eran de crecimiento continuo y de aspecto semejante al de los que poseen roedores y lagomorfos, en forma de cincel.

En conjunto, la extraña combinación de talla pequeña, metápodos reducidos, órbitas adelantadas e incisivos de tipo roedor hacen de *Myotragus* algo muy diferente del antílope original que quedó atrapado en el promontorio balear después de la crisis del Messiniense. Afortunadamente, la evolución de *Myotragus* desde el Plioceno inferior, hace algo menos de cinco millones de años, ha sido cuidadosamente reconstruida gracias a los numerosos rellenos cársticos fosilíferos presentes en los macizos calcáreos de Mallorca y Menorca. Los primeros representantes de esta línea evolutiva *(M. pepgonellae)* poseían una dentición poco especializada, parecida a la propia de los antílopes del continente, con tres incisivos radiculados y un canino con forma de incisivo en cada maxilar, más un tercer y cuarto premolar en el maxilar superior (además del resto de premolares y molares). En las siguientes especies *(Myotragus antiquus, M. kopperi, M. batei)* se observa una tendencia hacia la pérdida del canino incisiviforme y del tercer premolar, mientras que los incisivos inferiores aumentan cada vez más su altura (fenómeno conocido como hipsodoncia). Finalmente, en *Myotragus balearicus* desaparecen los dos incisivos laterales y el cuarto premolar, mientras el incisivo restante se hace cincelado y adquiere un crecimiento continuo. Este proceso gradual de transformación de la dentición se desarrolló a lo largo de más de cuatro millones de años, desde *Myotragus pepgonellae* en el Plioceno inferior hasta *M. balearicus* en el Holoceno. Por el contrario, las modificaciones del resto del esqueleto en *Myotragus* se produjeron muy rápidamente, justo después de su aislamiento durante el Plioceno inferior. Así, *Myotragus pepgonellae*, el primer miembro de la línea evolutiva, era ya tan pequeño como *Myotragus balearicus*, tenía las órbitas ya en posición anterior y presentaba unos metápodos extraordinariamente cortos. En conjunto, *Myotragus* aparece como un extraño caso de evolución en mosaico, en el que diferentes partes del organismo evolucionaron siguiendo patrones evolutivos diferentes. Mientras que las transformaciones esqueléticas ligadas al aparato locomotor evolucionaron según un modelo de cambio abrupto, puntuado, la dentición siguió un esquema de cambio gradual a lo largo de varios millones de años (19, 67, 91).

51. JOHANSON, DONALD

Paleoantropólogo americano, nacido en Chicago en 1943. Realizó sus estudios en las universidades de Illinois y Chicago. Entre 1973 y 1975 fue uno de los codirectores, junto al francés Yves Coppens, de la expedición paleontológica a la región de Afar (Etiopía). Fruto de esta expedición fue el espectacular descubrimiento, en 1974, de un esqueleto muy completo de *Australopithecus* de más de tres millones de años de antigüedad, al que apodaron *Lucy* (en recuerdo de la canción de los Beatles, *Lucy in the sky with diamonds*). *Australopithecus afarensis,* nombre con el que fue bautizada científicamente la nueva especie, parecía llenar el vacío existente entre los hominoides del Mioceno como *Dryopithecus* y los verdaderos homínidos, aportando datos cruciales sobre la locomoción de nuestros primeros antepasados africanos. Y, efectivamente, en muchos caracteres *A. afarensis* parecía cercano a sus parientes antropomorfos, con una capacidad craneana estimada de unos 450 cc, semejante a la de los actuales chimpancés y gorilas.

¿Qué indujo, pues, a pensar a Johanson que se trataba ya de un auténtico homínido? Sencillamente, la disposición de sus miembros inferiores. A diferencia de chimpancés y gorilas, que caminan semierguidos, ayudándose con los nudillos de las manos, *Lucy* caminaba ya erecta sobre ambos pies, como lo hace cualquiera de nosotros. Con este dato, otro mito científico sobre el origen del hombre, el de la primacía de la inteligencia en la evolución humana, se desmoronaba. Hasta el descubrimiento de *Lucy,* la inteligencia (concebida en términos de capacidad craneana) era considerada el rasgo más significativo del proceso de hominización. Pero el bipedismo, al situar el peso de la masa cerebral precisamente so-

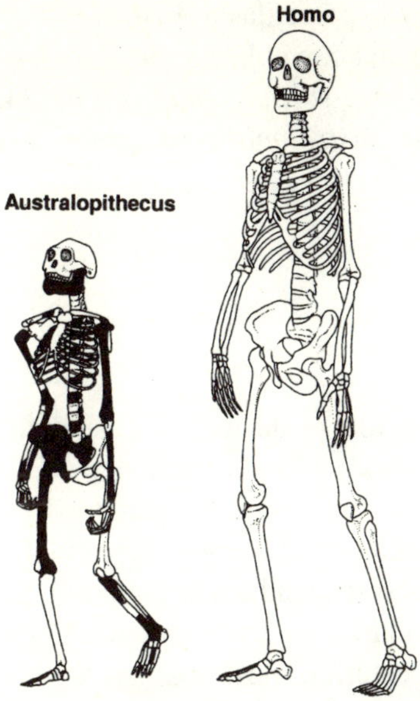

El esqueleto de *Australopithecus afarensis* de Hadar, conocido como *Lucy,* comparado con el de un humano moderno.

bre el eje de la columna vertebral, permitió el desarrollo de un gran cerebro a lo largo de la evolución humana. La idea que se tenía del eslabón perdido como un mono con el cerebro de un homínido tuvo que modificarse a partir del descubrimiento de *Lucy*, que era ya un homínido con el cerebro de un mono. La adquisición de la locomoción bípeda precedió largamente la expansión cerebral de los homínidos posteriores.

Como otros paleoantropólogos, Johanson popularizó las vicisitudes que envolvieron los hallazgos de la expedición al valle del Afar en una obra que obtuvo un gran éxito, *Lucy, the Beginnings of Humankind* (traducida al castellano como *El primer antepasado del hombre),* escrita en colaboración con el periodista científico Maitland Edey. En 1974, Johanson se hizo cargo de la sección de antropología física del Museo de Historia Natural de Cleveland y en 1976 fue nombrado director de investigaciones científicas del mismo museo. A partir de los años ochenta, Johanson pasó a dirigir su propio instituto de investigación en Berkeley (California), el Institute of Human Origins. Las importantes contribuciones de Johanson al conocimiento de la evolución humana no se han restringido a *Australopithecus afarensis*, sino que incluyen también el notable hallazgo en la garganta de Olduvai de OH-62, ejemplar atribuido a *Homo habilis* que incluye fragmentos del cráneo y, lo que es más significativo, parte de su esqueleto poscraneal. Lo interesante en este caso es que, a pesar de su relativamente alta capacidad craneana, el esqueleto de

Homo habilis muestra unas proporciones más parecidas a *Australopithecus* que a *Homo ergaster*. Este resultado encaja con el hecho de que algunos de los caracteres craneales de los mencionados *Homo habilis* (OH-24, ER-1813) encajan mejor en una morfología *Australopithecus* que en una morfología de tipo *Homo* (8, 16, 46, 92).

52. KENYANTHROPUS

El panorama de la evolución humana a tres millones de años vista se complicó considerablemente en 2001, tras la publicación por parte de Meave G. Leakey y sus colaboradores de un grupo de fósiles encontrados en 1999 en las formaciones Lomekwi y Nachukui, en el margen derecho del lago Turkana. El ejemplar más espectacular correspondía a WT-40.000, un cráneo de la formación Lomekwi que, aunque compuesto por múltiples fragmentos y muy deformado en su parte posterior, mostraba una asociación de caracteres inédita para un fósil de esa edad. Una serie de rasgos primitivos (baja capacidad craneana y un pequeño canal auditivo externo, más reducido incluso que en *Australopithecus afarensis)* casaba bien con los 3,5 millones de años que se le suponía, pero el aspecto de su cara sorprendió a los autores del hallazgo, ya que parecía mucho más moderno y próximo al género *Homo* que el de fósiles de edad equivalente o incluso posterior pertenecientes a *Australopithecus* y *Paranthropus.*

La cara de WT-40000 era plana y proyectada anteriormente por debajo del orificio nasal (es decir, prognata), con pómulos altos y aplanados, morfología que recordaba particularmente la de un fósil inicialmente atribuido a *Homo habilis* aunque de ubicación dudosa, el cráneo ER-1470, posteriormente incluido en su propia especie, *Homo rudolfensis*. Dada la particular asociación de caracteres del cráneo de Lomekwi, sus descubridores decidieron crear un nuevo género y especie, *Kenyanthropus platyops*, para el nuevo hallazgo, sugiriendo que el cráneo ER-1470 (aunque más de millón y medio de años más reciente) formaba parte del mismo linaje y debía asimismo ser incluido en el nuevo género como *Kenyanthropus rudolfensis.* Se admitía así que la bifurcación entre la línea *Australopithecus* y otra línea de formas gráciles con una anatomía facial más avanzada se habría producido mucho antes de lo previsto, hace más de tres millones de años, en pleno apogeo de *Australopithecus afarensis*. Ello, además, explicaría la trifurcación, hace dos millones de años, entre *Homo ergaster, Homo* (ahora *Kenyanthropus) rudolfensis* y *Paranthropus boisei.* Finalmente, suponía aceptar que la tendencia al aumento del volumen cerebral no se produjo en una única línea de homínido (la que lleva de *Homo habilis* a *Homo ergaster)*, sino también en la línea *Kenyanthropus platyops-K. rudolfensis:* esta característica típicamente humana habría aparecido dos veces en la evolución de los homínidos de hace dos millones de años.

Ahora bien, aunque la forma aplanada y prognata de la cara WT-40000 y ER-1470 parece sugerir una relación entre ambos fósiles, otros caracteres no favorecen esta idea. Así, la dentición del cráneo de Lomekwi es pequeña, más incluso que la de *A. afarensis*, mientras que los alvéolos dentarios parecen dejar claro que ER-1470 poseía una dentición muy robusta, casi comparable a la de *Paranthropus.* Por otra parte, ambos cráneos, obtenidos tras un laborioso proceso de reconstrucción a partir de cientos de piezas, sufrieron una fuerte deformación previa, lo que inevitablemente arroja dudas sobre la validez de algunos rasgos faciales. En cualquier caso, existiría una posibilidad no contemplada por el equipo de Meave Leakey, la coexistencia de un antepasado del género *Homo* junto a *Australopithecus afarensis*, hipótesis mantenida hace años por el paleontólogo francés Yves Coppens. De hecho, WT-40000 podría estar igualmente en el origen de algunos restos atribuidos a *Homo habilis,* como OH-24, que aparentemente muestran también una cara cóncava y prognata. Esta solución parece más sencilla, pero sólo podrá ser confirmada a partir de nuevos hallazgos en el periodo entre hace dos y tres millones y medio de años (8, 44, 46, 57).

53. KENYAPITHECUS

Género de primates hominoides de talla pequeña a mediana que habitaron en África oriental entre el Mioceno medio (hace unos dieciséis millones de años) y el superior (hace unos ocho millones de años). *Kenyapithecus* fue originalmente descrito por Louis S. B. Leakey en la localidad de Fort Ternan (Kenia), a partir de la especie *Kenyapithecus wickeri.* Leakey también asignó al género *Kenyapithecus* la especie *K. africanus*, del Mioceno inferior de la localidad de Maboko, en Uganda. A diferencia de los hominoides del Mioceno inferior como *Proconsul*, *Kenyapithecus* mostraba ya una dentición con esmalte grueso, adaptada a una dieta exclusiva de gramíneas y vegetación esclerófila, rasgo propio, asimismo, de la mayor parte de hominoideos del Mioceno superior y de los primeros homínidos africanos. Por lo que a la locomoción respecta, *Kenyapithecus* era un cuadrúpedo semiterrestre que debía de pasar largos periodos sobre el suelo

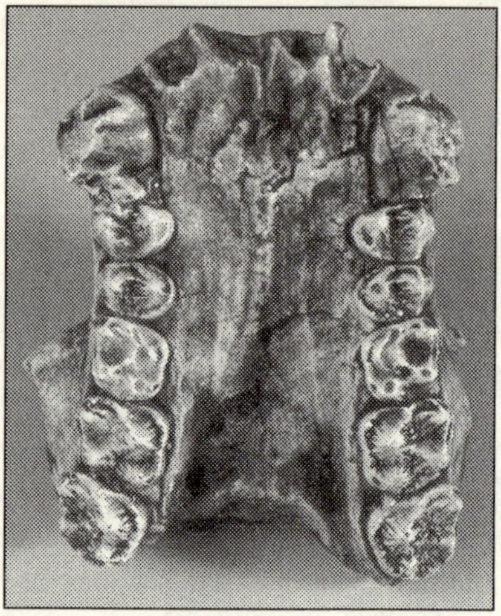

Maxilar superior de *Kenyapithecus.*

(aunque ello no le impidiese trepar a los árboles), lo que supone también una adaptación a las nuevas condiciones de aridez progresiva.

Sin embargo, el descubrimiento por parte de Masato Nakatsukasa y su equipo en Nachola de un esqueleto parcial de *Kenyapithecus* ha permitido matizar el carácter terrestre de esta forma. Para estos paleontólogos, sin excluir la posibilidad de locomoción terrestre, *Kenyapithecus* fue ante todo un cuadrúpedo trepador con buenas aptitudes arborícolas. También sugieren sin embargo que es posible que la forma de Nachola corresponda a una especie diferente a la de Fort Ternan, y que ambas estuvieran por lo tanto adaptadas a biotopos diferentes. Por otra parte, la especie *K. africanus* que Louis Leakey asignó asimismo a *Kenyapithecus*, de edad anterior a *K. wickeri*, ha sido incluida por Steve Ward y sus colaboradores en un género aparte, *Equatorius*. Según estos autores, el aparato locomotor de *Equatorius africanus* presenta unas características mucho más próximas a los proconsúlidos del Mioceno inferior que a los fósiles incluidos en *Kenyapithecus wickeri*, lo que justificaría su inclusión en un género aparte. Respecto a *Kenyapithecus wickeri*, esta misma especie, o alguna forma próxima, colonizó hace entre dieciséis y catorce millones de años el continente europeo, donde, con el nombre de *Griphopithecus,* ha sido descrita en varios yacimientos de Europa oriental, como Klein-Hadersdorf en Austria, Neudorf-Sandberg en Eslovaquia o Çandir y Paçalar en Turquía (2, 25, 45, 68, 83).

54. KOVALEVSKI, ALEXANDER Y VLADIMIR

Es sabido que uno de los principales escollos a los que se enfrentó Darwin al publicar *El origen de las especies* fue la ausencia de pruebas que mostrasen la gradual transformación de unas especies en otras. En este sentido, las aportaciones de los hermanos Vladimir y Alexander Kovalevski, zoólogos rusos bajo la influencia de Ernst Haeckel, constituyeron un eficaz estímulo para el darwinismo en los años posteriores a la publicación de *El origen de las especies*.

En 1873, Vladimir Kovalevski pudo presentar el primer esbozo de la más conocida serie evolutiva de todos los tiempos, la de los caballos, cuyo registro fósil era en aquel momento aún muy incompleto. Los miembros más antiguos del grupo, *Palaeotherium* e *Hyracotherium*, habían sido descritos por Georges Cuvier y Richard Owen, respectivamente, en niveles eocénicos de la cuenca de París. Se trataba de formas muy primitivas, en general de talla reducida, con cuatro dedos en los miembros anteriores y tres en los posteriores y dientes de corona baja. Por su parte, en 1829 el paleontólogo francés Albert Gaudry describió un nuevo género de équido perteneciente al Mioceno superior de Grecia, al que dio el nombre de *Hipparion*. *Hipparion* presentaba tres dedos en cada pata, pero poseía una dentición muy próxima a la del caballo actual, con dientes de corona alta y esmalte fuertemente replegado y obliterado por cemento dentario, aunque su talla era claramente inferior a la del caballo actual. Estudiando materiales para su tesis en el Museo Nacional de Historia Natural de París, Vladimir Kovalevski encontró el eslabón que le permitía enlazar *Hipparion* y *Equus* con los lejanos representantes de la familia de la base del Terciario, como *Hyracotherium.* Se trataba del género *Anchitherium*, descrito por Von Meyer en el Mioceno inferior del Orleanés y que, como *Hipparion*, presentaba tres dedos en cada extremidad. Sin embargo, los dos dedos laterales de cada pata no se encontraban reducidos como en *Hipparion*, sino que eran del mismo tamaño que el dedo central. Lo más interesante fue que *Anchitherium* presentaba una dentición de corona baja, más parecida a la de *Hyracotherium*, y muy diferente a la dentición altamente especializada de *Hipparion* y *Equus*.

Por primera vez desde la publicación en 1859 de *El origen de las especies*, se pudo mostrar cómo los diferentes eslabones de un linaje evolutivo se modificaban a lo largo del tiempo: *Hyracotherium* (Eoceno)-*Anchitherium* (Mioceno inferior)-*Hipparion* (Mioceno superior y Plioceno)-*Equus* (Pleistoceno y actual). A lo largo de esta serie, Vladimir Kovalevski constató la existencia de una serie de tendencias progresivas que afectaban a la anatomía craneal, el aparato locomotor y la dentición. Por un lado, se observaba un incremento neto de la talla a lo largo del tiempo, desde el pequeño *Hyracotherium* de no más de medio metro de altura hasta el caballo actual, un auténtico gigante dentro de su grupo. El cráneo, por su parte, tendía a aumentar el volumen cerebral y a alargar el morro. Respecto a la locomoción, las patas con tres y cuatro dedos plenamente funcionales dejaban su lugar al dedo único del caballo actual, perfectamente adaptado a la carrera sobre terreno duro, a través de formas intermedias como *Hipparion,* en las que los dos dedos laterales de cada pata estaban muy reducidos. Los cambios más espectaculares, no obstante, eran los que afectaban a la dentición: los molares de corona baja y cúspides aisladas de *Hyracotherium* se habían transformado en *Anchitherium* en crestas cortantes adaptadas a una alimentación a base de hojas. Posteriormente, el diseño de estas crestas se hizo extraordinariamente complicado en *Hipparion*, cuyos dientes aumentaron espectacularmente de altura (proceso conocido como hipsodontia), añadiéndose cemento dentario a los huecos situados entre las crestas. Estas tendencias se acentuaron más en el caballo actual, con molares aún más hipsodontos que los de *Hipparion.*

Más interesante incluso que el reconocimiento de la propia serie evolutiva de los caballos, es la interpretación funcional y adaptativa, profundamente darwinista, que Kovalevski ofrece del fenómeno. En efecto, los cambios direccionales observados por este autor en los caballos, que afectan fundamentalmente a la dentición y las extremidades, fueron interpretados como una respuesta a los cambios ambientales sucedidos a lo largo del Terciario. La dentición pasó de unos molares de corona baja, propios de una alimentación compuesta por frutos y vegetales blandos en *Hyracotherium*, a otros de corona asimismo baja, pero dotados de numerosas crestas cortantes, que indican una alimentación básicamente folívora en *Anchitherium.* A partir del Mioceno superior y el Plioceno, la corona se hace muy alta (hipsodontia) y se oblitera de cemento dentario, adaptándose a un régimen mucho más abrasivo basado en gramíneas y otras plantas herbáceas con gránulos de sílice en el tallo. La progresiva substitución de los bosques tropicales de principios del Terciario por grandes praderas al final de la era tendría su correspondencia en la evolución paralela del aparato locomotor del grupo: los dos dedos laterales de *Hyracotherium* y *Anchitherium,* muy útiles sobre el substrato húmedo y fangoso de un bosque tropical, dejaban de ser funcionales en *Hipparion,* adaptado a la locomoción sobre el duro substrato de las grandes praderas, y desaparecerían definitivamente en *Equus*, el herbívoro dominante de las estepas cuaternarias.

El ejemplo de los équidos, por tanto, confirmaba que la evolución estaba dirigida por la selección natural y que ésta seguía fielmente los cambios ambientales. Sin embargo, el estudio de Kovalevski adolecía de un defecto que lo hacía particularmente vulnerable a los ataques de los antievolucionistas. Pese a la progresividad y congruencia del modelo, *Hyracotherium, Anchitherium, Hipparion* y *Equus* aparecían como eslabones aislados de una serie claramente discontinua. De uno a otro, los dedos se reducían abruptamente y la altura de los dientes crecía de golpe. Si el trabajo de Vladimir Kovalevski era correcto, la evolución había procedido progresivamente pero a saltos, algo que Darwin no parecía dispuesto a aceptar aunque sí lo hiciera alguno de sus seguidores, como Huxley. Al otro lado del Atlántico, sin embargo, alguien había encontrado la solución a este enigma. Othniel C. Marsh, más conocido en la historia de la paleontología por sus descubrimientos de dinosaurios y por la trifulca, rayana en guerra abierta que mantuvo con su contemporáneo Edwin D. Cope a causa de tales hallazgos.

En efecto, los *badlands* de Nebraska y otras zonas del Oeste americano proporcionaron a la naciente teoría evolutiva algo más substancial que grandes osamentas de dinosaurios. En 1874, Marsh publicaba en el *American Journal of Science* un artículo en el que mostraba una serie evolutiva de los caballos mucho más completa que la de Kovalevski y que no incluía ninguno de los fósiles europeos estudiados por el autor ruso. La serie se iniciaba con el pequeño *Eohippus* (equivalente del europeo *Hyracotherium*) y continuaba con *Orohippus* en el Eoceno, *Mesohippus* en el Oligoceno, *Miohippus* y *Protohippus* en el Mioceno, *Pliohippus* en el Plioceno y *Equus* en la actualidad. A lo largo de esta serie se reproducían las tendencias evolutivas observadas por Kovalevski: aumento general del tamaño, disminución del número de dedos en las patas (por reducción progresiva de los dedos laterales) y molares cada vez más complicados y de corona alta (hipsodontia creciente). A diferencia de Kovalevski, sin embargo, esta vez la serie era aparentemente continua, sin saltos de gran envergadura entre un ancestro y su descendiente.

Pero las aportaciones de la familia Kovalevski a la naciente teoría evolutiva no acaban con la serie evolutiva de los caballos. Así, Alexander Kovalevski, hermano de Vladimir, fue un destacado zoólogo que mantuvo contacto epistolar con Darwin. Uno de sus objetos de estudio fueron las ascidias, organismos filtradores marinos que viven fijados en las rocas. Pero a Alexander no le interesaron las ascidias adultas sino sus larvas, que son libres y nadan en el agua ayudándose de una especie de cola, sostenida por una varilla o cuerda dorsal, muy parecida al notocordio de los cordados más primitivos, y la cual constituye el precedente inmediato de la columna vertebral de los vertebrados. Darwin extrajo la conclusión correcta de los trabajos de Alexander Kovalevski: originalmente, tanto ascidias como vertebrados pasaron por un estadio de «larva de ascidia», del que posteriormente divergieron, los unos hacia la vida sésil sobre las rocas, y los otros desarrollando una pléyade de formas, los cordados, que mantuvieron la condición nadadora de su ancestro. De este modo, Alexander Kovalevski aportaba un nuevo eslabón perdido al esquema general de la evolución, esta vez desde el campo de la anatomía comparada y la embriología (19, 20, 69, 87).

55. LAMARCK, JEAN-BAPTISTE DE

A Jean-Baptiste Monet, caballero de Lamarck (1744-1829), corresponde el mérito de haber enunciado por primera vez en la historia una teoría de la evolución biológica. Expuesta en su obra *Filosofía zoológica* (1809), la teoría lamarckiana postula que la evolución es consecuencia de la adaptación de los seres vivos a su medio natural. Según Lamarck, es la voluntad del ser vivo la responsable del cambio evolutivo, ya que el individuo se adapta a los cambios ambientales que se producen durante su vida. Siguiendo la famosa metáfora de las jirafas, a fuerza de estirar el cuello para llegar a las ramas más altas, los antepasados de la jirafa actual tendieron a desarrollar cuellos cada vez más largos. En conclusión, el uso o desuso de un órgano sería el responsable de que éste se desarrollara o atrofiara. La teoría de la evolución de Lamarck incidió asimismo en la herencia de los caracteres adquiridos durante la vida de los individuos. La esforzada jirafa, que a lo largo de su existencia llegaría a desarrollar un largo cuello, transmitiría posteriormente este carácter a su descendencia, de modo que la evolución se produciría por adición, generación tras generación, de aquellos caracteres fijados por los individuos durante su vida adulta.

La teoría de la evolución de Lamarck, basada en la voluntad del individuo (el hábito) como fuente de innovación evolutiva y en la herencia de los caracteres adquiridos, se distanciaba claramente de las formulaciones más o menos claras de Buffon o del propio Cuvier, quienes admitían la posibilidad de que en la naturaleza se produjeran variaciones de cada especie mediante la modificación de algunos rasgos superficiales. Estas variaciones, sin embargo, eran siempre interpretadas en términos de *degradación* a partir de unas especies originales que permanecían inmutables. Por el contrario, Lamarck postulaba que los diversos organismos que pueblan el globo se han originado por transformación gradual de unas especies en otras. De hecho, como Darwin, Lamarck niega la existencia misma de las especies: las especies deben ser consideradas como meras construcciones mentales que nos ayudan en nuestro análisis de los seres vivos, pero no poseen existencia real o estable. Sólo existirían conjuntos de organismos que se irían transformando gradualmente en respuesta a modificaciones locales del ambiente.

Lamarck fue de los primeros que trajeron a colación la influencia del medio natural en la modificación de los seres vivos (y no únicamente como consecuencia de la domesticación artificial). Para referirse al medio ambiente, Lamarck empleaba la denominación «circunstancias influyentes», ya que el término «medio» *(milieu)* estaba entonces restringido a la física, en la que se utilizaba para referirse a las condiciones de presión, temperatura, etcétera, de un entorno determinado. Posteriormente, como tantos otros, el término fue rescatado de la física y trasplantado a la biología. En este sentido, es posible que Lamarck se viese influido por la obra del médico francés Pierre Cabanis *Relaciones de lo físico y lo moral*, en la que también se plantea una estrecha relación entre las modificaciones del medio físico y el ser vivo, y que él mismo cita con frecuencia en su *Filosofía zoológica*. De hecho, Lamarck manifestó a lo largo de su vida un prolongado interés por el estudio del medio físico, que se tradujo en diversos informes meteorológicos, conocidos como *Annuaires météorologiques* (es decir, *Anuarios meteorológicos)*, y una obra geológica titulada *Hydrogéologie (Hidrogeología)*. Hay que decir que estas obras, sobre todo los anuarios, fueron crudamente contestados por la ciencia académica de su tiempo, dadas las frecuentes inexactitudes que mostraban.

Lamarck sigue a Hutton en su concepción de «tiempo ilimitado», que el geólogo británico desarrollara en su *Theory of the Earth:* una inmensidad indefinida sin límites ni divisiones. En este contexto, la naturaleza es un continuo que sigue exactamente las variaciones del clima y del ambiente; ya se trate de sequías prolongadas o de súbitos descensos de la temperatura, la voluntad del ser vivo forzará su adaptación a las condiciones cambiantes del globo. La generación de nuevas formas se produce continuamente y es la misma competencia entre ellas la que permite mantener el orden global de la naturaleza. En un universo cambiante en el que cada ser vivo amolda su constitución a las circunstancias, no tiene sentido entonces hablar de extinción. Además, a quienes, como Cuvier, pretendían demostrar la existencia de especies extinguidas o fósiles, Lamarck contrapuso el limitado conocimiento que en su época se tenía de la realidad zoológica: «es sabido que los seres vivos que habitan las profundidades de los mares serán difícilmente conocidos por nosotros; pero negar su existencia por este motivo no nos parece razonable». La vida sería un *continuum* gradual que desde el protoplasma al hombre se extendería sin discontinuidades sobre el tejido de condiciones particulares de cada ambiente. En esta concepción, Lamarck da cabida incluso a la generación espontánea, la producción constante de nuevos seres vivos elementales a partir de elementos inorgánicos, como mecanismo de permanente alimentación de la biosfera: «La naturaleza forma necesariamente generaciones espontáneas o directas, en los extremos de cada reino de los seres vivos donde se encuentran los cuerpos organizados más simples».

Lamarck constató asimismo que a lo largo de la escala de la naturaleza se daba una progresión en la organización de los seres vivos (y a la inversa, una degradación si se observa retrospectivamente). Tal progresión, sin embargo, se vería alterada por las adaptaciones particulares de los seres vivos a las condiciones particulares del ambiente: «la progresión en la composición de la organización sufre, aquí y allá, en la serie general de los animales, de anomalías operadas por la influencia de las circunstancias de habitación, así como por aquellas de los hábitos adquiridos». Esta visión progresionista de la historia de la vida que con Lamarck como primer evolucionista adquiere una nueva significación, estaba en las antípodas del pensamiento de su gran oponente ideológico en el Museo Nacional de Ciencias Naturales de París, Georges Cuvier.

Según Lamarck, consecuente con su concepción evolutiva, la vida se extendería a lo largo de dos polos opuestos. Por un lado, los seres vivos más simples, como los infusorios o los pólipos; por otro, los vertebrados más complejos, en cuyo extremo se encontrarían los mamíferos y el ser humano. Completando tal esquema, Lamarck postula seis grados sucesivos a lo largo de la evolución, en función de la complejidad del sistema nervioso y del aparato circulatorio. Esta visión bipolar del reino animal persistió durante buena parte del siglo XX en numerosos manuales de zoología, en los que el Reino Animal aparece dividido en vertebrados e «invertebrados». Cuvier, por el contrario, no detectaba progresión en la organización proclamada por Lamarck. Para Cuvier existirían cuatro planes organizativos básicos, sin formas de transición entre ellos: radiados (pólipos, equinodermos y otros organismos con simetría radiada), moluscos, articulados (artrópodos y similares) y vertebrados. Este esquema es, en el fondo, heredero de los *Baupläne* de la *Naturphilosophie* alemana y refleja una concepción estructuralista de la naturaleza: la realidad biológica se basaría en unos diseños prefijados, discretos, que no pueden ser objeto de modificación más que en sus componentes más superficiales. Frente a Cuvier, Lamarck mantiene una concepción funcionalista del ser vivo. Según Lamarck, el ser vivo adapta sus estructuras en función de las condiciones del medio ambiente, y esta capacidad adaptativa es la responsable de la progresiva complejidad de los planes corporales; Cuvier considera que la estructura precede a la función, mientras que para Lamarck es la función la que origina la estructura.

En realidad, la divergencia entre Cuvier y Lamarck arranca de sus propios objetos de estudio. Como zoólogo titular de la cátedra de «animales inferiores» en el Museo Nacional de Historia Natural de París, Lamarck se ocupó preferentemente de los llamados «animales sin vértebras» (a los que dedicó un tratado), los cuales mostraban en general una estructura relativamente simple. Por el contrario, Cuvier dedicó toda su vida al estudio de los vertebrados fósiles, organismos compuestos por numerosas piezas esqueléticas que encajaban entre sí formando un todo integrado y en los que se hacía difícil entrever la substitución de una de estas piezas por otra sin desbaratar el conjunto.

Hacia el final de su vida, las aportaciones de Lamarck fueron sucesivamente desacreditadas, incluida su *Filosofía zoológica.* Tachada de obra especulativa y fantasiosa por Cuvier, la primera teoría evolucionista de la historia durmió el sueño de los muertos durante décadas hasta su resurrección gracias a Darwin y *El origen de las especies.* Paradójicamente, la teoría evolutiva que clásicamente se ha contrapuesto al darwinismo renació gracias a Darwin. El autor de *El origen de las especies* tuvo que recurrir a Lamarck para explicar el origen de la variabilidad y heredó de él su visión de la evolución como un proceso de cambio gradual y progresivo. Otro darwinista de la primera época, Ernst Haeckel, llevó todavía más lejos su entusiasmo por Lamarck, probablemente influido, como alemán, por el ascendente que Lamarck ejerciera sobre diversos autores de la *Naturphilosophie,* entre ellos el propio Goethe. No obstante, a principios del siglo XX, Wiesmann demostraría que la herencia de los caracteres adquiridos era una falacia. Con la eclosión del neodarwinismo, la connivencia entre Darwin y Lamarck llegó a su fin, y el lamarckismo pervivió en determinados círculos paleontológicos europeos, especialmente en Francia, donde autores como Wintrebert llegaron a refundar, sin mucho éxito, una especie de neolamarckismo (11, 18, 32, 42).

56. LEAKEY, LOUIS

El fundador de la saga más influyente y famosa de la paleoantropología mundial se inició muy joven en el estudio de las primeras etapas de la humanidad. Hijo de un misionero establecido en el poblado de Kabete, en Kenia, a los doce años fue obsequiado con un libro sobre el hombre primitivo que exacerbó su imaginación y le impulsó a buscar industrias líticas cerca de su propio poblado. Posteriormente, el joven Leakey consiguió graduarse brillantemente como antropólogo en Cambridge y se

Louis Leakey.

alistó en las excavaciones que antes de la Primera Guerra Mundial llevaba a cabo el británico W. E. Cutler en Tendanguru (Tanzania), yacimiento rico en dinosaurios inicialmente excavado por paleontólogos alemanes. Los resultados de las prospecciones no fueron muy notables y, aunque Leakey no volvería a manifestar el más mínimo interés por los dinosaurios, esta temprana incursión en Tanzania dejó una profunda huella en el joven antropólogo. Leakey quedó impresionado por un enclave en particular, la garganta de Olduvai, en la que un arqueólogo alemán, Hans Reck, había anunciado en 1913 la asociación de una fauna muy antigua (del Plioceno) con un esqueleto humano de características modernas. Este hallazgo había sido recibido con notable escepticismo, sobre todo por parte de los paleontólogos británicos, para quienes Reck habría mezclado los restos de una fauna de más de dos millones de años con un esqueleto de edad mucho más reciente, probablemente objeto de un enterramiento en sedimentos más antiguos (como de hecho se demostró posteriormente).

Aunque en principio Leakey se situaba en el bando de los escépticos, en 1926 organizó su propia expedición a Olduvai (bajo soberanía británica tras la derrota de Alemania) invitando al propio Hans Reck. Aunque no aparecieron nuevos restos humanos, la campaña se reveló extraordinariamente fructífera, ya que se detectaron industrias de obsidiana hasta en cuatro niveles diferentes, llamados Nivel I, II, III y IV. Las industrias del

Nivel I estaban constituidas por guijarros (choppers) burdamente golpeados, lo que los convertía en los útiles líticos más primitivos hasta entonces conocidos. Este tipo de industria fue luego bautizada con el nombre de Olduvayense (hoy en día conocida como Modo I). Posteriormente, en el Nivel II aparecieron industrias arcaicas más evolucionadas que recordaban las llamadas industrias achelenses descritas en Francia y otros puntos de Europa. Progresivamente, a través de los niveles III y IV se llegaba finalmente a industrias más modernas.

El éxito de la expedición sirvió también para que Louis Leakey abrazase sin reparos la causa de Reck: la secuencia de industrias de Olduvai demostraba que nuestra especie, *Homo sapiens*, era muy antigua, y sus orígenes debían rastrearse en el Plioceno, a finales del Terciario. Aunque hoy nos resulte extraña, esta actitud de Louis Leakey arraiga profundamente en sus años de formación en Cambridge. Allí tuvo como mentor a sir Arthur Keith, acérrimo defensor del hombre de Piltdown (después reconocido como un fraude). En aquel momento, la paleontología británica apostaba por un eslabón perdido de rasgos faciales simiescos y gran capacidad craneana, así como por un origen muy temprano del *Homo sapiens*. Desde esta perspectiva, el llamado *Pithecanthropus erectus* de Java, descubierto por Eugène Dubois a finales del siglo XIX, no se encontraría en la línea que llevaría al hombre, sino que constituiría una rama lateral. Cuando las primeras excavaciones en Zhou-Kou-Dien mostraron al *Sinanthropus pekinensis* junto a una abundante industria lítica, el propio Leakey se arriesgó a profetizar que este último no había sido el autor de la industria, y que tarde o temprano aparecerían restos de hombre moderno en los niveles del Pleistoceno medio de la citada cueva.

Durante décadas, Louis Leakey se afanó, campaña tras campaña, a encontrar restos humanos en Olduvai que probasen la antigüedad de *Homo sapiens* en África, siempre acompañado por su diligente esposa Mary Leakey y sus sufridos hijos (que llegarían a odiar la paleontología). Sin embargo, el éxito tardó en sonreír a los Leakey. Tras años de penurias, finalmente en una mañana de julio de 1959, Mary Leakey descubrió en el nivel FLK (llamado así en honor de la primera mujer de Leakey, Frida) un espléndido cráneo de lo que parecía ser un homínido muy primitivo. El hallazgo cambió la vida de los Leakey, quienes a partir de entonces disfrutaron de subvenciones regulares para sus campañas de excavación. Ahora bien, el cráneo OH-5, para el que Louis Leakey creó un nuevo género y una nueva especie, *Zinjanthropus boisei*, difícilmente encajaba en lo que él habría esperado como autor de las abundantes industrias del Nivel I de Olduvai. Su capacidad craneana era muy pequeña, de unos 530 cc, y su aspecto era tremendamente robusto, con enormes muelas de esmalte muy grueso y una larga cresta sagital como la que actualmente poseen los gorilas machos. Difícilmente se podría haber encontrado algo más alejado del género *Homo.* En realidad, el *Zinjanthropus* de Olduvai parecía una versión si cabe más robusta de los llamados australopitecos robustos o parántropos de Sudáfrica, descritos en la década de los treinta por Robert Broom. Si OH-5 no había sido el responsable de las copiosas industrias del Nivel I de Olduvai, ¿quién era su autor?

La respuesta llegó en forma de una calota craneana, una mandíbula y varios huesos de la mano que mostraban la presencia en el Nivel I de Olduvai de un homínido de capacidad craneana superior a la de los australopitecinos (unos 600 cc) y una dentición más reducida que la de aquéllos (y, sobre todo, que la del robusto *Zinjanthropus*). Partiendo de este material, Louis Leakey, junto a Philip Tobias y John Napier, dieron nombre a la especie *Homo habilis*. La adscripción de esta especie al género *Homo* indicaba claramente que para sus descubridores el *habilis* no era un australopitecino, y que el carácter que permitía distinguir a los verdaderos representantes de nuestro género del resto de primates era su superior capacidad craneana (aunque 600 cc no constituían una gran diferencia respecto a *Australopithecus* y *Paranthropus).* La denominación específica *habilis* mostraba a las claras que Leakey, Tobias y Napier consideraban a este homínido autor de las industrias del Nivel I de Olduvai, frente al incapaz y vegetariano *Zinjanthropus.* La habilidad para fabricar instrumentos, consecuencia de una superior capacidad cerebral, era pues el signo distintivo que caracterizaba a nuestra estirpe.

Louis Leakey llevó todavía más lejos su interpretación personal de esta especie, y llegó a afirmar que *Homo habilis* constituía el ancestro directo de *Homo sapiens*, reafirmándose en que los llamados pitecantrópidos (hoy englobados en *Homo erectus*) no se encontraban en la línea directa del hombre moderno sino que debían ser considerados como ramas laterales. Un mes antes de su muerte, acaecida en 1972, Louis Leakey recibiría de manos de su propio hijo Richard lo que parecía la confirmación de su teoría (8, 46, 57, 72).

57. LEAKEY, RICHARD

Nacido en 1944, Richard Leakey constituye el tercer miembro de la saga de los Leakey, después de Louis y Mary. De joven no mostró el menor interés por la paleontología (más bien al contrario); sin embargo, a partir de 1968, todavía en vida de su padre, decidió establecer su propio territorio

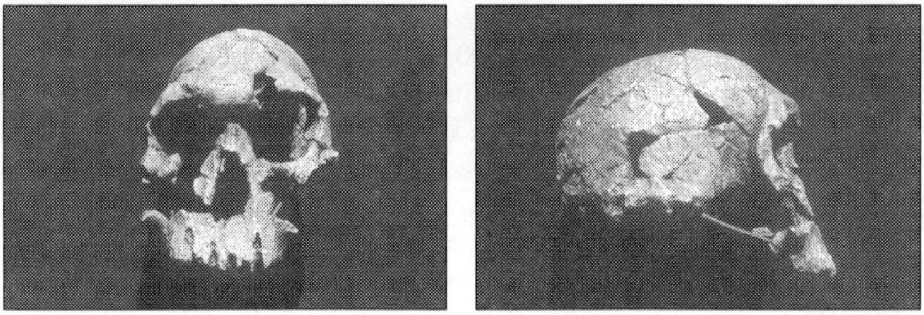

Cráneo KNM-ER-1470 *(Homo rudolfensis)*, descubierto y descrito por Richard Leakey.

de exploración al este del lago Turkana, en Kenia, lejos de la garganta de Olduvai. Tomando como base el Museo Nacional de Kenia, Richard protagonizó a principios de los setenta el primero de una serie de hallazgos destinados a revolucionar la concepción de la evolución humana que trasladarían el centro de interés de la paleoantropología del Sur al Este africano. En 1972, tras la muerte de su padre (al que pudo comunicar el hallazgo poco antes de su fallecimiento), Richard anunciaba pomposamente al mundo el extraordinario hallazgo en Koobi Fora del cráneo ER-1470, un homínido de más de dos millones de años de edad con una anatomía craneana sorprendentemente moderna para esa época y una capacidad cerebral de unos 800 cc. Era exactamente lo que Louis Leakey habría predicho como eslabón africano entre *Homo habilis* y *Homo sapiens*. Posteriormente, Richard Leakey daría marcha atrás en la edad del fósil, actualmente fechado en 1,8 millones de años. Pero aun así, la atribución específica e incluso genérica de este fósil ha seguido dando que hablar. Encuadrado originalmente como un individuo de talla grande de *Homo habilis*, se lo reubicó en los años ochenta y noventa en su propia especie, *Homo rudolfensis*, para ser finalmente incluido en el año 2001 por Meave Leakey en el nuevo género *Kenyanthropus*.

La segunda contribución relevante de Richard Leakey a su disciplina consiste en el hallazgo, en 1984, de un individuo juvenil muy completo de *Homo ergaster* en la localidad de Nariokotome. La edad de este ejemplar, conocido como *Chico del Turkana*, ronda los 1.600.000 años, coetáneo, por tanto, de los primeros *Homo ergaster* que se encuentran en África. Lo curioso en este caso es que KNM-WT-15000 (número de sigla del joven *ergaster*) presenta un esqueleto poscraneal ya plenamente moderno y perfectamente comparable al de las poblaciones de menos de 500.000 años de *Homo erectus*. El *Chico del Turkana*, por tanto, era un atleta acostumbrado a desplazarse rápidamente por la sabana africana, y su anatomía de cráneo para abajo era muy diferente a la de los australopitecinos e incluso a la de ejemplares reputados como *Homo habilis.* Su capacidad craneana, sin embargo, no sobrepasaba los 800 cc.

Además de estos dos extraordinarios hallazgos, la contribución de Leakey a la paleoantropología se extiende prácticamente a casi todo el espectro evolutivo de los homínidos africanos, como en el caso del cráneo ER-1813, asignado (con dudas) a *Homo habilis* y que es una de las piezas claves para entender la transición entre *Australopithecus* y *Homo.* O como el famoso «cráneo negro», asignado a *Paranthropus aethiopicus,* y primer eslabón reconocible de la línea de australopitecinos robustos. Asimismo, Richard Leakey ha contribuido a la difusión de su disciplina a través de series televisivas y de obras de gran éxito como *Los orígenes del hombre,* en colaboración con Roger Lewin (1977), o *La formación de la humanidad* (1981). Con posterioridad, Leakey ha dedicado sus esfuerzos a la conservación de la fauna de grandes mamíferos de Kenia, ocupando altos cargos en la administración de su país y enfrentándose abiertamente al comercio ilegal de marfil. Esta faceta conservacionista de Richard Leakey ha quedado reflejada también en obras de divulgación como *La sexta extinción* (1995), de nuevo en colaboración con Roger Lewin (8, 46, 56, 72).

58. LYSENKO, TROFIM

En agosto de 1948, el biólogo y académico Trofim Lysenko, en aquel momento presidente de la Academia de Ciencias Agrícolas de la Unión Soviética, presentó un informe sobre la situación de las ciencias biológicas, en el que distinguía en el seno de la biología de su tiempo dos tendencias de signo opuesto. Por un lado, se encontraba el modelo evolutivo neodarwinista, fruto del largo y lento acoplamiento del darwinismo primitivo a los hallazgos sobre la herencia enunciados por Mendel y Morgan. En consecuencia, Lysenko establecía que los caracteres hereditarios se encontraban en unas unidades discretas, los genes, que se transmitían inmodificados de padres a hijos mediante unos orgánulos del núcleo celular, los cromosomas. De esta manera, se establecía una neta división entre la parte hereditaria (el genoma) y la no hereditaria del organismo (el soma). Las modificaciones operadas por el ambiente sobre las partes somáticas del ser vivo no afectaban al genoma, en contra de lo que proponían las desacreditadas tesis lamarckistas, según las cuales los cambios producidos por el ambiente a lo largo de la vida del individuo eran heredados por la descendencia.

La tendencia neodarwinista, que Lysenko apodaba «mendelista-morganista», fue tildada en su informe de «idealista» y «reaccionaria», por cuanto establecía una especie de sustancia hereditaria prácticamente inmortal, los genes. A esta tendencia, Lysenko opuso la doctrina michurinista, versión ligeramente actualizada del lamarckismo preconizada por el biólogo ruso Michurin. Esta doctrina era considerada, por el contrario, de claro contenido materialista y revolucionario, pues al admitir la herencia de las propiedades inducidas por el ambiente sobre los individuos, proporcionaba un instrumento eficaz para la transformación directa de la agricultura y la ganadería soviéticas.

En la época en que Lysenko presentaba su informe a la Academia de Ciencias, el «mendelismo-morganismo» era ya una teoría ampliamente aceptada en la Unión Soviética, con destacados partidarios como Poliakov, Zavadovski y Dubinin, quienes difícilmente habrían reconocido el carácter «idealista» o «reaccionario» de la teoría cromosómica de la herencia. Sus protestas, desgraciadamente, sirvieron de muy poco. El informe Lysenko, que significativamente terminaba con un recuerdo para los «grandes maestros Lenin y Stalin», fue aprobado e impuesto por la Academia. Como consecuencia, el neodarwinismo fue barrido por decreto en la Unión Soviética. Sus partidarios debieron abjurar o fueron apartados de sus centros de investigación. Las líneas de investigación contrarias al michurinismo fueron cortadas de raíz. Años después, desaparecido Stalin y comprobado el clamoroso fracaso del michurinismo, los propios académicos de la Unión Soviética reconocieron con vergüenza que la ciencia soviética había sufrido su propio «caso Galileo» (en este caso, colectivo) (19, 55, 65, 82).

59. MACROEVOLUCIÓN

En su obra *Tempo and Mode in Evolution* (1942), el paleontólogo Georges Gaylord Simpson distinguió tres niveles de aproximación al estudio de la evolución: la *microevolución,* la *macroevolución* y la *megaevolución.* La microevolución corresponde al conjunto de procesos evolutivos que tienen lugar entre poblaciones de una misma especie, la macroevolución a los procesos implicados en la aparición de nuevas especies e incluso nuevos géneros, y la megaevolución, finalmente, da cabida a los procesos ligados al origen de grandes grupos, como familias, órdenes o clases.

Paralelamente, Simpson definió tres modalidades de cambio evolutivo que permitían explicar los procesos observados en microevolución,

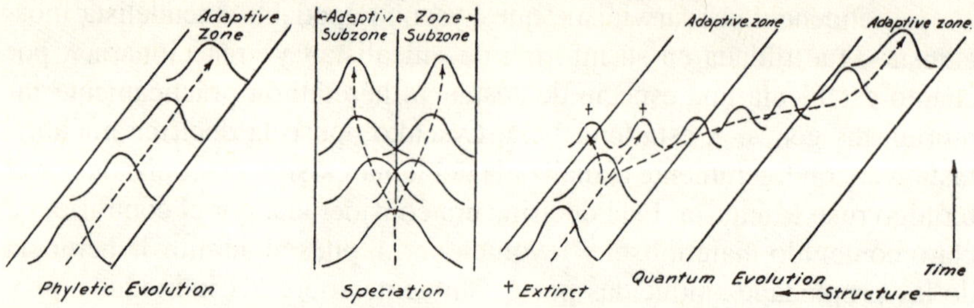

Los tres patrones evolutivos, según Simpson (1944): evolución filética, especiación y evolución cuántica.

macroevolución y megaevolución. En primer lugar, la evolución filética o *anagénesis*, es decir, la gradual transformación de una especie en otra a través de un largo rosario de formas intermedias. Esta modalidad corresponde al cambio gradual propuesto por los primeros darwinistas. Simpson y los teóricos neodarwinistas posteriores consideraron que estos procesos entraban de lleno dentro del campo de la microevolución y podían ser explicados fácilmente por un tipo particular de selección natural, la *selección direccional.* Esta selección consistía en el desplazamiento gradual de las poblaciones biológicas hacia fenotipos mejor adaptados a las condiciones cambiantes del medio, proceso que se extendería durante millones de años.

La segunda modalidad de evolución correspondía a los procesos de *especiación*, es decir, a aquellos que conducían a la partición de una especie original en dos especies hermanas, fenómeno encuadrado en la macroevolución. En este caso, la selección natural aportaba de nuevo una explicación satisfactoria: a lo largo del tiempo, dos porciones de una población originariamente homogénea podían divergir gradualmente, como consecuencia de su adaptación a dos nichos ecológicos diferentes (Simpson hablaba de «picos adaptativos»). La macroevolución, pues, podía ser referida a la microevolución sin que fuese necesario concebir una dinámica evolutiva diferente para el origen y la evolución de las especies. Simpson tropezó no obstante con el mismo escollo que tanto había preocupado a Darwin: las series continuas en las que podía seguirse la gradual transformación de unas especies en otras eran más bien raras (si no excepcionales). Las más de las veces, los linajes evolutivos aparecían *cortados* («puntuados») por discontinuidades abruptas, tanto respecto a su forma como a sus dimensiones. En otros casos, las especies aparecían abruptamente en el registro fósil, sin que fuera posible identificar un antecesor inmediato. Ante este problema, Simpson recurrió al mismo argumento que utilizara Darwin para justificar la ausencia de «eslabones perdidos» en el registro fósil: los hiatos entre especies no eran en realidad hiatos biológicos, es decir, saltos en la evolución, sino que correspondían a hiatos estratigráficos, lagunas en el registro fósil explicables por la falta de yacimientos o por condiciones de fosilización inadecuadas.

El propio Simpson, sin embargo, tuvo que admitir en 1944 que su esquema de lenta y gradual aparición de las especies fallaba en ocasiones. En su estudio de las faunas terrestres de la base del Terciario, constató que la mayor parte de órdenes de mamíferos actuales habían aparecido abruptamente en un lapso de tiempo muy corto desde el punto de vista geológico. Las formas de mamíferos típicas de la base del Terciario, escasos supervivientes de la gran crisis de finales del Mesozoico, en absoluto prefiguraban el extraordinario cortejo de adaptaciones que hoy encontramos en este grupo de vertebrados, desde el ala de un murciélago hasta la aleta de un cetáceo. Pero tanto murciélagos como cetáceos poseían unas características básicas perfectamente constituidas desde el Eoceno inferior. Admitiendo su teoría de cambio gradual, hubieran sido necesarios muchos millones de años para formar el ala de un murciélago (de hecho, el origen de los quirópteros hubiera debido de retrotraerse a finales del Mesozoico, en pleno dominio de los dinosaurios).

Así pues, los mecanismos microevolutivos (selección natural aplicada sobre frecuencias de genes) no proporcionaban por sí solos explicación suficiente para dar cuenta de los fenómenos englobados dentro de la megaevolución, es decir, del origen de grandes grupos de organismos, como las familias o los órdenes. Por ello, Simpson planteó en su obra una tercera modalidad de evolución, la *evolución cuántica*, responsable de la aparición abrupta de nuevos tipos biológicos, es decir, de innovaciones evolutivas que, nacidas por azar en un determinado grupo, permitían a éste dar un salto cualitativo en la evolución y ocupar un espacio o zona adaptativa (hoy diríamos nicho ecológico) hasta entonces desocupado. La aparición de tales innovaciones adaptativas permitirían un proceso de cambio muy rápido, que aparecería como un salto en el registro geológico. Es lo que sucede, por ejemplo, en el origen del vuelo de las aves. En el caso de los mamíferos de la base del Terciario, la evolución cuántica que se observa en este grupo respondería a la previa desocupación de zonas adaptativas causada por la extinción de los dinosaurios. Curiosamente, Simpson separó en su obra el problema de las modalidades de la evolución del tema de la velocidad de la evolución, aunque está claro que ambos están estrechamente relacionados, como en el caso de la evolución cuántica, que tiene lugar en un lapso temporal muy breve.

Sin embargo, en la revisión de su obra que Simpson publicó en 1954 con el título de *The Major Features of Evolution*, el tema de la macro y la megaevolución quedó relegado a un segundo término en beneficio de una posición definitivamente reduccionista. De este modo, el término macroevolución y su problemática asociada desaparecieron de la biología evolutiva durante cerca de dos décadas. A mediados de la década de los setenta, tras publicarse el ensayo sobre equilibrios puntuados de N. Eldredge y S. J. Gould, el término fue rehabilitado por Steven M. Stanley en su obra *Macroevolution: Pattern and Process* (1979) para designar aquellos procesos paleobiológicos que, como la especiación o la selección de especies, no eran reducibles a los efectos de la selección natural sobre las frecuencias génicas. Para Gould, Eldredge, Stanley o Vrba, la macroevolución constituye un nivel jerárquicamente superior del proceso evolutivo, independiente de los procesos microevolutivos (27, 28, 40, 78, 81).

60. MAYR, ERNST

Junto con T. Dobzhansky, J. Huxley, G. G. Simpson y L. Stebbins, Ernst Mayr se cuenta entre los «cinco grandes» que durante los años cuarenta del siglo XX sentaron las bases de la moderna teoría sintética de la evolución. La obra clave de Mayr, *Systematics and the Origin of Species*, publicada en 1942, sigue en orden cronológico a la de T. Dobzhansky, *Genética y el origen de las especies* (1937), y a juzgar por la similitud en el título parece presentarse como un complemento o continuación de esta última. Sin embargo, Mayr no procedía del campo de la genética de poblaciones, sino de la zoología y, más concretamente, de la ornitología. De origen alemán, Mayr entró a trabajar como ornitólogo en 1931 en el American Museum of Natural Sciences de Nueva York, desde donde estableció contactos con T. Dobzhansky y otros biólogos evolutivos de la época. Durante diversas campañas de observación y recolección en los mares del Sur, Mayr se interesó por los factores que controlaban la distinta distribución de las especies de aves en las islas de la región. Sus reflexiones se plasmaron en una obra clave, *Systematics and the Origin of Species*, con la que el autor pretendía responder a la cuestión fundamental que Darwin había dejado sin responder en *El origen de las especies*, precisamente el origen de las especies. Dobzhansky ya se había referido a esta cuestión en *Genética y el origen de las especies,* pero, siguiendo a Darwin, esta obra ponía énfasis en demostrar la continuidad genética en las sucesivas especies más que en explicar la existencia de las mismas. Por el contrario,

Mayr no se interroga sobre la continuidad genética sino sobre el origen de la discontinuidad genética, es decir, la especiación. Ante el descrédito en que había caído el concepto de especie tipológica, Mayr muestra que la especie es una realidad biológica cuya existencia no entra en contradicción con los principios expuestos por la genética de poblaciones.

En la primera parte de su obra, Mayr muestra la realidad poblacional de la especie, sujeta a una variabilidad que sigue las reglas establecidas por Dobzhansky, Wright, Fisher y otros, de modo que las especies aparecen subdivididas en un continuo que incluye subespecies, razas y poblaciones. La especiación es un proceso continuo y gradual que puede ser seguido en la naturaleza a través de todos sus pasos, pero ¿cómo se llega finalmente a la diferenciación de una nueva especie? En 1942, Mayr propone un único mecanismo plausible para explicar la especiación: el aislamiento geográfico. En este sentido, se desmarca de las opiniones de Dobzhansky, quien en 1937 concebía la especiación como un proceso adaptativo, que la selección natural favorecía cuando dos poblaciones ocupaban nichos ecológicos ligeramente diferentes. Para Mayr, por el contrario, la selección natural actúa como un mecanismo uniformizador que no puede explicar el origen de las discontinuidades genéticas, las cuales sólo pueden ser explicadas por factores aleatorios externos, como la aparición de barreras geográficas que provocan el aislamiento de dos sub poblaciones. Para referirse a este mecanismo, Mayr propuso el término «especiación alopátrica», oponiéndolo al mecanismo de «especiación simpátrica» propuesto por Dobzhansky, en el que dos poblaciones que ocupan la misma zona divergen progresivamente hasta convertirse en especies distintas. Aunque Mayr presenta el modelo simpátrico como otro mecanismo posible de especiación, a lo largo de toda su vida no ha dejado de mostrar su escepticismo ante este segundo modelo.

Con posteridad, Mayr ha ido perfilando y poniendo al día las ideas expresadas en su obra, especialmente con libros como *Animal Species and Evolution* (1963). En 1954 añadió una variante de especiación geográfica, la especiación peripátrica, según la cual las meras especies podían originarse a partir de pequeñas poblaciones aisladas marginalmente del área de distribución principal de la especie originaria. Eventualmente, estas nuevas especies podían surgir muy rápidamente, ya que en poblaciones pequeñas la deriva genética, es decir, el azar, puede desempeñar un papel mucho más importante. Además, estas pequeñas poblaciones son mucho más susceptibles a las «revoluciones cromosómicas», que en poblaciones de gran tamaño difícilmente prosperarán. Stephen J. Gould y Niles Eldredge tomaron como referencia el modelo de especiación peripátrica de Mayr para explicar su patrón evolutivo de «equilibrios puntuados», por el cual las especies aparecen abruptamente en el registro fósil y después permanecen estables a lo largo de toda su existencia.

Ernst Mayr no sólo ha sido uno de los padres de la teoría sintética de la evolución y uno de los más brillantes biólogos evolutivos, sino también un agudo y activo ensayista, cuyas reflexiones han abarcado los más variados ámbitos de la evolución a través de obras como *Evolution and the Diversity of Life* (1976), *The Growth of Biological Thought* (1982), *Toward a New Philosophy of Biology* (1988), *One Long Argument: Charles Darwin and the Origin of Modern Evolutionary Thought* (traducida al español con el título *Una larga controversia: Darwin y el darwinismo,* 1991) o *This is Biology (Así es la biología,* 1995) (24, 29, 30, 82).

61. MENDEL, GREGOR

«Érase una vez un oscuro monje que pasaba su tiempo cultivando el huerto de su modesto monasterio en una pequeña población austriaca y que, sin proponérselo, descubrió las leyes de la herencia. En estas condiciones, su trabajo permaneció desconocido e ignorado durante tres décadas, hasta su redescubrimiento a principios del siglo XX.» Ésta es, más o menos, la versión popularizada de la leyenda de Gregor Mendel, el aclamado padre de la genética. Como veremos, sin embargo, esta leyenda interesada tiene muy poco que ver con la realidad.

En primer lugar, debe aclararse que atendiendo a la situación geopolítica de la Europa de la segunda mitad del siglo XIX, Mendel no era austriaco en sentido estricto sino un súbdito del Imperio austro-húngaro. Brno (en alemán Brünn) no constituía una «pequeña población austriaca» sino la capital de Moravia. Tenía cerca de 70.000 habitantes y una activa vida comercial y cultural que se tradujo en numerosas sociedades culturales y científicas, varias orquestas, coros, centros de enseñanza y una universidad técnica. El santuario agustino de Santo Tomás, donde ingresó Mendel, no era un oscuro monasterio sino una institución pujante e influyente en Brno y en Viena, y gozaba de un reconocido prestigio gracias a su abad, Cyrill Napp, más interesado en cultivar la vertiente intelectual del centro que la vida religiosa de sus ocupantes. Así pues, reconociendo la valía de su nuevo fichaje, no es de extrañar que Napp propusiese a Mendel ingresar en la Universidad de Viena para cursar la carrera de ciencias. Así lo hizo éste en 1851 y, aun cuando no pudo concluir sus estudios, mantuvo contactos allí con los más prestigiosos profesores de aquella universidad, como el físico Christian Doppler (a quien debemos el

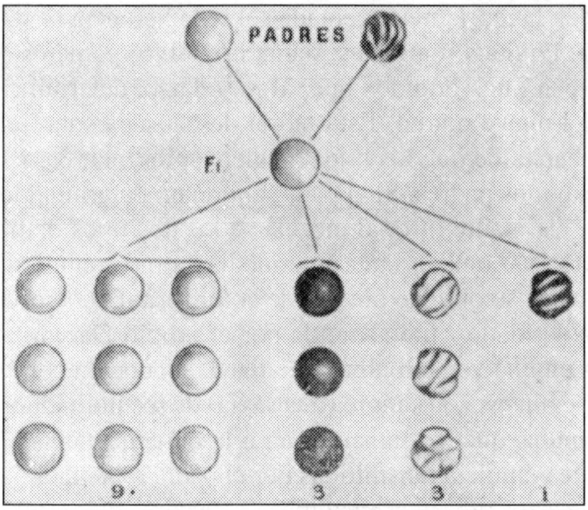

Esquema del cruzamiento en el guisante común entre los pares de factores amarillo-verde y liso rugoso, de acuerdo con la tercera ley de Mendel (según T. H. Morgan, *Evolución y mendelismo).*

famoso efecto Doppler de la luz), el matemático Andreas von Ettingshausen (padre de la combinatoria) o el botánico Franz Unger (experto en hibridación). Más físico que naturalista, a lo largo de toda su vida Mendel pareció muy interesado en cuestiones de índole física y matemática. En particular, durante su estancia en Viena asistió con regularidad a las clases de Ettingshausen sobre combinatoria, rama de las matemáticas que analiza las distintas maneras en que se puede combinar entre sí un conjunto finito de elementos. Con Unger, Mendel se interesó particularmente por los problemas de hibridación de las plantas, tema eminentemente botánico que, aun con una faceta claramente práctica (mejorar las razas y variantes de plantas domésticas), enlazaba con cuestiones biológicas profundas, como la herencia o la naturaleza de las especies.

Físico al fin, la influencia conjunta de la combinatoria de Ettingshausen y los problemas de la hibridación de Unger llevaron a Mendel a diseñar una serie de experimentos a fin de desentrañar cómo determinados caracteres llegaban a transmitirse a lo largo de sucesivas generaciones. A su regreso a Santo Tomás, Mendel expuso sus ideas a Napp, quien no sólo puso a su disposición el huerto del propio monasterio, sino que incluso mandó construir un nuevo invernadero, a fin de salvaguardar los experimentos de Mendel de los duros inviernos de Moravia. Para sus estudios, Mendel eligió el guisante vulgar, *Pisum sativum*, tanto por la facilidad que ofrecía su cultivo y cruzamiento, como por el hecho de que sus frutos desarrollaban una serie de caracteres discretos fácilmente visualizables: liso frente a rugoso, verde frente a amarillo, largo frente a corto, y así hasta siete características distintas.

En tiempos de Mendel, la teoría más aceptada sobre la herencia se remontaba a la teoría de los líquidos seminales, según la cual los gametos o células germinales portaban unos líquidos que, al mezclarse, determinaban las características del nuevo adulto. Esta teoría descansaba sobre el dato, fácilmente comprobable, de que los hijos tienden a presentar características intermedias de ambos padres. Si el padre aporta un determinado tipo de líquido seminal, y la madre otro, al mezclarse los dos tipos de líquidos lógicamente producirán una variante intermedia, como cuando al mezclar pintura roja y blanca se obtiene pintura de color rosa. Esta teoría gozó de una amplia popularidad, y fue asumida por el propio Darwin y los primeros darwinistas en una versión algo actualizada, conocida como teoría de la pangénesis. Según ésta, la sangre (o la savia) de los individuos portaría una serie de gémulas que se transmitirían a la descendencia. El mayor o menor número de gémulas transmitidas por el padre o la madre a los hijos determinaría que éstos presentasen algunos caracteres más o menos acentuados. La herencia de los caracteres era pues cuantitativa, y su resultado final era un efecto estadístico de la mezcla de los factores hereditarios de los padres.

Para sus experimentos, Mendel se cercioró durante meses de que trabajaba con lo que entonces se llamaban razas puras, es decir, variantes del guisante que para cada carácter manifestaban reiteradamente una única modalidad (liso, pero nunca rugoso; alto, pero nunca bajo; amarillo, pero nunca verde, etcétera). Después de efectuar miles de cruzamientos cuidadosamente diseñados según las variantes, y de anotar escrupulosamente los resultados, Mendel advirtió que constantemente aparecían unas regularidades matemáticas, reproducidas de experimento en experimento. Así, al cruzar razas puras, la primera generación era siempre uniforme, presentando toda ella uno de los dos caracteres paternos. Este resultado, conocido como ley de uniformidad (la primera ley de Mendel), contrastaba ya con lo que sería predecible desde el punto de vista de los líquidos seminales. Cuando Mendel cruzó plantas de semilla lisa con plantas de semilla rugosa, la descendencia produjo sólo guisantes lisos y no un poco rugosos, como cabría esperar si los líquidos «liso» y «rugoso» se hubiesen mezclado. Pero lo más sorprendente vendría al analizar los resultados de la segunda generación de cruces, es decir, el producto del cruce de los individuos de la primera generación. Según la teoría de los líquidos seminales, de nuevo tendría que aparecer una población uniforme, con caracteres nuevamente intermedios. Pero los guisantes de Mendel arrojaron resultados muy distintos. En primer lugar, y de manera sorprendente, la variante que se había perdido durante la primera generación volvía a reaparecer ahora, representada por un 25 por ciento de los descendientes. La variante presente en la primera generación, por su parte, aparecía en un 75 por ciento. Mendel utilizó exactamente la expresión *dominante* para referirse al carácter que «dominaba» en la primera generación, y usó el término *recesivo* para referirse al que desaparecía durante la primera generación pero volvía a aparecer en una cuarta parte en la segunda. Así pues, Mendel enunció su segundo principio del modo siguiente: los caracteres recesivos, latentes en la primera generación filial, reaparecen en la segunda en la proporción de tres dominantes frente a uno recesivo.

Este resultado, conocido como «ley de segregación», refutaba definitivamente la teoría de los líquidos seminales, al demostrar que los elementos de la herencia no se mezclan, sino que corresponden a factores discretos que se mantienen invariables y sin contaminarse de generación en generación, como demostraba la reaparición del carácter recesivo en la segunda generación, cuando éste parecía haberse perdido o difuminado en la primera. De haberlo conocido, este resultado hubiese preocupado hondamente a Darwin, para quien la evolución se producía a través de la gradual y lenta transformación de los caracteres hereditarios, según su esquema lamarckista. Pero Mendel demostraba ahora que los caracteres hereditarios no se modificaban en absoluto, y reaparecían abruptamente al cabo de dos generaciones. La herencia estaba marcada, pues, por la estabilidad y la abrupta reaparición de caracteres que se suponían superados.

Mendel encontró en la combinatoria matemática la herramienta que le permitiría explicar tales resultados. Para ello, elaboró un modelo en el que cada carácter (liso o rugoso, amarillo o verde, etcétera) estaba controlado por un factor hereditario (que luego se conocería como gen). Según este modelo, todo individuo posee para cada carácter dos factores hereditarios (o alelos), uno procedente de la madre y otro del padre. En el momento de la reproducción, cada individuo transmite a cada uno de sus hijos uno de los dos alelos que posee para cada carácter, mientras que la otra pareja contribuye con un segundo alelo. Podemos designar a cada tipo de factor hereditario con una letra, por ejemplo, *A* para el carácter rugoso o liso, *B* para el color del guisante, y así sucesivamente. Para cada uno de estos factores hereditarios existirá un alelo dominante, que podemos designar en mayúscula (*A*) y un alelo recesivo, que podemos designar en minúscula (*a*). Los individuos de las llamadas «razas puras» se caracterizarán por poseer una dotación uniforme de factores hereditarios, ya sea *AA* o *aa*. Al mezclar individuos de dos razas puras, $AA \times aa$, el resultado previsible sería que todos los individuos portarán la combinación *Aa*, lo que explica por qué la primera generación es uniforme y parecida a la raza pura con el alelo dominante *A:* al ser el alelo *a* recesivo, no se manifestará, aunque permanecerá latente en todos los individuos (como Mendel expresó en su segunda ley). Ahora bien, al cruzar dos individuos de la primera generación *Aa* × *Aa,* el resultado proporcionará tres tipos posibles de combinación, según las siguientes proporciones: 25 por ciento *AA* + 50 por ciento *Aa* + 25 por ciento *aa.* Ahora bien, como *A* es dominante sobre *a*, los individuos que porten la combinación *Aa* serán indistinguibles de la raza pura *AA*, de modo que, en la práctica, el 75 por ciento de los individuos se parecerán al abuelo dominante y el 25 por ciento restante *(aa)* se parecerá al abuelo recesivo.

Mediante este sencillo modelo, Mendel pudo explicar satisfactoriamente unos resultados que contradecían las ideas que hasta entonces imperaban sobre la herencia. Permitía incluso explicar los llamados casos de «herencia intermedia», en los que se cumplía el supuesto de la teoría de los líquidos seminales, según el cual los individuos de la primera generación, aparte de ser uniformes, mostraban una apariencia intermedia entre la de los dos padres, cuyos caracteres parecían perderse. Según Mendel, las pretendidas «razas mezcladas» de la teoría de los líquidos seminales corresponderían en realidad a individuos *Aa,* en los que ninguna de las variantes alélicas *A* o *a* aparece como dominante sobre la otra, de modo que los individuos resultantes muestran características intermedias entre las de los dos padres. Ahora bien, de acuerdo con la proporción 25 por ciento *AA* + 50 por ciento *Aa* + 25 por ciento *aa,* en la segunda generación reaparecerán los caracteres de los abuelos (teóricamente perdidos), representando cada uno en este caso un 25 por ciento, mientras que los híbridos *Aa* constituirán el 50 por ciento de la población (como así sucede).

Pero Mendel no se dedicó tan sólo a la herencia de un único carácter por separado, sino que investigó también qué sucedía cuando se consideraba la herencia de dos caracteres a la vez (por ejemplo liso/rugoso o *A/a* junto a amarillo/verde o *B/b).* Tras múltiples experimentos, pudo comprobar que de nuevo se reproducían unas proporciones fijas. Así, la primera generación resultante del cruce de dos razas puras era de nuevo uniforme para los dos caracteres considerados, resultado previsible de acuerdo con la primera ley: si se cruzaba, por ejemplo, *AABB* × *aabb* se obtendrían siempre individuos del tipo *AaBb* (igual resultado se habría obtenido de un cruce del tipo *AAbb* × *aaBB*). Ahora bien, al cruzar dos individuos de la primera generación *AaBb* × *AaBb,* se obtenían unas proporciones aparentemente más complicadas: 9/16 de individuos dominantes para los dos caracteres (es decir *A-B-),* 3/16 de individuos dominantes para un carácter y recesivos para el otro (es decir, *A-bb),* 3/16 de individuos dominantes para el otro carácter y recesivos para el primero (es decir, *aaB-)* y, finalmente, 1/16 de individuos recesivos para ambos caracteres (es decir, *aabb*).

De nuevo estos resultados podían ser explicados acudiendo a la combinatoria matemática, ya que las proporciones encontradas obedecían a las siguientes combinaciones de factores hereditarios: 1/16 *AABB* + 1/8 *AaBB* + 1/8 *AABb* + $\frac{1}{4}$ *AaBb* + 1/8 *Aabb* + 1/16 *AAbb* + 1/8 *aaBb* + 1/16 *aaBB* + 1/16 *aabb*. Cualquier persona versada en matemáticas elementales sabe que este resultado coincide con el producto de dos ecuaciones ($\frac{1}{4}$ *AA* + $\frac{1}{4}$ *Aa* + $\frac{1}{4}$ *aa*) × ($\frac{1}{4}$ *BB* + $\frac{1}{4}$ *Bb* + $\frac{1}{4}$ *bb*), que son las que corresponden a los resultados por separado de la segunda generación. La tercera ley de Mendel o ley de segregación independiente de caracteres corresponde, pues, a la extensión de la segunda ley de Mendel a la herencia conjunta de dos caracteres diferentes. Su contribución más significativa, sin embargo, fue demostrar matemáticamente que los caracteres se heredan independientemente y al azar, es decir que, en principio, no debe existir una tendencia a que los guisantes rugosos sean a la vez amarillos o los guisantes lisos tengan que ser también verdes. Aunque este aspecto fue el que luego ocasionó más problemas a los mendelianos (ya que, por el contrario, la selección natural tiende a favorecer determinadas combinaciones de caracteres), de nuevo Mendel demostraba lo que en principio es válido para cualquier especie que se reproduzca sexualmente: pese a que dos genes puedan hallarse en el mismo cromosoma, la herencia de los diferentes alelos es en gran medida independiente gracias al mecanismo conocido como recombinación, que se produce en la meiosis durante la formación de los cigotos o células germinales.

Mendel hizo públicos sus resultados en 1865, en dos sesiones de la Sociedad de Naturalistas de Brno. Posteriormente, fueron publicados con más detalle en las actas que editaba esta misma sociedad, y de las cuales sabemos que Mendel encargó cuarenta separatas. Parece claro que Mendel envió personalmente un elevado número de estas separatas a diversos especialistas en el tema, incluido el propio Charles Darwin, quien no debió de prestarle mucha atención, ya que las páginas de su ejemplar aparecen todavía sin recortar. Mendel también mantuvo una correspondencia continua con el botánico Carl Wilhem von Nägeli, profesor de la Universidad de Múnich y uno de los introductores del darwinismo en el entorno germánico. Así pues, no puede decirse que el trabajo de Mendel no llegase a alcanzar cierta difusión en el entorno naturalista de su época. Pese a ello, o bien no despertó interés alguno o bien quienes llegaron a interesarse por él (como Nägeli) no entrevieron la importancia de los resultados que aportaba el monje moravo. No nos encontramos, por tanto, ante un caso de desconocimiento de la obra de un investigador (un oscuro monje, en una remota población, sin posibilidades de comunicación) sino ante el caso de una investigación cuya revolucionaria aportación no fue advertida por la ciencia de su tiempo.

En este sentido, y a pesar de las diferencias, la revolución operada por Mendel encuentra paralelismos con la de Darwin. En efecto, así como las teorías lamarckianas constituyeron un lastre del que Darwin se vio libre (o se liberó), la teoría darwiniana de la herencia, la pangénesis, constituía a su vez un lastre del que Mendel se vio asimismo libre, pues no tenía conocimiento del darwinismo durante la elaboración de sus experimentos. La pangénesis conllevaba una visión estadística de la herencia, acorde con la visión darwiniana de una evolución producida por la paulatina y gradual acumulación de nuevas características en los individuos. Esta línea de trabajo sobre la herencia fue desarrollada en Gran Bretaña por la escuela biométrica, encabezada por el primo de Darwin, Francis Galton. Pero la escuela biométrica, viciada desde su base por un concepto de la herencia basado en la mezcla de caracteres, se metió, como le había sucedido a la evolución lamarckiana, en un callejón sin salida.

Como el darwinismo, el modelo mendeliano supuso un corte epistemológico respecto a las ideas sobre la herencia que circulaban en la segunda mitad del siglo XIX. Lo extraordinario en Mendel no fue sólo su visión estadística (compartida por los darwinianos biometristas), sino su explicación de los resultados numéricos obtenidos a través de sus experimentos en términos de combinación de dos factores discretos (parental y marental) para cada carácter, es decir, mediante un modelo previsible desde el punto de vista de la combinatoria matemática. Mendel, como sería luego común en los primeros genéticos de poblaciones, aplicó criterios físicos a la resolución de un problema biológico, con la pretensión de encontrar regularidades estadísticas que reflejasen auténticas leyes, similares a los principios de la física teórica desarrollados por Newton y otros. En este sentido, resulta reveladora la tibia respuesta del botánico Nägeli a los resultados de Mendel: «Debe mirar las expresiones numéricas tan sólo como algo empírico, ya que no puede probarse que sean racionales». Este conservador consejo de Nägeli, por lo demás muy darwiniano, señala el abismo que existía entre los planteamientos de Mendel y la ciencia de su tiempo.

Más revolucionaria que las propias leyes sobre la herencia (o sobre la hibridación, como él las llamó) fue la aplicación por parte de Mendel de una metodología absolutamente nueva para resolver un viejo problema. Planteó una aproximación matemática a la cuestión, aplicando de forma pionera la combinatoria al tema de la hibridación. Asimismo, buscó el material de experimentación más adecuado para sus fines, eligiendo finalmente la planta del guisante, y diseñó una serie de experimentos excluyentes (cruzamientos), con objeto de acotar matemáticamente el problema. Finalmente, Mendel llevó a cabo un análisis cuantitativo minucioso y aplicó a sus resultados un modelo matemático independiente que permitía contrastar predicciones. Esta aproximación científica al problema de la herencia resulta hoy en día asombrosamente moderna para un científico del siglo XIX. Bajo la sotana negra de Mendel se escondía el primer biólogo de bata blanca de la historia (36, 38, 39, 90).

62. MONSTRUO

¿Qué es, desde un punto de vista evolutivo, un monstruo? Evidentemente, la idea de monstruo aparece asociada a aquellos extremos de variabilidad que se salen fuera de lo normal. El referente más inmediato de la monstruosidad tiene que ver con el tamaño. Así, nos parece «monstruoso» todo aquello que es anormalmente grande (gigantismo) o anormalmente pequeño (enanismo). Por ejemplo, consideramos a los dinosaurios como algo monstruoso por las gigantescas dimensiones que, como tetrápodos terrestres, llegaron a alcanzar. Por su parte, el hipopótamo enano *(Choeropsis liberiensis)* de las selvas de Liberia nos parece monstruoso por la razón opuesta: se supone que un hipopótamo normal debe corresponder a un gran ungulado de varias toneladas de peso, y no a una forma que raramente alcanza el metro de altura. Pero nuestra percepción de lo que es y no es monstruoso aparece frecuentemente sesgada por una visión estrecha de la realidad biológica.

Por ejemplo, el caballo actual *(Equus caballus)* puede ser considerado un gigante si lo comparamos con la inmensa mayoría de sus parientes fósiles. Y existen razones fundadas para considerar mucho más monstruosos a nuestros inocentes gatos domésticos que al hipopótamo enano de Liberia. Al fin y al cabo, nuestros gatos urbanos constituyen versiones miniaturizadas de una familia, los félidos, cuyos representantes típicos son grandes depredadores. La monstruosidad hace también referencia al desarrollo anormal de un órgano en concreto dentro de un organismo. Así, a pesar de su elegancia, podemos considerar monstruoso el desarrollo del cuello en las jirafas, con respecto a sus parientes «normales» del Mioceno o al okapi actual. Y sin ir más lejos, nosotros mismos, con nuestro enorme cerebro hipertrofiado, engarzado sobre una carcasa esquelética más bien arcaica, podemos considerarnos como una de las producciones más monstruosas dentro de la clase de los mamíferos.

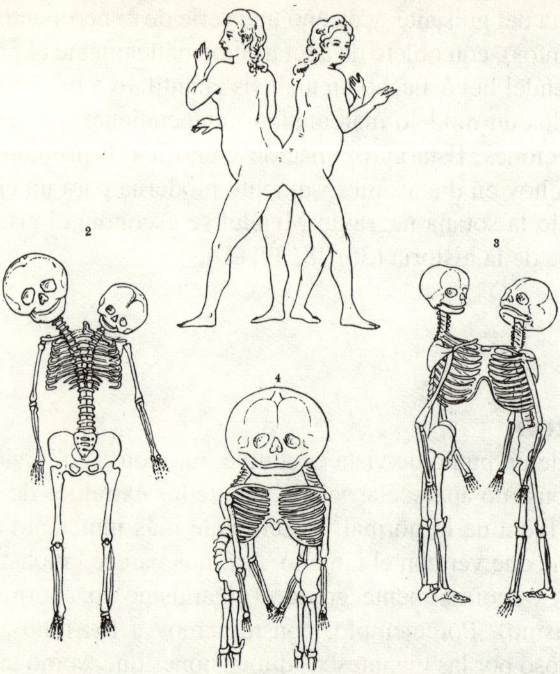

Diversos casos teratológicos en humanos, como aparecen en la obra de J. Rante *Der Mensch.*

Por lo tanto, lo que en realidad convierte a un organismo en algo monstruoso o anormal es la aparición de una combinación inusual de características. Tal evento habrá de ser forzosamente raro, ya que las combinaciones normales son precisamente las que aseguran la supervivencia de los individuos. En ausencia de un cambio en las condiciones ambientales, cualquier innovación que se produzca en el seno de un organismo integrado, con mucha probabilidad resultará más ineficiente que el estado anterior. Con su ley de correlación de los órganos, Cuvier expresó ya esta paradoja hace más de doscientos años para refutar la mutabilidad de las especies: «Todo ser organizado forma un conjunto, un sistema único y cerrado, cuyas partes se corresponden mutuamente y cooperan en la misma acción definitiva por una reacción recíproca. Ninguna de estas partes puede cambiar sin que las otras cambien también; y, como consecuencia, cada una de ellas, tomada separadamente, indica y revela todas las demás». Un carnívoro, pues, tendrá dientes de carnívoro, patas de carnívoro e intestino de carnívoro. ¿Cómo imaginar su transformación en algo diferente, que posea por ejemplo extremidades de carnívoro y dientes de oveja? La modificación de una pieza implicaría la modificación de todo el organismo.

En su obra *El origen de las especies* (1859), Charles Darwin dio con una solución sencilla para este problema: la evolución operaba a través de pequeñas modificaciones prácticamente imperceptibles que se iban acumulando lenta y gradualmente por efecto de la selección natural de aquellos individuos más aptos que lograban sobrevivir y así transmitir sus características a su descendencia. Sin embargo, no fueron pocos los que, incluso bien entrado el siglo XX, manifestaron sus dudas de que determinadas estructuras tan complejas como, por ejemplo, el ojo, hubiesen podido originarse mediante la lenta y gradual adición de caracteres por selección natural. Así, en 1940, el genético americano Richard Goldschmidt propuso su teoría del «monstruo prometedor» *(hopeful monster)* como alternativa al neodarwinismo. Para Goldschmidt, determinadas estructuras no podían haber aparecido por el cambio gradual de otras más simples. Por el contrario, su origen sólo podía ser explicado si se admitía que, en determinados momentos, la evolución producía bruscamente una combinación afortunada de caracteres (el monstruo prometedor). Las grandes innovaciones evolutivas de la historia de la vida, pues, no se habrían producido mediante una serie de intermedios morfológicos, como pretendía Darwin, sino a través de cambios bruscos que producirían formas completamente nuevas.

Ahora bien, Goldschmidt no aportó un mecanismo genético plausible para explicar la aparición súbita de monstruos prometedores, por lo que el origen de planes organísticos nuevos o combinaciones inéditas de caracteres sigue siendo objeto de debate. En este sentido, desde finales del pasado siglo han cobrado un gran interés los trabajos realizados en torno a las llamadas «heterocronías en el desarrollo», es decir, los cambios evolutivos fruto de una alteración en el desarrollo del organismo. Estos cambios pueden afectar al ritmo del desarrollo, a la edad de maduración sexual o al momento en que determinado carácter comienza a manifestarse. Mediante cualquiera de estos tres mecanismos es posible producir un miembro con una morfología más derivada que el antepasado (peramorfosis) o, por el contrario, que reproduzca la morfología infantil o juvenil de aquél (pedomorfosis). En este último caso, ya sea afectando al ritmo de desarrollo (neotenia), a la edad de maduración (progénesis) o a la señal de partida de un carácter (posdesplazamiento), se puede producir una combinación enteramente nueva que aúne caracteres adultos e infantiles del antepasado. La ventaja, en este caso, es que los nuevos caracteres no se imponen sobre una morfología preexistente, sino que se encuentran ya integrados en ella, por cuanto corresponden a simples desfases en el desarrollo de un todo integrado.

La existencia de este nivel de integración en los diferentes itinerarios ontogenéticos de los metazoos fue puesta en relieve por Pere Alberch precisamente en su análisis de las variantes monstruosas que, de vez en cuando, se dan en todas las especies. Así, los distintos casos teratológicos que a veces se observan en la naturaleza no responden a una gama infinita de modelos. Por el contrario, los «monstruos», pese a su deformación, muestran un alto grado de integración orgánica y responden a un número reducido de patrones bien delimitados. Por ejemplo, no son infrecuentes los casos de perros u ovejas con dos cabezas, pero difícilmente encontraremos alguno con tres cabezas. Podríamos hablar, por tanto, de una «lógica de los monstruos». Otro ejemplo: cuando se produce una pérdida de dedos en salamandras y en ranas, el número resultante al final puede ser el mismo, pero la vía a través de la que tiene lugar esta reducción es diferente en cada caso. Mientras que todos los anuros tienden a perder el primer dedo, los urodelos pierden primero el quinto dedo. Así pues, esta canalización del desarrollo permite que el resultado de un proceso heterocrónico mantenga su propia «lógica interna», dando lugar a organismos potencialmente viables (28, 43, 63).

63. MUTACIÓN

El consenso científico que Charles Darwin consiguió establecer en torno a la evolución biológica se vio en parte frustrado por su incapacidad para explicar el origen del cambio evolutivo. Con su esquema de cambio gradual por la selección natural de pequeñas modificaciones que los «más aptos» lograban transmitir a su descendencia, Darwin logró situar el tema de la evolución en el ámbito de las poblaciones, por encima del nivel del individuo. Pero en su época la variabilidad poblacional se daba por supuesta, sin que se conociese el origen de ésta ni las reglas de su transmisión. Ante tal desconocimiento, Darwin incluso adoptó posiciones lamarckistas, según las cuales las variaciones surgían gradualmente por el uso o desuso de los órganos. Ahora bien, a lo largo de la segunda mitad del siglo XIX las dudas en torno a esta explicación sobre el origen de la variabilidad no dejaron de crecer. El propio Thomas Huxley, defensor acérrimo de las ideas darwinistas, mostró a Darwin su escepticismo ante el modelo de cambio gradual y paulatino que éste consideraba intocable.

En 1886, un botánico holandés experto en hibridación, Hugo de Vries, observó que al cultivar plantas de *Oenothera lamarckiana* (una hierba silvestre procedente de Norteamérica), súbitamente aparecían ejemplares aberrantes que mostraban diversas anomalías ligadas al tamaño y forma de la planta. De Vries interpretó estos cambios abruptos

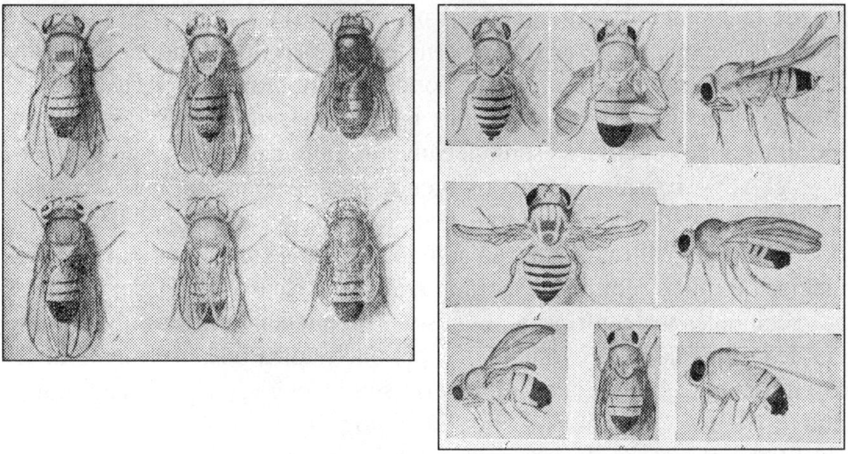

Variantes mutantes («eyeless», «bar») en *Drosophila melanogaster,* como fueron descritas por T. H. Morgan en *Evolución y mendelismo.*

como variaciones espontáneas que estarían en el origen de las nuevas especies. En su obra *Teoría de la mutación* (1903), propuso que las especies se originaban no por la gradual acumulación de pequeños cambios, como creía Darwin, sino a través de modificaciones instantáneas y abruptas producidas espontáneamente en la naturaleza, que daban lugar a formas completamente nuevas. Estas modificaciones súbitas recibieron el nombre de mutaciones, y la doctrina de De Vries fue durante años conocida con el nombre de *mutacionismo.* El fenómeno descrito por De Vries en el género *Oenothera,* sin embargo, no corresponde en realidad a lo que hoy en día se conoce como mutación, sino a un proceso anormal de segregación cromosómica conocido con el nombre de translocación recíproca. Con el inicio de las investigaciones en *Drosophila melanogaster*, T. H. Morgan y sus colaboradores pudieron mostrar en las primeras décadas del siglo XX la existencia de auténticas mutaciones que afectaban a diversos caracteres de la mosca del vinagre, como el color de los ojos, la forma de las alas y diversas anomalías. Estas «mutaciones» no afectaban dramáticamente a todo el organismo, como las pretendidas mutaciones de De Vries, sino que correspondían a pequeñas variaciones que las más de las veces no llegaban a afectar a la viabilidad de la mosca.

Con el avance de la genética de poblaciones gracias a T. Dobzhansky, Fisher, J. B. S. Haldane y otros, el estudio de las mutaciones y su influencia en la distribución de frecuencias génicas en las poblaciones tomó carta de naturaleza, de modo que la mutación, junto a la selección natural, la migración y la deriva genética, se convirtió en uno de los factores claves de la evolución para la síntesis neodarwinista. El desarrollo paralelo de la citogenética y de la genética molecular permitió conocer la naturaleza de estas mutaciones, que responden a cambios muy variados en el material genético. En su nivel más básico, las mutaciones responden a modificaciones operadas espontáneamente sobre la secuencia de nucleótidos del ADN. Existen numerosos agentes naturales susceptibles de producir tales cambios en el material genético, como radiaciones de diverso tipo (rayos X y ultravioleta, radiactividad natural), así como varias substancias químicas, como el gas mostaza. Estos cambios son espontáneos, adireccionales y aleatorios, y por sí solos no pueden imprimir una tendencia determinada en la evolución (papel que realiza posteriormente la selección natural); de hecho, la mayoría son deletéreos y producen individuos inviables o de menor eficacia biológica que sus congéneres. Las modificaciones operadas por estos cambios incluyen pérdidas de material genético (deficiencias), duplicaciones de partes de la secuencia genética, alteración de la posición (translocación) o inversión del orden de los segmentos, fenómenos que pueden tener lugar tanto a nivel molecular, sobre secuencias de nucleótidos, como a nivel cromosómico, sobre fragmentos enteros de cromosoma.

Otro tipo de mutaciones corresponde no a los cambios operados dentro de un cromosoma, sino a variaciones en el número de cromosomas. Por ejemplo, entre las plantas ha sido frecuente el recurso a la poliploidía, es decir, duplicaciones, triplicaciones, etcétera del juego completo de cromosomas, lo que generalmente da lugar al desarrollo de plantas más grandes. La poliploidía parece haber tenido un papel importante en la evolución de numerosas plantas, pues al duplicarse juegos completos, la meiosis es perfectamente normal y, además, da lugar inmediatamente a individuos que quedan aislados del resto de la población. Aparece, por tanto, como un mecanismo de especiación rápida. Otros cambios pueden afectar no a la dotación completa de cromosomas sino sólo a algunos de éstos. Se habla entonces de trisomía, cuadrisomía, etcétera, según se añada uno, dos o más cromosomas nuevos. Sin embargo, los cambios impares en el número de cromosomas suelen dar lugar a alteraciones importantes que disminuyen, más que aumentan, la viabilidad de los individuos. Es el caso, por ejemplo, de la trisomía en el cromosoma 21 del hombre, que produce el conocido síndrome de Down.

Entre los mamíferos, son frecuentes los casos de fusiones y duplicaciones de cromosomas, sobre todo en diferentes especies y subespecies de roedores. La fusión cromosómica podría haber desempeñado un papel relevante en la evolución humana. Así, por ejemplo, sólo dos cromosomas diferencian el cariotipo humano del de un chimpancé. El chimpancé, nuestro pariente más próximo, tiene un juego cromosómico (o cariotipo) de 48 cromosomas, dos más que en el ser humano. Ahora bien, se ha comprobado que el cromosoma 2 de los humanos corresponde en realidad a la fusión de dos de los cromosomas extra de los chimpancés. Además, en otros tres cromosomas humanos aparecen inversiones con respecto a sus homólogos de los chimpancés.

El problema reside en que, en general, las alteraciones importantes en la estructura del material genético suelen dar lugar a variantes inviables o de reducida eficacia biológica, ya que de nuevo se plantea el problema de una innovación (en este caso, genética) que se opera sobre un conjunto integrado de elementos (el genoma). Difícilmente la aparición de esta variación aislada tendrá un efecto beneficioso sobre el fenotipo. Ahora bien, cabe pensar que parte de estas variaciones no se operen sobre genes estructurales (es decir, responsables de la formación de determinadas estructuras o tejidos), sino sobre genes reguladores que inhiban o aceleren el desarrollo de determinadas partes del organismo. El resultado de tales mutaciones no afectará por tanto a la estructura de un órgano (con efectos deletéreos más que probables), sino al ritmo de desarrollo de este órgano o del organismo entero, lo que se conoce como heterocronía en el desarrollo. El resultado, en este caso, será un individuo que será también un conjunto coherente pero de características diferentes a su antepasado. De este modo, las mutaciones que afecten no a la expresión aislada de órganos completos sino al ritmo de desarrollo del individuo tienen mucha mayor probabilidad de resultar viables e incluso de aumentar la eficacia biológica de sus portadores en caso de alteración de las condiciones ambientales. Los cambios operados sobre la velocidad de desarrollo, además, permiten ampliar considerablemente el espectro de variabilidad fenotípica sobre el que opera la selección natural. Así, la evolución tiene a su disposición no sólo los estadios adultos de cada especie, sino también sus estadios juveniles e infantiles, que pueden actuar así como «materia prima» disponible en momentos de estrés evolutivo (37, 38, 62, 89).

64. NEANDERTHAL

Restos atribuibles al hombre de Neanderthal fueron ya descubiertos en 1848 en Gibraltar, aunque no se describieron hasta 1864. De hecho, fue en 1856 cuando el hallazgo de una calota y algunos huesos de extremidades en el valle Neander, en Alemania, llevó a los paleontólogos a tomar conciencia del significado de aquellos hallazgos. Pero el fragmento de

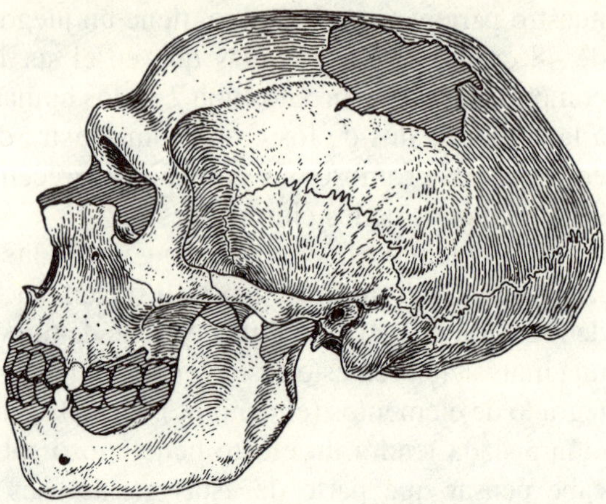

Cráneo de neandertal de La Chapelle-aux-Saints. (© Columbia University Press)

cráneo de Neanderthal fue objeto de polémica poco después de la publicación de *El origen de las especies* de Darwin (1859). En su obra *Man's Place in Nature* (publicada antes que *El origen del hombre),* Thomas Huxley comprendió las implicaciones evolutivas que suponían los hallazgos de Neander, en concreto respecto al tema del origen de la humanidad.

Desde el principio, la posición evolutiva de los neandertales fue objeto de intenso debate, dada su extraña combinación de caracteres avanzados y primitivos. Los neandertales comparten con su inmediato antecesor, el *Homo heidelbergensis*, una serie de características arcaicas de tipo *Homo erectus*, como un cráneo alargado con una frente baja y grandes arcos superciliares. Sin embargo, la forma de su neurocráneo era muy diferente, no aplanada y baja como las formas del Pleistoceno medio, sino abombada. Las órbitas no eran cuadrangulares, como en otras especies humanas, sino muy grandes y característicamente redondeadas. Aunque muy desarrollados, los arcos superciliares eran también distintos: en vez de formar una especie de visera sobre las órbitas, quedaban interrumpidos al nivel de la nariz. Esta última era prominente, ancha y muy alta, lo que se ha interpretado como una adaptación tendente a aislar la cavidad nasal del frío aire del Pleistoceno superior. La forma de la cara mostraba unas características muy peculiares: muy ancha y prominente, se proyectaba hacia delante (lo que se conoce como prognatismo), probablemente a causa de su robusta dentadura, con incisivos muy prominentes y adaptados para la masticación y la preparación del alimento antes de su ingestión. El prognatismo del neandertal se reflejaba asimismo en la forma de la mandíbula. La posición adelantada de la dentición determinaba la presencia de un amplio espacio entre el último molar y la rama ascendente, un carácter típicamente neandertaliano. Finalmente, otro rasgo a destacar de los neandertales era la robustez de su cuerpo, de brazos y piernas cortos y fuertes, lo que responde claramente a su adaptación a las frías condiciones de los ambientes esteparios en los que habitó la especie.

Sin embargo, a principios del siglo XX esta serie de características fueron interpretadas como un signo de primitivismo. Así, en la monografía publicada por el paleontólogo francés Marcellin Boule, los caracteres robustos de los neandertales fueron exagerados con el objeto de presentarlo como un bruto de piernas cortas y bipedismo imperfecto, muy alejado del hombre moderno. Sin embargo, contra esta idea de primitivismo estaba el hecho, ya reconocido por los primeros autores que analizaron la calota de Neanderthal, de que su capacidad craneana era superior a la nuestra. Hoy sabemos que la media del volumen encefálico en los neandertales machos era de unos 1.600 cc, mientras que en las hembras este valor oscilaba en torno a los 1.300 cc (por los 1.500 cc y 1.200 cc, respectivamente, del hombre y la mujer modernos). Además, los neandertales fueron los autores de una industria lítica, conocida como cultura musteriense (o Modo 3), ciertamente mucho más sofisticada que la de sus predecesores (industria achelense o Modo 2). En términos culturales, los últimos neandertales son ya muy próximos a los primeros humanos modernos, y entre ellos se encuentran las primeras evidencias de enterramientos. Aunque la más alta concentración de restos de neandertales se sitúa en Europa occidental y central (localidades de La Chapelle-aux-Saints y La Ferrasie en Francia, Monte Circeo en Italia, Krapina en Croacia), el radio de extensión de esta especie fue muy amplio, desde el sur de España (Gibraltar, Zafarraya en Málaga) al Levante mediterráneo (Tabun en Israel) y Asia occidental (Shanidar en Irán).

Respecto a su clasificación, el hombre de Neanderthal ha sido considerado o bien antepasado directo de nuestra propia especie o bien un pariente muy próximo, no directamente situado en la línea directa que lleva al hombre moderno (aunque dentro de la especie *Homo sapiens,* como *H. sapiens neanderthalensis).* Por el contrario, de acuerdo con el modelo propuesto por algunos autores en el pasado, el hombre de Neanderthal constituiría una especie diferente de *Homo sapiens* (lo que William King denominó originalmente en 1863 *Homo neanderthalensis).* En el terreno molecular, esta última idea se ha visto muy reforzada después de la publicación en la revista *Cell* del primer análisis desarrollado sobre ADN mitocondrial en restos fósiles de un neandertal, utilizando precisamente los materiales originales encontrados en el año 1856 en el valle del Neander y que sirvieron para bautizar al grupo. El resultado de sucesivas purificaciones del ADN contenido en estos fósiles reveló una pequeña proporción de secuencias de tipo moderno (presumiblemente, debidas a contaminaciones) y otras muy diferentes del tipo humano actual, atribuidas al ADN mitocondrial del hombre de Neanderthal. En un total de 379 pares de bases, se observaron 27 diferencias, que contrastan con las escasas 5 u 8 diferencias esperadas para una muestra al azar entre los humanos actuales. Ello significa que la diferencia general entre las secuencias de los neandertales y los humanos modernos es tres veces superior a la media entre los humanos actuales, pero sólo la mitad de la observada entre humanos y chimpancés.

Si consideramos el tiempo de divergencia entre estas dos últimas especies, ello implica una notable antigüedad para la divergencia entre la línea que llevó al hombre anatómicamente moderno y la que desembocó en los neandertales: hace entre 550.000 y 690.000 años, frente a los 120.000 años que se suponían anteriormente. Que las líneas que desembocaron en los dos grupos evolucionaran independientemente durante más de medio millón de años no prueba necesariamente que se trate de dos especies diferentes, sobre todo teniendo en cuenta que no estamos comparando ADN nuclear sino ADN mitocondrial. Ahora bien, no hay duda de que un aislamiento reproductor durante tal lapso de tiempo habría llevado fácilmente a tal situación (7, 31, 46, 74).

65. NEODARWINISMO

A lo largo de su historia, el darwinismo se ha visto afectado por sucesivas reestructuraciones que han contribuido a depurar y redefinir su mensaje, siempre basado en el papel preponderante de la selección natural en la evolución. Originalmente, el término «neodarwinismo» fue aplicado a la primera de estas reestructuraciones, llevada a cabo por el biólogo alemán August Weismann más de veinte años después de la publicación de *El origen de las especies*. Weismann contribuyó decisivamente a despojar al darwinismo primitivo de los restos lamarckianos que persistían en la obra de Darwin, como en el caso de la herencia de los caracteres adquiridos, hipótesis que Weismann refutó mediante una experiencia que se ha hecho famosa: amputando la cola a generaciones sucesivas de ratas, a fin de ver si, finalmente, alguna de ellas aparecía sin ella. Obviamente, no fue así, y el lamarckismo entró de forma definitiva en la vía del descrédito, al menos en los entornos darwinistas.

Weismann contribuyó asimismo a desmontar la teoría de la herencia defendida por Darwin, la pangénesis, al presentar su propia teoría del plasma germinal. Esta teoría, expuesta y perfeccionada en diferentes obras como *Vorträge über Descendenztheorie* (1902), propone una división en el organismo entre células germinales (o germen) y células somáticas (o soma). Las células germinales son las únicas que contienen los factores hereditarios (que él llamó *ides)* y que, por tanto, se transmiten a la descendencia. Tan sólo los cambios que afecten a las células germinales tendrán alguna probabilidad de ser transmitidos a la descendencia. Por el contrario, los cambios operados en las células somáticas durante la vida del individuo no son heredables, por lo que mueren con el individuo (contrariamente a las tesis lamarckianas). Parafraseando a Weismann, sólo el plasma germinal es inmortal.

Como puede verse, Weismann prefiguró la distinción entre genotipo y fenotipo que los genéticos fundacionales como Johanssen y Bateson establecieron poco después, a principios del siglo XX. Weismann, además, identificó correctamente a los cromosomas como el material celular en el que se ubicaban los factores hereditarios o *ides*. Así pues, en el neodarwinismo de Weismann se encuentra por primera vez una formulación darwinista que pone el acento sobre las variaciones innatas, predeterminadas en el germen y debidas al azar, como factor prácticamente exclusivo de la evolución, sobre las que se aplicaría la selección natural de aquellas variantes que garantizasen la supervivencia diferencial de sus portadores.

Weismann, sin embargo, no conoció los trabajos de Mendel (a diferencia de su compatriota Nägeli), por lo que su teoría no pudo librarse de cierto tono especulativo. Hubo que esperar al redescubrimiento de las leyes de Mendel en 1900 para que el darwinismo pudiese digerir de forma operativa las conclusiones que se derivaban de ellas. Este trabajo correspondió a los autores de la llamada Síntesis moderna, que tuvo lugar en los años treinta y cuarenta del siglo XX. Con el tiempo, y sobre todo a partir de la década de los setenta, el término «neodarwinismo» pasaría a englobar también a la mencionada teoría sintética de la evolución. Este último caso, sin embargo, correspondería más bien a lo que podríamos llamar neo-neodarwinismo, pues la primera reforma del darwinismo a cargo de Weismann precedió en varias décadas a la eclosión final de la Síntesis moderna (19, 20, 24, 82).

66. NEUTRALISMO

Desde la misma genética de poblaciones, el papel preponderante de la selección natural en la evolución fue puesto en duda por Motoo Kimura, del

Instituto Nacional de Genética de Misima (Japón), quien propuso su teoría neutralista. En 1967, Kimura contabilizó valores muy similares para las distintas muestras analizadas al observar las tasas de substitución de aminoácidos de varias especies. Por otra parte, estas substituciones no parecían producirse según un patrón determinado sino que su distribución respondía puramente al azar. Además, la frecuencia de este tipo de cambio en el ADN era muy elevada, mucho más de lo que se había supuesto, algo congruente teniendo en cuenta la abundante variabilidad oculta que se había descubierto en las poblaciones con el perfeccionamiento de las técnicas de electroforesis.

La conclusión de tales estudios era clara: durante la evolución se produce una gran cantidad de cambios mutacionales, la mayoría de ellos neutros, indiferentes a la selección natural. Por el mismo motivo, su distribución en el seno de las poblaciones corresponde a factores puramente aleatorios. Ello suponía admitir que un determinado alelo mutante (y, por tanto, el carácter o caracteres ligados al mismo) podía difundirse sin conllevar ventaja selectiva alguna. Así pues, en el seno de las especies existiría una gran cantidad de información redundante, anodina para la selección natural, que se distribuiría al azar o por factores estrictamente históricos en las diferentes poblaciones. Así pues, factores como la tasa de mutación o la deriva genética serían mucho más determinantes que la propia selección natural al fijar una determinada mutación.

La teoría neutralista de Kimura presenta asimismo un notable grado de congruencia con el modelo de equilibrios puntuados propuesto por Eldredge y Gould. Por ejemplo, proporciona posibles mecanismos de evolución rápida. Así, aunque selectivamente neutras, las variaciones en el plano molecular que se producen en una población pueden implicar de hecho su aislamiento genético de otras poblaciones. O bien, mutantes en un principio selectivamente neutros pueden perder súbitamente esta condición ante determinados cambios ambientales y pasar a tener un sentido funcional. Ambos casos quedarían reflejados en el registro geológico como saltos evolutivos.

En cualquier caso, tanto la teoría neutralista de Kimura como el modelo de equilibrios puntuados de Eldredge y Gould reducen considerablemente el papel omnímodo que se había otorgado a la selección natural a la hora de explicar el origen de todo cambio evolutivo (20, 21, 38, 80).

Reconstrucción de *Oreopithecus*, según Pavel Major.

67. OREOPITHECUS

En 1872, el paleontólogo francés P. Gervais descubrió en los lignitos del Mioceno superior de la Toscana italiana los restos de un nuevo tipo de antropoide al que denominó *Oreopithecus*. La fauna que acompañaba a *Oreopithecus*, datada en unos ocho millones de años, incluía pequeños cocodrilos, una nutria, algunos antílopes muy especializados o diversos roedores, pero ningún carnívoro depredador de tamaño grande que pudiese inquietar a estos simios, cuyo peso se ha estimado en unos 25-30 kilos. La ausencia de depredadores y la baja diversidad de esta fauna (*Oreopithecus* es de lejos el elemento más común) se explica por el hecho de que en el Mioceno superior la Toscana constituía una gran isla en medio del Mediterráneo. Hace unos seis millones de años, al establecerse nuevos puentes de comunicación terrestre con Europa, la fauna endémica de la Toscana, *Oreopithecus* incluido, se extinguió sin remisión.

La posición sistemática y evolutiva de este primate ha constituido siempre una especie de rompecabezas. Por sus molares de corona alta, con un gran número de crestas, así como por la forma del cráneo, *Oreopithecus* fue considerado inicialmente como una forma de cercopitécido (los monos del viejo mundo). Su esqueleto, sin embargo, indicaba una relación más próxima a los hominoides, especialmente a las formas braquiadoras como los gibones. A finales de la década de 1950, el paleontólogo suizo Johannes Hürzeler, del Museo de Basilea, reemprendió las prospecciones en las antiguas minas de lignito de la Toscana en las que se habían descubierto los primeros restos: Monte Bamboli, Baccinello, Grosseto. Sus esfuerzos se vieron recompensados no sólo por la gran cantidad de nuevos restos craneales y poscraneales, sino sobre todo por un esqueleto entero, aunque muy deformado, hallado a más de 200 metros de profundidad en la mina de Baccinello y que el mismo Hürzeler extrajo con riesgo de su vida. Hürzeler creyó ver en *Oreopithecus* un conjunto de caracteres que, según él, demostraban claramente que aquel antropoide correspondía en realidad a un homínido primitivo. Por ejemplo, el maxilar era corto y dotado de unos caninos reducidos, rasgo que en aquel momento se consideraba clave para separar póngidos y homínidos. Además, el premolar presentaba dos cúspides, como se le suponían al ancestro de los homínidos, a diferencia de los otros antropomorfos vivos, que presentan premolares monocúspides. Después del hallazgo del esqueleto de Baccinello, Hürzeler interpretó que *Oreopithecus* era bípedo, ya que presentaba una pelvis corta, más próxima a la de los homínidos que a la de los actuales antropomorfos. Curiosamente, sin embargo, este carácter pasó casi desapercibido en el marco de una discusión que se centró sobre todo en los caracteres dentarios. A mediados de los sesenta, Hürzeler perdería finalmente la batalla frente a otro hominoide «resucitado», *Ramapithecus*, considerado un homínido a partir de los mismos caracteres dentarios que se utilizaron con *Oreopithecus*. Este último quedó arrinconado durante más de dos décadas, considerado como un simio enigmático, tal vez un cercopitécido primitivo de origen africano que habría colonizado la Toscana durante el Mioceno superior.

Sin embargo, en 1997, los paleontólogos del Institut de Paleontologia M. Crusafont de Sabadell Salvador Moyà y Meike Köhler reabrieron de nuevo el caso, poniendo en evidencia el interés que *Oreopithecus* podía tener para la comprensión de la evolución humana. Ambos investigadores tuvieron acceso a la colección completa de *Oreopithecus* del Museo de Basilea y, tras un laborioso proceso de restauración en Sabadell, pudieron estudiar de manera detallada una gran cantidad de material inédito, que ha proporcionado una visión diferente de este primate. La conclusión más espectacular de su análisis fue que, efectivamente, *Oreopithecus* debió de ser un antropoide plenamente bípedo, como se deduce del estudio de la columna vertebral y las extremidades. Por un lado, la pelvis recuerda mucho más a la de un australopitecino que a la de los antropomorfos actuales, como el gorila o el chimpancé. Asimismo, la columna vertebral muestra una lordosis, es decir, una curvatura en la región lumbar también propia de los seres humanos y de los otros homínidos bípedos. Este carácter sin duda es el que más claramente apoya la tesis de que *Oreopithecus* poseía locomoción bípeda.

El bipedismo de *Oreopithecus*, sin embargo, era muy distinto al que unos millones de años después desarrollarían en África los primeros homínidos, como lo demuestra el estudio del pie de este hominoide. El pulgar presentaba una flexión de más de 90 grados respecto al resto de dedos del pie, a diferencia de nuestro pie y del de *Australopithecus*. El pie de *Oreopithecus* actuaba, por tanto, como una especie de trípode que aseguraba la estabilidad durante la marcha erecta. Evidentemente, y a diferencia de los verdaderos homínidos, esta marcha sería forzosamente lenta, lo que no debió de constituir ningún problema en una isla sin depredadores. A diferencia de sus parientes del continente, la principal preocupación de *Oreopithecus* no era huir, sino procurarse alimento de las ramas de los árboles. Respecto al origen de este primate, el análisis de los rasgos de este hominoide muestra que no es necesario ir a África para encontrar a los ancestros de *Oreopithecus,* ya que existen evidencias anatómicas que lo vinculan con *Dryopithecus*, el hominoide arborícola que pobló Europa occidental a principios del Mioceno superior. Así pues, el bipedismo ya fue ensayado por otros hominoides unos cuantos millones de años antes de que apareciesen los primeros homínidos en África oriental. Las condiciones excepcionales que se dieron en la isla de la Toscana hace unos ocho millones de años, sin depredadores, permitió el desarrollo de un tipo de locomoción que, hasta ahora, se había considerado exclusiva de los homínidos (25, 45, 50).

68. ORRORIN

En el año 2000, un equipo francokeniano dirigido por Brigitte Senut y Martin Pickford, del Museo Nacional de Historia Natural de París, descubrió en la Formación Lukeino de Kenia hasta trece restos dentarios y poscraneales de un homínido de unos seis millones de años de antigüedad. Los restos procedían de cuatro niveles diferentes e incluían hasta tres fragmentos mandibulares, diversas piezas dentarias superiores, dos fémures incompletos, un fragmento de húmero y varias piezas más. De acuerdo con las conclusiones de sus autores, la forma de la cabeza del fémur, esférica y algo rotada anteriormente, unida a la caña por un cuello estrecho y comprimido en sentido antero-posterior, indica que *Orrorin tugenensis*, nombre del nuevo homínido, presentaba ya una locomoción bípeda. Otros caracteres, sin embargo, como la presencia de falanges manuales recurvadas o la forma del húmero, indicaban que *Orrorin* mantenía todavía una buena capacidad para trepar y hacer vida en los árboles, combinación de caracteres que también se observa en *Australopithecus afarensis*. Respecto a la dentición, los dientes de *Orrorin* son relativamente pequeños en comparación con los de *Australopithecus*, pero tienen en común con los de éste la presencia de esmalte dentario grueso (a diferencia de *Ardipithecus)*. Asimismo, los caninos de *Orrorin* son relativamente grandes, comparados con los de otros homínidos.

La edad de *Orrorin* lo sitúa exactamente en el punto de bifurcación entre homininos y paninos, de acuerdo con los datos de la biología molecular. Según Senut y Pickford, aunque próximo a tal bifurcación, *Orrorin* no sólo está ya del lado de los homininos, sino que se encuentra en la línea directa que lleva hasta el género *Homo* (siguiendo en esto las ideas de Yves Coppens, para quien nuestra línea evolutiva se habría escindido mucho antes de 2,5 millones de años atrás). Mientras *Australopithecus anamensis* (al que Senut y Pickford llaman *Preanthropus)* constituiría el siguiente eslabón en esa línea, el resto de *Australopithecus* (incluido *A. afarensis)* se situaría en una rama lateral que no tendría nada que ver con *Homo* y en la que se decía una tendencia al desarrollo de grandes molares (fenómeno conocido como megadoncia).

Sin entrar en este particular punto de vista, si realmente se confirma el bipedismo de *Orrorin* (algo que varios autores, como el mismo Tim White, ponen en duda), esta forma miocénica, con su combinación de caracteres primitivos y derivados, podría perfectamente ser un ancestro de los homininos. Los problemas, sin embargo, aparecen a la hora de relacionar *Orrorin* con el otro supuesto ancestro de los homininos, *Ardipithecus*. De acuerdo con la posición adelantada del *foramen magnum*, *Ardipithecus* es también una forma bípeda. Su dentición, sin embargo, es de esmalte fino (a diferencia de los *Australopithecus)*. Si asumimos una relación filogenética directa entre *Orrorin tugenensis* (seis millones de años), *Ardipithecus ramidus* (4,5 millones de años) y *Australopithecus anamensis* (cuatro millones de años), este carácter mostraría una curiosa y complicada evolución, que empezaría por una primera etapa con molares de esmalte grueso, pasando luego a otra con esmalte delgado, para volver de nuevo a la condición de esmalte grueso en *Australopithecus*.

Obviamente, es una ruta demasiado compleja: o bien la condición primitiva en los homininos fue la posesión de esmalte grueso (lo que se confirma en un buen número de hominoides miocénicos europeos como *Ouranopithecus* o *Ankarapithecus)*, o bien la condición primitiva es el esmalte delgado, como se observa en *Ardipithecus* y en los paninos (chimpancé, bonobo y gorila). Frente a esta contradicción, Pickford y Senut mantienen que *Ardipithecus* no es en realidad un hominino, sino el ancestro de chimpancés y gorilas, y que el carácter bípedo de este género de homínidos está aún por demostrar. La misma argumentación, pero justamente en sentido contrario, es la que utilizan los detractores de *Orrorin* para desautorizar las conclusiones de Pickford y Senut: la forma de Lukeino no sería un verdadero hominino, sino un hominoide arborícola que aún no habría desarrollado la locomoción bípeda. Así pues, los hallazgos fragmentarios de Lukeino refutan lo que sería un simple modelo lineal del tipo *Orrorin-Ardipithecus-Australopithecus-Homo*, y apuntan a una historia mucho más compleja hace entre seis y cuatro millones de años, momento sin duda crucial en la evolución de los homínidos (6, 44, 45, 93).

69. ORTOGÉNESIS

Enunciada por Theodor Eimer y Wilhelm Haacke en la última década del siglo XIX, la teoría de la ortogénesis considera que la evolución está dirigida hacia direcciones predeterminadas por factores internos, independientes del ambiente y de la selección natural, que, finalmente, comportan la extinción de la línea evolutiva. La ortogénesis constituye un claro reflejo de la atmósfera enrarecida en la que se movió el darwinismo primitivo. Eran tiempos en los que, a pesar de la amplia aceptación de que gozaba la idea de evolución, existía un notable escepticismo hacia el concepto de selección natural, como si este mecanismo no fuese suficiente para explicar los grandes patrones evolutivos que se deducían del registro fósil.

Por un lado, estaba la creciente constatación por parte de los geólogos históricos y los paleontólogos de que la Tierra había estado sometida a numerosos y variados cambios ambientales en el curso de su historia. A pesar de las ideas adaptacionistas de Kovalevski (una rareza en su contexto), la existencia de series evolutivas aparentemente lineales en las que una batería de caracteres cambiaba conjuntamente de modo progresivo siempre en la misma dirección casaba mal con los vaivenes y fluctuaciones climáticas que se le suponían a la accidentada historia de la Tierra. Por otra parte, los extremos de algunas de estas series evolutivas culminaban en estructuras desorbitadas cuyo valor adaptativo no era evidente, como en el caso de los grandes colmillos de los felinos dientes de sable o de las enormes astas de los ciervos megacerinos del Cuaternario, que llegaron a medir cerca de cuatro metros de punta a punta. La idea de una evolución dirigida y constreñida por factores «internos» hacia unas direcciones predeterminadas, independientemente de la selección natural, creció con fuerza y se mantuvo en el campo de la paleontología durante buena parte de la primera mitad del siglo XX.

A mediados de siglo, no obstante, Simpson y la mayor parte de biólogos evolutivos de la Síntesis consideraron que el tipo de cambio gradual propuesto clásicamente por Kovalevski, Marsh y los defensores de la ortogénesis entraba de lleno dentro del marco de la microevolución y podía ser explicado a través de un tipo particular de selección natural, la selección direccional u ortoselección: durante millones de años, la lenta transformación de las condiciones ambientales tendría como efecto que los fenotipos mejor adaptados a los cambios suplantasen progresivamente los peor adaptados, dando lugar con el tiempo a una población de características diferentes a la original. Existiría, por tanto, un cambio direccional en la representación genotípica y fenotípica de la población guiado por la selección natural (54, 71, 81, 87).

70. OURANOPITHECUS

Los primeros restos de este hominoide fueron descritos en la localidad griega de Pyrgos en 1972. Aunque, como sucede con *Ankarapithecus,* poco se sabe de las adaptaciones locomotoras de *Ouranopithecus* (o *Graecopithecus*, nombre rescatado por Eric Delson, Peter Andrews y otros), las afinidades de este hominoide quedaron clarificadas en parte gracias al descubrimiento en la localidad griega de Xirochori de una cara muy completa que incluía el paladar, los nasales y una órbita entera. Este descubrimiento demostró que *Ouranopithecus* era ciertamente más robusto y de talla más grande que *Dryopithecus* y *Ankarapithecus*. Se trataba más bien de un gran hominoide cuya talla podía alcanzar la de un gorila hembra. La cara era muy robusta, con un parecido superficial a la del gorila, dotada de un grueso tabique interorbital y órbitas bajas y cuadrangulares coronadas por gruesos arcos superciliares. La mandíbula y los huesos maxilares eran asimismo muy robustos, lo que, como en el caso de *Ankarapithecus*, estaba relacionado con la presencia de grandes molares (dentición megadonta) de esmalte grueso. Por el contrario, los caninos eran relativamente pequeños en comparación con los de los actuales gorilas y chimpancés. Aunque no se conoce casi nada de sus hábitos locomotores, el análisis microscópico de las trazas de desgaste dejadas sobre el esmalte dentario durante la masticación permite llegar a algunas conclusiones. Así, el esmalte de los incisivos ha mostrado la presencia de marcas

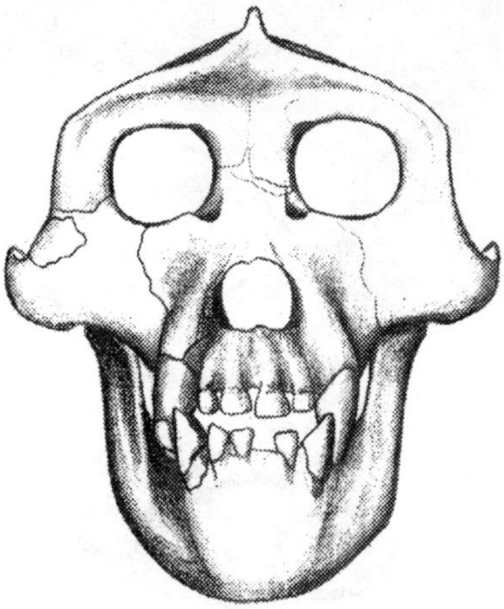

Reconstrucción del cráneo
de *Ouranopithecus,*
según Meike Köhler
(en Agustí y colaboradores, 2000).

dejadas por finos granos de sílice. Ésta es una característica típica de aquellos primates que toman su alimento no de los árboles sino directamente del suelo, donde los bulbos y las semillas suelen llevar gran cantidad de granos de polvo y arena. Por tanto, de acuerdo con este análisis, *Ouranopithecus* fue probablemente un hominoide básicamente terrestre, diferenciándose en este aspecto de los driopitecinos de Europa occidental y central.

Todas estas características, y muy especialmente los detalles de la dentición, llevaron a Louis de Bonis y Georges Koufos a proponer que *Ouranopithecus* pertenecía al grupo que dio origen a los primeros homínidos africanos del género *Australopithecus* (lo que se conoce como «grupo-hermano»). La ausencia de un registro adecuado de hominoides en el Mioceno superior de África que pudiera encajar con tal ancestro llevó a algunos autores a proponer una especie de escenario de «vuelta a África» *(Back to Africa,* por oposición al común escenario de *Out of Africa* del Pleistoceno). De acuerdo con este escenario, buena parte de los elementos que caracterizaron el Plioceno en África oriental se encontraban ya en el Mioceno superior en la llamada provincia grecoiraní, la cual, por tanto, había constituido el área de origen de la fauna que pobló África durante el Plioceno inferior (incluyendo, por supuesto, a los homínidos). De acuerdo con estos autores, el bosque abierto presente en aquella zona de Europa oriental puede ser considerado como un precedente plausible de las primeras sabanas africanas (o *protosabanas,* de acuerdo con el término ideado por Judith Harris). Este biotopo se habría extendido a África oriental durante el Mioceno superior, estableciendo las bases de la evolución posterior de los mamíferos (y de los homínidos) en esa parte del continente (2, 25, 45, 53).

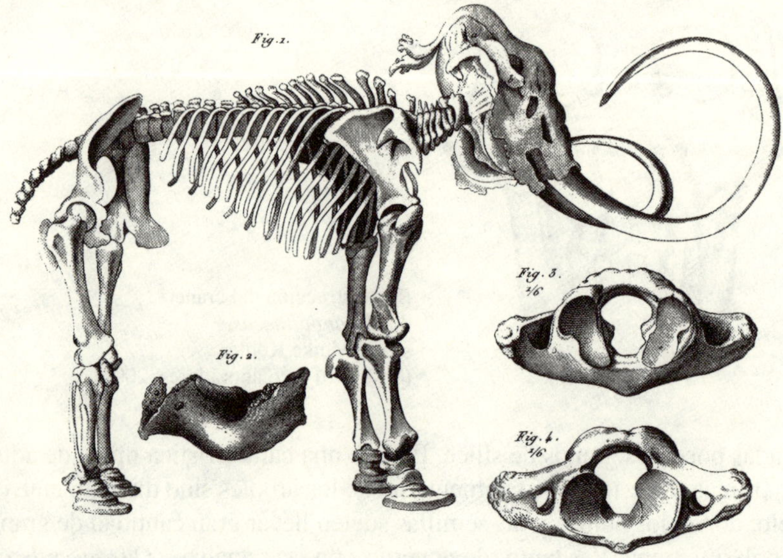

Esqueleto de la especie *Mammuthus primigenius,* cuya dentición permitió a Georges Cuvier probar la existencia de especies extinguidas en el registro fósil (ilustración procedente de su obra *Recherches sur les ossements fossiles).*

71. PALEONTOLOGÍA

A pesar de que el objeto material de la paleontología, el estudio de los fósiles, se ha mantenido invariable a lo largo de su historia, la definición formal de los objetivos de esta ciencia, lo que podríamos llamar *su programa*, ha sufrido frecuentes variaciones con el paso del tiempo. Así, en tanto que biología histórica o del pasado, en la actualidad resulta difícil delimitar un terreno específicamente paleontológico. A pesar de la implicación profunda de la paleontología en el estudio del cambio ambiental, la biología evolutiva o la filogenia de los grandes grupos biológicos, el avance en estos campos se sustenta hoy en muchas otras disciplinas que aportan un enfoque complementario al puramente paleobiológico. El análisis de la evolución de la biosfera en todas sus facetas aparece cada vez más como un entramado multidisciplinar en el que interactúan disciplinas tan diferentes como la genética, la biología molecular, la paleontología, la ecología o la termodinámica. En este contexto ¿existe en la actualidad algún tema específicamente paleontológico, algún problema sobre el que la paleontología tenga una competencia especial? Creemos que se trata del problema paleontológico por excelencia, la extinción de las especies. En realidad, ya en sus orígenes la paleontología nació como la *ciencia de las especies fósiles* (o extintas), como la auténtica ciencia de la extinción, desde que Georges Cuvier probó a finales del siglo XVIII que, efectivamente, había especies que habían existido pero que ya no se encontraban en la actualidad, y que la extinción era un hecho incontrovertible.

Sin embargo, la publicación en 1859 de *El origen de las especies* de Darwin supuso un importante cambio en los objetivos prioritarios de esta ciencia. Con el advenimiento de la teoría de la evolución, las grandes extinciones en la historia de la vida («las revoluciones del globo»), hasta entonces objeto de atención preferente, cedieron su lugar a la mutabilidad de las especies, tópico que hasta entonces apenas había atraído la atención de los paleontólogos. El advenimiento de la teoría de la evolución supuso para la paleontología su revalorización como la *ciencia de los eslabones perdidos,* encargada de suministrar las pruebas físicas de la evolución y documentar a través del registro fósil la transición gradual entre unas especies y otras, llenando las numerosas casillas vacías del árbol de la vida. A partir de ese momento, la investigación sobre los orígenes se convirtió en la ocupación preferente de los paleontólogos (algo que, en el caso de los fósiles humanos, llegaría a límites obsesivos). Según esta tradición, el papel de la paleontología se restringía al de «visionadora» de la evolución. Los paleontólogos podrían atreverse a *mostrar* lo ocurrido, pero difícilmente podrían aportar dato alguno en lo que se refiere a nuestra comprensión de los mecanismos del proceso evolutivo. Y sin embargo, dentro del panorama de la biología evolutiva de los últimos veinte años, difícilmente puede encontrarse otra disciplina que haya dado mayores muestras de vitalidad en este sentido.

En efecto, el cambio conceptual operado en la paleontología durante las décadas de los ochenta y noventa supuso una fractura en el postulado básico de la síntesis según el cual el proceso evolutivo es a todos los niveles (incluyendo el macroevolutivo y el megaevolutivo) consecuencia de la selección natural en el plano individual. La evolución aparece entonces como un proceso jerárquico, con diferentes niveles de selección que funcionan autónomamente, de modo que la posibilidad de predecir el proceso evolutivo es de nuevo puesta en duda. Aunque la selección natural permite anticipar el proceso evolutivo a niveles microevolutivos, a otras escalas el azar entra de nuevo en escena. Particularmente, en lo que a los grandes procesos macroevolutivos se refiere, algunos autores como S. J. Gould o D. Jablonski han llegado especialmente lejos al enfatizar el carácter impredecible del proceso evolutivo, singularmente en aquellas fases de la historia de la Tierra sujetas a lo que se conoce como extinciones en masa. Así pues, la paleontología se configura hoy día como la ciencia que estudia y analiza las fluctuaciones de biodiversidad en el pasado (18, 20, 40, 81).

72. PARANTHROPUS

El género *Paranthropus* fue creado en 1938 por Robert Broom para designar un grupo de homínidos bípedos del Plioceno sudafricano que se diferenciaban claramente por su robustez de aquellos otros más o menos coetáneos incluidos dentro del género *Australopithecus*. Los representantes de esta línea de australopitecinos estaban dotados de potentes aparatos masticadores que en los machos determinaban la aparición de crestas sagitales, como ocurre en los gorilas. La dentición incluía incisivos y caninos pequeños que contrastaban con unos enormes molares dotados de esmalte muy grueso. Los premolares, a su vez, estaban asimismo engrosados y su aspecto recordaba al de los molares. Su talla era, a su vez, algo mayor que la de los australopitecinos gráciles, como *Australopithecus africanus*, pero sobre todo existía un notable dimorfismo sexual entre machos y hembras (mucho más pequeñas y gráciles). Los parántropos fueron fundamentalmente herbívoros, con una dieta basada en semillas, lo que explicaría su poderoso aparato masticador, que les ha valido el apodo de «cascanueces».

El primer miembro reconocible de esta línea aparece hace unos 2,5 millones de años en Kenia y Etiopía. Se trata de *Paranthropus aethiopicus,* especie conocida en diversas localidades del lago Turkana (Kenia) y del valle del Omo (Etiopía). Destaca en particular el llamado «cráneo negro» (WT-17000), descubierto en el Turkana occidental por el equipo de Richard Leakey y que ha permitido hacerse una idea sobre la anatomía craneal de los miembros más arcaicos de este grupo. Gracias a este hallazgo sabemos que *Paranthropus aethiopicus* mostraba ya un buen número de caracteres comunes a las especies posteriores del género, como grandes y gruesos molares trituradores y un potente aparato masticador, que incluía la presencia de cresta sagital en los machos. Sin embargo, otros caracteres nos muestran una forma claramente más arcaica. Así la cara, baja y ancha, es muy prognata, parecida a la morfología facial de *Australopithecus afarensis*, y asimismo, la capacidad craneal es más reducida, de unos 420 cc.

Hace unos 2,2 millones de años *Paranthropus aethiopicus* es substituido en el este africano por una especie mucho más avanzada, *Paranthropus boisei,* especie originalmente descrita en la garganta de Olduvai por Louis Leakey en 1959, pero cuyos restos se han encontrado posterior-

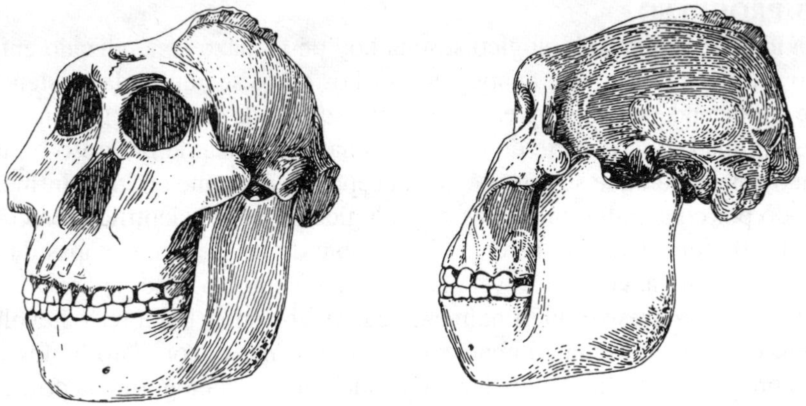

Cráneo de *Paranthropus boisei* (© Columbia University Press).

mente en numerosos puntos del valle del Omo y del Turkana. En esta especie, la tendencia a desarrollar grandes molares de esmalte muy grueso llega a su cenit, alcanzando proporciones jamás desarrolladas por un homínido. La capacidad craneana es relativamente grande para un australopitecino, entre 475 y 530 cc. El representante más antiguo de esta especie corresponde al miembro G de la formación Shungura, en el valle del Omo, de unos 2,2 millones de años de antigüedad, mientras los restos más recientes (1,2 millones de años) se han localizado en Chesowanja (Kenia) y Peninj (Tanzania).

Parcialmente coetáneo de la especie anterior es *Paranthropus robustus*, originalmente descrita por Broom, cuyos restos hasta el momento sólo se han hallado en diversas cuevas de Sudáfrica: Swartkrans, Kromdraai, Sterkfontein y Drimolen. Se trata de una especie que comparte muchos caracteres con la anterior, hasta tal punto que algunos autores comienzan a plantearse la sinonimia entre ambas. La capacidad craneana parece haber sido mayor, entre 500 y 550 cc, y el aparato masticador (mandíbula, dentición, crestas sagitales) aparece algo menos desarrollado que en la especie del este africano. La robustez del cráneo no hallaba su correlato con el esqueleto poscraneal, que no difería mucho del de *Australopithecus africanus*. La altura estimada de los machos era de aproximadamente 1,3 metros, en tanto que las hembras debían de alcanzar 1,1 metros de altura (8, 44, 56, 96).

73. PROGRESO

La idea de progreso biológico suscita hoy un rechazo generalizado entre los biólogos evolutivos, aunque en muchos casos se admite la existencia de cierta tendencia al progreso que se hace difícil de definir en términos de testabilidad. Buena parte de quienes rechazan la idea de progreso biológico consideran que se trata de un concepto fuertemente teñido e influenciado por contenidos culturales e ideológicos sin base científica. En concreto, se considera una herencia indeseable de las primeras etapas de la teoría evolutiva, cuando se veía la evolución como un proceso constante, gradual y progresivo que finalmente culminaba en el hombre. La evolución del mundo orgánico aparecía entonces como el correlato biológico del progreso de la humanidad preconizado por los ideólogos de la primera revolución industrial, del mismo modo que las revoluciones del globo de Cuvier aparecen como el correlato geológico de las profundas revoluciones sociales de finales del siglo XVIII. La idea de progreso evolutivo, pues, ha sido ruidosamente desterrada del pensamiento biológico actual debido a sus innegables connotaciones ideológicas.

Por el mismo motivo, no puede evitarse la impresión de que este rechazo frontal no es tampoco inmune a cierta carga ideológica de sentido opuesto, la cual desemboca en afirmaciones categóricas del tipo de «el progreso es una nociva, culturalmente influenciada, incontrastable, inoperativa e intratable idea» (según afirmaba Gould en 1988). Aunque negándolo formalmente, muchos biólogos admiten la existencia de cierto progreso biológico, definido de modo más o menos difuso como un incremento de la complejidad. Esta contradicción nace de la propia ambivalencia del término, que aúna un contenido cultural discutible (la evolución va «a mejor») con un substrato real que es constatable a nivel biológico (la direccionalidad de numerosos procesos evolutivos). Así, resulta curioso constatar la rara unanimidad que ha existido al aceptar que a lo largo de la evolución biológica ha persistido una tendencia general hacia el aumento de complejidad, idea que se ha mantenido con diversas variantes, desde las formulaciones más o menos filosóficas de Spencer (tendencia a pasar de la homogeneidad a la heterogeneidad) hasta las más recientes de los grandes autores de la teoría sintética como Ledyard Stebbins: «una tendencia al aumento de complejidad del desarrollo y del grado de integración del fenotipo para conferir una mayor capacidad de explotar ambientes nuevos». Sin embargo, esta concepción del progreso biológico ha tropezado reiteradamente con la dificultad de encontrar un parámetro que permitiese definir el aumento de complejidad en términos testables.

Complementaria a la idea de complejidad creciente, se encuentra también la idea de que la evolución ha comportado una progresiva independencia del medio: a medida que se ascendía en la escala de complejidad, los organismos se habrían dotado de mecanismos cada vez más efectivos a la hora de sortear las variaciones ambientales. En estos términos han sido interpretadas innovaciones como las cutículas de las plantas, la aparición de las semillas, el huevo amniótico o la placenta. Esta idea, rastreable en la obra de finalistas como Teilhard de Chardin, fue ampliamente desarrollada por algunos de sus discípulos (por ejemplo, Miquel Crusafont). Sin embargo, no es ajena en absoluto a los padres de la teoría sintética, como lo demuestra el texto de Stebbins reseñado más arriba. Es más, el propio T. Dobzhansky trató extensamente el tema en una obra con un título muy significativo: *Las bases biológicas de la libertad humana*. La idea de que la evolución ha favorecido a aquellas formas dotadas de mayor resistencia frente a las fluctuaciones ambientales ha sido otra de las constantes de los partidarios del progreso evolutivo. De nuevo, sin embargo, como sucedía en el caso de la complejidad biológica, formular esta progresiva independencia del medio en términos verificables fue la mayor dificultad con que se encontraron sus defensores.

Más recientemente, el tema del progreso biológico ha derivado hacia planteamientos más realistas y contrastables, como es el caso de la diversidad biológica: a lo largo del tiempo, la diversidad de formas biológicas se habría incrementado progresivamente, hasta llegar a las cotas actuales. Y ciertamente, cuando se observa la pauta general de cambios en la diversidad en la historia de la vida, se constata un incremento neto en el número de familias a lo largo de la escala temporal. Sin embargo, este argumento tiene un punto débil: aunque es evidente que existe un aumento neto en el número de familias a lo largo del tiempo, éste no es exactamente lineal, ya que se observan continuos altibajos en el curso de la historia de la vida. Y, en general, a una tendencia que se suponga progresiva en términos absolutos se le debe exigir cierta linealidad en el tiempo. Así, se constata que el registro de familias marinas sufrió un incremento explosivo a principios del Cámbrico y sobre todo durante el Ordovícico. Sin embargo, a partir del Silúrico se produjo cierta estabilización que, con variaciones, se mantuvo en torno a las 500 familias. Posteriormente, tuvo lugar una abrupta caída de diversidad a finales del Pérmico, coincidiendo con la extinción en masa del límite Paleozoico-Mesozoico. Después, a principios del Triásico, se inició una clara recuperación que proseguiría de manera casi constante hasta nuestros días, y que las sucesivas recaídas debidas a extinciones en masa (Triásico terminal, Cretácico medio, Cretácico-Terciario) no consiguieron quebrar. El otro problema que surge en este caso es lo que David Raup ha llamado «el empuje del presente» *(pull of the present)*. Es decir, el efecto que sobre los cálculos de la diversidad en el pasado tiene el hecho de que cuanto más nos acercamos al presente más completo es el registro fósil (debido a la cantidad de substrato rocoso no destruido), lo que puede crear un falso efecto de «aumento de diversidad».

En este sentido, ha sido Stephen J. Gould quien se ha opuesto de manera más firme a la idea de que la evolución haya comportado un aumento de tipos biológicos a lo largo del tiempo. Según Gould, lo que realmente ha tenido lugar es una disminución del número de tipos biológicos: el llamado «árbol de la vida», la clásica metáfora del progreso biológico, no correspondería a un frondoso roble que haya multiplicado progresivamente sus ramas hacia el cielo, sino más bien a un seto mal podado del que sólo sobresalen unas pocas ramas. En otras palabras, la máxima diversidad biológica se habría dado en el Cámbrico, con una extraordinaria profusión de tipos biológicos, como ha revelado el yacimiento de Burgess Shale en Canadá. Posteriormente, la extinción en masa del final del Cámbrico habría dejado el número de tipos biológicos reducido a poco menos que los tipos actuales: por tanto, difícilmente se podría hablar de aumento de diversidad biológica, sino más bien de regresión.

Sin embargo, la argumentación de Gould se debilita si, en lugar de tipos zoológicos, consideramos el número de innovaciones evolutivas o bien el número de tipos celulares. Así, John T. Bonner, entre otros, ha revelado que existe una escala progresiva de aumento de tipos celulares a lo largo de los distintos tipos zoológicos. Además, en este caso la correlación es casi perfecta, ya que se observa un aumento lineal de la diversidad celular a lo largo de la escala geológica. Sin embargo, la discusión ha surgido cuando se ha tratado de interpretar esta tendencia al aumento de diversidad. De nuevo, Gould, junto a la microbióloga Lynn Margulis, ha proporcionado los argumentos más incisivos contra la idea de una escala progresiva de complejidad. En efecto, aun admitiendo que haya existido un aumento en la complejidad de los organismos definible en términos de tipos celulares, Gould no considera que ello revele una tendencia unidireccional en ese sentido, sino un aumento general de la diversidad *en todos los sentidos posibles;* lo que habría aumentado en realidad es la variabilidad de las especies que pueblan la Tierra. La diversificación habría afectado tanto a organismos complejos como a formas unicelulares y en todo momento se sucederían tanto incrementos como disminuciones de complejidad. Lo que ocurre es que las formas procariotas tienen una limitación básica, de manera que la diversidad no puede crecer por debajo de ciertos niveles mínimos de complejidad. Ello actuaría como un «muro» que impediría progresar por la vía de organismos demasiado sencillos. Por el contrario, el aumento de la complejidad podría ser ilimitado y el simple proceso de adición de nuevas formas daría como resultado un aumento neto de diversidad, aunque en realidad no existiría un mecanismo activo que favoreciera particularmente la existencia de organismos más complejos: se trataría simplemente de un proceso pasivo de difusión asimétrica (12, 40, 86, 87).

74. QAFZEH

Las primeras evidencias del tipo humano moderno (u *Homo sapiens* en sentido estricto) se encuentran en distintas partes de África entre 200.000 y 100.000 años atrás. Así, una serie de cráneos en diferente estado de conservación como los de Ngaloba en Laetoli (Tanzania) y Djebel Irhroud (Marruecos) presentan ya una serie de características que anuncian al hombre anatómicamente moderno, como una calota craneana redondeada y una cara ancha y chata, aun cuando retienen todavía rasgos arcaicos como la presencia de fuertes arcos superciliares. Diversos hallazgos en África de unos 100.000 años atrás muestran ya una combinación de caracteres de tipo plenamente «moderno», como la posesión de un neurocráneo corto y redondeado, arcos superciliares reducidos, mentón prominente y complexión grácil. Es el caso, por ejemplo, del cráneo de Klasies River, en Sudáfrica, o del esqueleto parcial de Omo Kibish I, en Etiopía, hallazgos que atestiguan la presencia de humanos modernos en África hace más de 100.000 años. La complexión grácil de estos individuos puede ser explicada como una adaptación a la vida en la sabana y las praderas abiertas de África, en claro contraste con la constitución robusta de los neandertales.

Sin embargo, la extraña combinación de caracteres arcaicos y avanzados en este tipo de formas indujo durante décadas a una considerable confusión en torno al origen de nuestra especie, en un momento en el que no se disponían de dataciones seguras. Así, cuando en los años veinte y treinta del pasado siglo aparecieron en diversas cuevas de Palestina las primeras evidencias de este tipo humano moderno, la interpretación de estos hallazgos fue muy diferente. Los primeros restos de hombre anatómicamente moderno hallados en las cuevas de El Tabun y Mugharet, en el monte Carmelo, fueron interpretados por algunos autores como formas intermedias entre los neandertales y los cromañones europeos. En particular, los cráneos completos de Qafzeh y Skhul-V presentaban una morfología general de tipo moderno pero retenían, como en el caso de los «protomodernos» africanos, características arcaicas como la presencia de

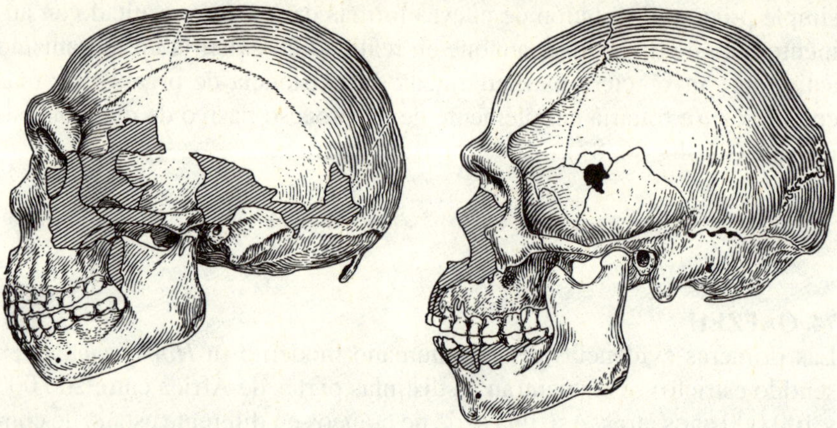

Qafzeh. Cráneos de *Homo neanderthalensis* del monte Carmelo y de *Homo sapiens* arcaico de Skhul V (Israel).

arcos superciliares moderadamente desarrollados. Este carácter «intermedio» se veía reforzado, además, por la aparición de auténticos neandertales en otros yacimientos de la región, como Tabun I. Dado que en el momento en que se desarrollaron estas excavaciones no existían dataciones seguras de estos restos, se dio por sentado que los neandertales de Tabun I eran anteriores y precedieron a los humanos modernos en la ocupación del área, evolucionando posteriormente in situ. Sin embargo, cuando finalmente se dispuso de dataciones por resonancia de *spin* y otros métodos, el panorama cambió radicalmente. Así, los cráneos modernos de Qafzeh y Skhul resultaron ser, en realidad, más antiguos que los neandertales de la región, con edades que oscilaban entre 100.000 y 120.000 años atrás, próximas, por tanto, a los primeros humanos modernos de África. Por otra parte, los cráneos de neandertales de Kebara y Amud resultaron ser más recientes, en torno a 40.000 o 50.000 años atrás. El neandertal de Tabun, por su parte, era mucho más antiguo, de edad próxima a la de los restos de Qafzeh y Skhul. La sucesión original Neandertal-humano moderno se vio substituida por otra más complicada del tipo de humano moderno-Neandertal o Neandertal-humano moderno-Neandertal.

De hecho, la sucesión en Oriente Próximo parece reflejar más bien un reemplazamiento ecológico más que una secuencia filogenética. Las supuestas características de tipo Neandertal de los cráneos Qafzeh y Skhul corresponden en realidad a caracteres primitivos heredados de los antepasados comunes a ambos grupos biológicos, como *Homo antecessor* u *Homo heidelbergensis.* En términos cladísticos, se trata de caracteres plesiomórficos que no proporcionan información de tipo filogenético. Neandertales y humanos modernos corresponden claramente a dos ecotipos diferentes, uno robusto, bien adaptado a las duras condiciones de la Europa glaciar, y el otro de complexión grácil, adaptado a las praderas abiertas y las sabanas de África. En este contexto, Oriente Próximo aparece como una zona fronteriza entre ambos biomas, sensible a las fluctuaciones climáticas del Pleistoceno. La sucesión humano moderno-Neandertal, o Neandertal-humano moderno-Neandertal registrada en esa zona parece reflejar, de hecho, los desplazamientos del límite entre la estepa fría, al norte, y los ambientes subdesérticos y de sabana al Sur. Neandertales y humanos modernos habrían seguido sus propios biotopos hacia el sur o hacia el norte, dependiendo de las fluctuaciones latitudinales de ambos biomas (31, 46, 64).

75. RAUP, DAVID

Paleontólogo norteamericano, profesor en la Universidad de Chicago. Autor de diversas obras, como *Principles of Paleontology* o *Extinction, bad genes of bad luck?,* en la década de los setenta fue uno de los pioneros en la aplicación y uso de bases de datos en el análisis de la forma y de los patrones de origen y extinción de especies. Junto a su discípulo John Sepkoski, elaboró su famosa teoría de Némesis o de las extinciones periódicas. Según esta hipótesis, a lo largo de la historia de la vida los procesos de extinción masiva han tenido lugar con una periodicidad de 26 millones de años. Esta periodicidad sería debida a sucesivos bombardeos de meteoritos que determinarían la extinción de más del 50 por ciento de las especies existentes en la Tierra. El origen de tales bombardeos se encontraría en las perturbaciones causadas por la aproximación cada 26 millones de años de Némesis, una supuesta estrella hermana del Sol cuya existencia no ha sido nunca probada. Esta teoría dio lugar a un encendido debate que ha sido descrito por el mismo Raup en su obra *El asunto Némesis* (9, 14, 33, 34).

76. REINA ROJA, EFECTO

El personaje de la Reina Roja aparece en la obra de Lewis Carroll *Alicia a través del espejo.* En ella Alicia es transportada a toda velocidad por el personaje a lo largo y ancho de un gran tablero de ajedrez, para descubrir al final del trayecto que no se han movido de la casilla de partida. La

Reina Roja ofrece a Alicia la siguiente explicación: «En este país hay que correr continuamente para permanecer en el mismo sitio». En 1973, el biólogo evolutivo Leigh van Valen tomó prestada la metáfora de la Reina Roja para ilustrar el principio de que en la naturaleza las especies deben competir continuamente para mantener una determinada posición en el espacio ecológico. Van Valen constató, al elaborar las tablas de supervivencia de diversas familias y órdenes del registro fósil, que las tasas se mantenían constantes, con unas pocas especies que duraban mucho, otras pocas que duraban muy poco y un gran número de ellas con duraciones intermedias. Su interpretación fue que la probabilidad de extinción en un momento dado no dependía de la vida media de cada una de las especies, sino que había un constante reemplazamiento de unas especies por otras (como el constante reemplazamiento de unos individuos por otros en una población natural). Constantemente, por tanto, las especies mantienen una carrera entre sí, compitiendo por un espacio ecológico determinado. En otras palabras, los organismos y las especies se encontrarían permanentemente sometidos a una situación de estrés. La metáfora pretende sintetizar lo que sería el escenario posible de la evolución: las cambiantes condiciones ambientales o, más simplemente, la competencia entre especies hacen que éstas se vean impelidas constantemente a evolucionar. La permanente presión de selección que se ejerce sobre ellas las obliga a mantener una carrera sin fin en pos de la eficacia biológica. No cambiar supone la extinción (20, 26, 80).

77. ROSA, DANIELE

En 1909, en plena crisis del darwinismo, el zoólogo italiano Daniele Rosa emitió su teoría de la hologénesis. Según Rosa, las nuevas especies no tienen un centro de origen concreto, sino que surgen simultáneamente en extensos segmentos del globo a partir de una especie original de amplia distribución. Para Rosa, además, las especies derivan unas de otras según un proceso dicotómico por el cual, a partir de una especie originaria, se escinden dos ramas. Una de ellas, la más precoz, sufre un proceso de cambio acelerado, dando lugar a una forma muy derivada o «evolucionada», mientras la otra, por el contrario, mantiene sus caracteres primitivos dentro de un plan más conservador. La hologénesis habría pasado sin pena ni gloria como una de las muchas variopintas teorías surgidas a principios del siglo XX para explicar el proceso evolutivo (como, por ejemplo, la aristogénesis de Osborn), si no fuera porque de algún modo se adelantó a ciertos planteamientos de la biogeografía cladista y vicariante. Así, la visión dicotómica de la evolución, con una rama «primitiva» o conservadora y una rama progresiva o derivada, tiene connotaciones evidentemente cladistas pero, además, corresponde a una interpretación sutilmente ecológica de la realidad evolutiva, si se tiene en cuenta la fecha de su enunciación. Un segundo aspecto de interés de la teoría de la hologénesis es que, como el modelo de biogeografía vicariante de León Croizat, tampoco plantea la distribución de las especies en términos de centros de origen, sino un origen múltiple a partir de una amplia distribución geográfica. A diferencia de Croizat, el zoólogo italiano utilizó argumentos finalistas para explicar este origen múltiple (15, 81, 89).

78. SAHELANTHROPUS

El mes de julio del año 2002 pasará a la historia como uno de los momentos más excitantes de la paleontología moderna. A principios de aquel mes, en el escaso lapso de una semana, las revistas *Science* y *Nature* publicaron sendos descubrimientos llamados a revolucionar las ideas que sobre las primeras etapas de la evolución humana se tenían hasta entonces. Por un lado, el 4 de julio salía a la luz desde las páginas de *Science* el descubrimiento del cráneo D2700 de la localidad georgiana de Dmanisi, que demostraba cómo los primeros emigrantes humanos de África, hace 1,8 millones de años, correspondían a formas arcaicas de escasa capacidad craneana próximas a la especie *Homo habilis.*

Por si fuera poco, unos días después, el 14 de julio, la revista *Nature* daba la réplica anunciando el descubrimiento en la localidad de Toros-Menalla 266, en Chad, de un cráneo de homínido de cerca de siete millones de años de antigüedad por parte de un equipo internacional dirigido por el francés Michel Brunet. El cráneo, apodado coloquialmente *Toumai* (que en la lengua de la región significa «esperanza de vida»), presenta una escasa capacidad craneana (entre 320 y 380 cc, comparable a la de un chimpancé) y una combinación de rasgos que lo acercan a los homínidos posteriores del Plioceno y, también, a los actuales antropomorfos africanos como chimpancé, bonobo y gorila. Lo más llamativo del cráneo de *Sahelanthropus tchadensis* (nombre que recibió la nueva especie) es la presencia de un prominente torus supraorbital a modo de visera que recuerda al de los gorilas. Común también a los gorilas es la presencia de una cresta sagital en la parte posterior del cráneo. Por debajo de unas órbitas más o menos redondeadas, la cara es corta y plana, poco proyectada

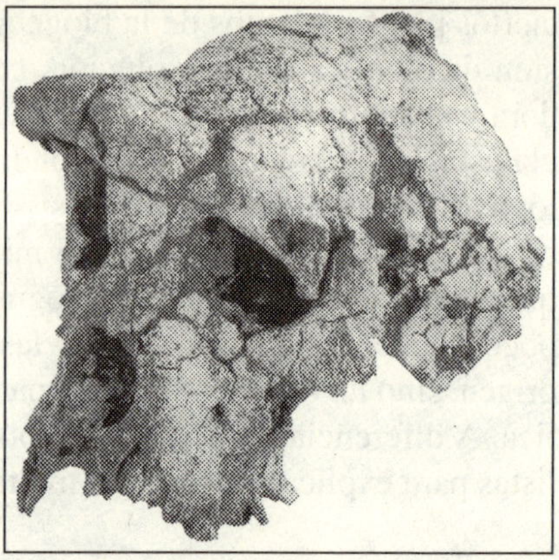

Sahelanthropus.

hacia delante, a diferencia de lo que sucede en los antropomorfos africanos actuales, de cara prognática. La dentición conservada presenta esmalte delgado (aunque más grueso que en los actuales chimpancés) y es relativamente pequeña. Los dientes están implantados verticalmente sobre el maxilar. Los caninos son pequeños y están desgastados, pero presentan unas grandes raíces que delimitan una marcada fosa canina en el maxilar. La cuestión clave, si *Sahelanthropus tchadensis* era ya bípedo o no, no puede tener una respuesta inmediata, pues en el cráneo altamente deformado, el *foramen magnum* (donde se aloja el principio de la columna vertebral) está desplazado. Sin embargo, los autores del descubrimiento han remarcado que su forma, oval y no redondeada como en los chimpancés, sugiere una relación directa con los homínidos posteriores. Para los autores del descubrimiento, por tanto, se situaría ya en la línea que lleva directamente a los primeros homínidos bípedos del género *Australopithecus,* aunque estaría aún muy próximo a la bifurcación entre estos homínidos y los grandes antropomorfos africanos (chimpancé y gorila).

Para otros autores, sin embargo, las evidencias que ligan supuestamente *Sahelanthropus* con los primeros homínidos bípedos serían más bien dudosas. Rasgos como el desgaste de los caninos o una cara más o menos prognática no permitirían decidir si *Toumai* se encontraba ya en la línea de los homínidos. Además, los caninos, aunque reducidos, presentan unas grandes raíces, y la posición retrasada del *foramen magnum,* por el contrario, demostraría que *Sahelanthropus* no era en realidad un primate bípedo. Para estos autores ciertos caracteres como el fuerte torus supraorbital indicarían que nos encontramos por vez primera con un antepasado directo de la línea que ha llevado a gorilas y chimpancés, sin relación con la línea que dará lugar a los homínidos bípedos (44, 45, 68, 70).

79. SELECCIÓN DE ESPECIES

Frente al problema de las tendencias evolutivas, y tal vez forzados por el carácter de exclusividad que inicialmente imprimieron al modelo de equilibrios puntuados, Eldredge y Gould propusieron la existencia de un nivel jerárquicamente superior de selección, la selección a nivel de especie. Para los partidarios de este modelo evolutivo, las especies biológicas pueden ser objeto de selección a partir de sus propiedades emergentes en cuanto especie, con independencia de la selección natural que opera sobre sus individuos. Así, lo que aparentemente constituían poblaciones sucesivas de un mismo linaje, en realidad corresponderían a poblaciones independientes que se sucederían en el tiempo, pero sin vínculos genealógicos directos. Las especies (y no únicamente los individuos dentro de ellas) constituirían por sí mismas auténticas unidades de selección. Las tendencias evolutivas serían, por tanto, un efecto a posteriori derivado de la supervivencia y extinción diferencial de determinadas especies. Las especies dotadas de ciertas características (como una mayor capacidad de dispersión) tenderían a sobrevivir en determinadas condiciones, desplazando a otras con una tasa de extinción más elevada. De este modo, unas especies irían desplazando a otras a lo largo del tiempo, lo que en el registro geológico aparecería como una tendencia.

Ahora bien, al hablar de selección de especies, se establece con frecuencia una cierta confusión sobre el significado del término. En ocasiones parece como si la selección de especies constituyese simplemente un efecto de la selección natural planteado a un nivel jerárquico superior. En cualquier caso, se hace indispensable una aclaración en este terreno. En primer lugar, debemos distinguir claramente lo que constituye en sentido estricto la selección de especies de lo que se ha denominado *species sorting* (concepto que Elisabeth Vrba y Stephen J. Gould desarrollaron en 1986), que aquí traduciremos como «supervivencia diferencial de especies». En sentido estricto, la selección de especies lo es de aquellas propiedades emergentes de la especie que no derivan de las propiedades individuales sujetas a selección natural, entendiendo propiedad emergente aquella que favorece *de arriba abajo* la supervivencia de los individuos que forman la especie, y que por lo tanto no es una propiedad característica de cada individuo sino del conjunto de la especie. Desde este punto de vista, la selección de especies aparece como una versión a gran escala (o, en todo caso, a escala jerárquicamente superior) de lo que en su día se llamó la selección de grupo, de tal manera que aquí el «grupo» abarca la totalidad de la especie.

Entre las propiedades emergentes se incluyen en general características intrínsecas al conjunto de la especie, como es el caso de aspectos de orden etológico o ecológico que pueden condicionar una determinada estructura o partición espacial de la especie. Por ejemplo, si una especie tiene tendencia a dividirse en subpoblaciones independientes (demes), algunas de éstas pueden llegar a desarrollar innovaciones evolutivas que, de otro modo, se perderían dentro del acervo genético general en el caso de poblaciones más típicamente panmíticas. También puede darse el caso que alguno de estos demes desarrolle localmente adaptaciones muy específicas que posteriormente puedan determinar la supervivencia de la especie al generalizarse un cambio ambiental que favorezca a los portadores de tales características.

Por su parte, en el fenómeno denominado *species sorting*, la supervivencia diferencial entre clados viene determinada por una superior capacidad de especiación de unas especies respecto a otras. Entre los factores responsables se incluyen en general características consideradas extrínsecas a la especie misma, como por ejemplo una amplia distribución geográfica. Sin embargo, también pueden tener su papel factores intrínsecos que favorezcan, por ejemplo, la dispersabilidad o una mayor capacidad de fragmentarse, o bien factores que directamente incrementen la capacidad de especiación (los supuestos «genes de especiación»).

Los dos tipos mencionados de selección de especie ejemplifican dos estrategias fundamentalmente distintas de supervivencia del clado. En el caso de la supervivencia diferencial de especies, el éxito evolutivo de un clado es un efecto de la *producción diferencial* de nuevas especies, de manera análoga a aquellas especies que sobreviven a otras gracias a una sobreproducción diferencial de individuos. Podría hablarse también aquí de una selección de especies de tipo *r* (parafraseando la distinción ecológica entre selección de tipo *r* y selección de tipo *K*). Dentro de este apartado se incluirían aquellos taxones fundamentalmente cladogenéticos, caracterizados por una gran producción específica. Por el contrario, en el caso de selección de especies, la supervivencia de un clado es más un efecto de la *duración diferencial* de sus especies que de una sobreproducción de éstas. Hablaríamos aquí de selección de especies de tipo *K*. En este caso, un clado persiste porque sus especies, aunque no sean muy numerosas, tienen una capacidad superior para durar, para no extinguirse. Aquí se encuadrarían aquellos taxones fundamentalmente anagenéticos. El caso extremo dentro de esta categoría sería el de aquellos taxones estasigenéticos conocidos como fósiles vivientes.

La teoría de la selección de especies, ampliamente argumentada y desarrollada por autores como Stephen Stanley y Elisabeth Vrba, constituye, sin embargo, uno de los corolarios de la macroevolución peor aceptados por los biólogos evolutivos, y se ha ganado la calificación de «teoría en busca de algún fenómeno que explicar» (al decir del malogrado paleobiólogo europeo Antoni Hoffman). En otras palabras, en el caso de la selección de especies se trataría de esclarecer fenómenos que podrían ser explicados de modo mucho más sencillo por el mecanismo clásico de la selección natural sobre los organismos. Según sus detractores, no existe un solo caso que la selección de especies haya explicado por sí sola, y que no encuentre una solución alternativa mediante la selección natural (29, 40, 49, 80).

80. SELECCIÓN NATURAL

El descubrimiento casi simultáneo por parte de Darwin y Wallace del concepto de selección natural como mecanismo capaz de explicar la actual diversidad de la biosfera constituye uno de los grandes logros intelectuales del pensamiento humano. Como pusieron de relieve estos autores, la evolución operaba a través de pequeñas modificaciones prácticamente imperceptibles, las cuales se iban acumulando lenta y gradualmente por efecto de la selección natural de aquellos individuos más aptos, que lograban sobrevivir y así transmitir sus características a su descendencia. Por el contrario, las características de aquellos que eran eliminados y no llegaban a reproducirse o lo hacían en menor proporción desaparecían finalmente de la población. Lo que hace interesante la selección natural es el carácter *finalista* y no aleatorio que imprime al proceso evolutivo, rasgo que permite explicar el origen de una estructura tan compleja como el ojo de un vertebrado sin tener que recurrir a causas extraordinarias (Richard Dawkins se ha referido a esta capacidad de la selección natural para producir estructuras coherentes y funcionales acuñando el nombre de «relojero ciego»).

Tras su enunciación en *El origen de las especies,* sin embargo, el mecanismo de la selección natural pasó por una larga crisis, durante la cual se puso reiteradamente en duda su capacidad para explicar todas las facetas de la evolución. Ideas como la ortogénesis o el mutacionismo de Hugo de Vries ponían en cuestión el mecanismo de la selección natural como motor de la evolución. No obstante, a partir de los años treinta y cuarenta del siglo XX, autores como el genético T. Dobzhansky, el zoólogo Ernst Mayr y el paleontólogo Georges G. Simpson demostraron que fenómenos como la especiación o las tendencias evolutivas podían ser explicados en función de las variaciones que en las frecuencias génicas producía la selección natural. En particular, según la versión más ortodoxa de la síntesis neodarwinista, existen tres modalidades básicas de selección natural, según los efectos que producen en las poblaciones: selección estabilizadora, direccional y disruptiva.

Si tomamos un carácter cuantitativo y asumimos una distribución normal de esta variable, con unos valores medios muy frecuentes y unos valores extremos muy raros, se conoce con el nombre de selección *estabilizadora* a aquella que tiende a favorecer los valores medios de la población. De este modo, la proporción de frecuencias génicas y genotípicas se mantiene en el tiempo. La selección estabilizadora conlleva la existencia de un mecanismo activo de preservación de las características de una población que tendería así a mantenerse estable. De alguna manera, la idea de selección estabilizadora guarda relación con el concepto de «pico adaptativo» de Sewall Wright, que Dobzhansky retomó para su obra *Genética y el origen de las especies* (1937). Si una población o una especie se encuentra en uno de los picos adaptativos (es decir, una combinación de caracteres que garantiza una eficacia biológica máxima), cualquier desplazamiento respecto a este pico será seleccionado negativamente. Así pues, la selección tenderá a mantener a la población en valores próximos a los del pico adaptativo. La selección estabilizadora ha sido también propuesta como el mecanismo que podría explicar los largos periodos de *stasis* evolutiva que el modelo de equilibrios puntuados ha puesto de relieve. Sin embargo, en este último caso se hace difícil imaginar cómo procesos que pueden extenderse como máximo a lo largo de varios milenios podrían haber actuado durante cientos de miles o millones de años.

Una segunda modalidad de selección es la selección *direccional,* en la que, a diferencia de la anterior, se da una tendencia a abandonar los valores medios de la población favoreciendo a uno de los dos extremos de variabilidad de la curva normal. A diferencia del caso anterior, la selección direccional supone realmente un proceso de cambio evolutivo, pues la población o especie cambia sus características en una dirección determinada. Tal cambio en la dirección de la selección natural puede ser causado por una alteración en las condiciones ambientales o por la introducción de una nueva especie que compita con la anterior. Se ha argüido también que la selección direccional permite asimismo explicar los procesos de cambio direccional a escala geológica, las llamadas tendencias evolutivas. Sin embargo, de nuevo aquí surge el problema de cómo explicar mediante esta modalidad procesos que se han extendido a lo largo de millones de años. Mientras que la selección direccional puede explicar procesos que han podido durar miles de años, a lo sumo, se hace difícil pensar que el mismo tipo de presión de selección se haya mantenido sobre lapsos de tiempo de cientos de miles o millones de años, máxime cuando la evidencia geológica y paleoecológica muestra que, por el contrario, han sido las fluctuaciones climáticas, a veces en direcciones opuestas, las que han predominado en la historia de la vida. Nótese asimismo que la selección direccional es simplemente una modalidad de selección, pero no implica ningún modelo específico relativo a la velocidad del cambio. Así, a veces se ha asociado este tipo de selección con el modelo de cambio gradual propuesto inicialmente por Darwin. Pero a escala geológica los procesos de cambio direccional pueden haber sido muy rápidos y aparecer como puntuaciones o cambios abruptos en el registro fósil.

La última modalidad de selección natural, la selección *disruptiva*, se da cuando una parte de la población tiende a desplazarse hacia valores opuestos a los de la otra parte. A partir de los valores medios, pues, se observa una bipartición del conjunto, de modo que cada subconjunto tiende a alejarse de la media y adoptar valores extremos. El resultado final puede ser la formación de dos variedades o incluso dos especies diferentes. Este mecanismo de selección disruptiva está en la base del mecanismo de especiación simpátrica, de modo que en tal caso la aparición de nuevas especies no estaría ligada a la aparición de barreras geográficas (especiación alopátrica), sino a la propia selección natural, que favorecería que, dentro de una determinada población, cada subpoblación tendiese a adoptar valores cada vez más alejados de su inmediato competidor. Defendida por los biólogos evolutivos de extracción genética, la validez de la selección disruptiva como mecanismo originador de especies ha sido reiteradamente cuestionada por los biólogos evolutivos de corte naturalista, como zoólogos o botánicos (1, 19, 20, 26, 91).

81. SIMPSON, GEORGE GAYLORD

Desde la misma publicación de *El origen de las especies,* la paleontología ha tendido a mantener unas tormentosas relaciones con la Teoría de la Evolución. Este tema preocupó seriamente a Darwin, ya que sabía que algunos paleontólogos de su tiempo, entre los que se encontraban Richard Owen y Jonis Agassiz, eran los más temibles adversarios de su teoría. Incluso cuando numerosos paleontólogos abrazaron las tesis evolucionistas a finales del siglo XIX y principios del XX, la desconfianza hacia el mecanismo propuesto por Darwin, la selección natural, no hizo sino aumentar.

Así, por un lado, estaban los partidarios de la idea de ortogénesis, teoría según la cual la evolución era guiada por factores internos hacia direc-

George Gaylord Simpson.

ciones predeterminadas que la selección natural no podía modificar. La ortogénesis pretendía explicar los cambios lineales que parecían observarse en diversas series evolutivas (como por ejemplo la de los caballos), los cuales, a lo largo de millones de años, apuntaban siempre en la misma dirección: reducción del número de dedos en las extremidades, aumento de la altura de los dientes, alargamiento del cráneo, etcétera. Pero estaban también aquellos otros paleontólogos que, como el alemán Otto H. Schindewolf, argumentaban que la evolución funcionaba a saltos, mediante macromutaciones, como parecía mostrar repetidamente el registro fósil. De este modo, de nuevo el postulado de cambio gradual y paulatino derivado de las ideas darwinistas era puesto en entredicho.

Esta situación, sin embargo, cambió a partir de la publicación de *Tempo and Mode in Evolution* (1944) por parte de George Gaylord Simpson, paleontólogo de la Universidad de Columbia y del American Museum of Natural History y especialista en mamíferos fósiles. Debemos a Simpson la incorporación de la ciencia paleontológica a la corriente de pensamiento que desembocó en la formulación de la teoría sintética de la evolución. Para Simpson, todos los fenómenos que los paleontólogos observaban en sus series evolutivas eran explicables mediante mecanismos biológicos sencillos como la selección natural, actuando sobre la variabilidad que en cada población produce la mutación y la recombinación génica. Por ejemplo, muchas de las series aparentemente lineales, como la de los caballos, que habían servido para sostener la idea de la ortogénesis, no eran tales.

Analizadas con más detalle, aparecían como procesos mucho más complicados, formados por varias líneas evolutivas que evolucionaban con diferentes ritmos evolutivos. Y, en cualquier caso, las posibles series de cambio lineal unidireccional que pudiesen detectarse eran explicables mediante la llamada «selección direccional», es decir, por el mantenimiento de unas mismas presiones de selección a lo largo del tiempo. Igualmente, los aparentes saltos evolutivos que mostraba el registro fósil podían ser explicados por la existencia de hiatos estratigráficos, es decir, periodos en los que no se habría producido sedimentación, por lo que segmentos importantes de la evolución de un grupo no habrían quedado registrados, dando la impresión de un aparente de un salto evolutivo. De este modo, todos los fenómenos eran en definitiva explicables en términos de la adaptación de las poblaciones mediante el mecanismo de la selección natural.

Para Simpson, al paleontólogo le compete dentro de la biología evolutiva la calibración del ritmo al que se han producido los cambios evolutivos en el pasado. Este ritmo puede ser extraordinariamente variable, desde el de grupos que han evolucionado muy lentamente (braditélicos, como los fósiles vivientes) hasta el de otros que lo han hecho a gran velocidad (taquitélicos). Mención aparte merecería el fenómeno de la radiación evolutiva, proceso durante el cual se produce una auténtica explosión de nuevas formas (por ejemplo, a principios del Cámbrico, con los primeros metazoos dotados de esqueleto, o a principios del Cenozoico, cuando apareció súbitamente la mayoría de órdenes de mamíferos). Pero también estas radiaciones evolutivas son fácilmente explicables en términos de adaptación por selección natural, pues corresponden a periodos de ocupación rápida de nuevos ambientes, ya sea por la aparición de una importante innovación evolutiva (como el exoesqueleto) o por la ocupación de nichos ecológicos vacíos tras un episodio de extinción (como sucedió con la desaparición de los dinosaurios). El papel rector de la selección natural queda también demostrado en las llamadas homoplasias o convergencias evolutivas, que tienen lugar cuando organismos muy diferentes sometidos a las mismas presiones de selección dan lugar a formas funcionalmente parecidas. Por ejemplo, a partir de formas semejantes a zarigüeyas, la radiación de marsupiales en Australia reprodujo casi exactamente los mismos tipos de mamíferos que se observan entre los placentarios. Es posible encontrar, por tanto, topos marsupiales, ratas marsupiales, lobos marsupiales, gatos marsupiales, etcétera.

Respecto a las modalidades evolutivas, el esquema propuesto por Simpson es igualmente muy reduccionista. Aunque llega a distinguir tres niveles distintos en la evolución (megaevolución, macroevolución y microevolución), los niveles más elevados pueden ser reducidos en realidad a procesos microevolutivos, en los que se concentra la acción de la selección natural. En este sentido, curiosamente, Simpson se muestra más cercano a las ideas sobre la especiación de Theodosius Dobzhansky que a las de Ernst Mayr, tendencia que no dejó de aumentar a lo largo del tiempo. Si en 1944 aún prestaba crédito a posibles mecanismos de evolución súbita o puntuada (lo que llamó «evolución cuántica»), en la nueva versión de su obra, publicada diez años más tarde con el título de *The Major Features of Evolution,* toda referencia a la evolución cuántica ha desaparecido y la dependencia de la macroevolución respecto a la microevolución es todavía más remarcable.

Simpson publicó importantes obras sobre biogeografía, como *Evolution and Geography (Evolución y geografía,* 1953), y taxonomía, como *Principles of Animal Taxonomy* (1960), así como numerosos ensayos sobre teoría evolutiva y obras de divulgación paleontológica, como *The Meaning of Evolution* (1951), *Horses* (1951), *Life in the Past (La vida en el pasado,* 1953), *Splendid Isolation* (1980) o *Fossils and Diversity of Life (Fósiles e historia de la vida,* 1983). En el ámbito biogeográfico, el modelo propuesto por Simpson podría esquematizarse como sigue. Las especies se originan en ciertas áreas de la Tierra, los «centros de origen», las cuales gozan de unas condiciones privilegiadas para la producción de nuevas especies. Estas nuevas especies son «exportadas» por dispersión o migración a otras áreas, en las cuales se extienden desplazando a sus anteriores habitantes. Fiel a las ideas darwinistas, el modelo de Simpson concibe la evolución como un proceso progresivo tendente a producir formas cada vez más avanzadas y mejor adaptadas al ambiente. Al colonizar un nuevo hábitat, es de suponer que las especies recién llegadas sean «superiores» a las que previamente poblaban la zona y, por tanto, las desplacen hacia áreas más marginales. Ello permite explicar por qué los llamados fósiles vivientes aparecen siempre en reductos restringidos. La primera consecuencia de tal fenómeno es la tendencia por parte de los miembros más primitivos de los linajes evolutivos a situarse hacia los márgenes de las áreas de distribución, mientras que las formas más evolucionadas aparecerán como las más próximas a los centros de origen.

Ahora bien, Simpson desarrolló su modelo biogeográfico de acuerdo con una concepción estática de la Tierra, en la que la distribución de masas continentales e islas habría sufrido escasas modificaciones a lo largo de la historia geológica. Los únicos movimientos que se habrían producido en la corteza terrestre serían de tipo isostático, es decir, verticales: hundimiento o elevación de masas continentales, transgresiones o regresiones marinas. Así, el léxico biogeográfico se pobló de términos como «puentes intercontinentales», «filtros», «barreras», «balsas» y otros, todos ellos necesarios para explicar la dispersión de los organismos terrestres en un contexto de masas continentales fijas y aisladas.

George Gaylord Simpson, martillo en su día de las ideas saltacionistas de Otto Schindewolf y Richard Goldschmidt, hubo de sufrir en sus propias carnes la acusación de paleontólogo caduco al final de su vida. Así, en el campo de la biogeografía, sus ideas dispersalistas fueron duramente criticadas tras el renacimiento de la teoría de la deriva continental y la emergencia de la biogeografía vicariante. En el campo de la sistemática y la taxonomía, los principios enunciados en obras como *Principles of Animal Taxonomy* fueron barridos tras la expansión de la metodología cladística. Y desde el propio campo de la paleontología, las ideas de Stephen J. Gould, Niles Eldredge, Steven Stanley o David Raup rompieron con su esquema de cambio gradual y con el postulado reduccionista de que la macroevolución es reducible a la microevolución. Aun así, y a pesar de un final no exento de amargura, la obra de Simpson constituye la aportación más influyente que jamás un paleontólogo haya realizado a la teoría de la evolución, y ninguno de sus seguidores o de sus críticos ha llegado a alcanzar todavía un nivel de impacto comparable (59, 82, 87, 89).

82. SINTÉTICA, TEORÍA

Uno de los primeros desafíos a los que hubo de enfrentarse el darwinismo fue el acoplamiento entre la idea de selección natural y los principios de la genética mendeliana, redescubiertos en 1900. Al establecer las bases que rigen la variabilidad biológica y la herencia de ésta, Mendel había mostrado que los factores hereditarios que controlan los caracteres de un individuo (los genes) se mantienen inalterados de generación en generación, y que la conclusión previsible de este proceso no es la evolución sino la estabilidad. No es de extrañar, pues, que a principios del siglo XX numerosos genetistas como el americano Thomas H. Morgan mostrasen su escepticismo ante la selección natural como mecanismo impulsor de la variabilidad. Así, en su obra *Evolución y mendelismo* (que, por cierto, lleva el significativo subtítulo de *Crítica de la teoría de la evolución*) este autor escribe: «La selección, pues, no ha producido nada nuevo, sino tan sólo un número mayor de individuos de ciertas clases. *Evolución*, sin embargo, significa producción de más cosas nuevas, no de más cosas iguales a las que ya existen».

Por su parte otra corriente evolutiva, el mutacionismo, explicaba el surgimiento de la variabilidad como consecuencia de las denominadas

Sir Julian Huxley, uno de los artífices de la teoría sintética de la evolución.

mutaciones, es decir, de cambios abruptos producidos al azar que daban lugar repentinamente a variantes absolutamente nuevas. Las mutaciones, sin embargo, se avenían mal con la idea profundamente darwiniana de que el cambio evolutivo se producía por la acumulación gradual de pequeñas modificaciones mediante el mecanismo de la selección natural.

El ensamblaje definitivo de estas tres teorías se produjo gracias a los sucesivos trabajos de genetistas como T. H. Morgan, S. Wright, J. B. S. Haldane o R. A. Fisher, artífices de una teoría matemática que integraba los mecanismos de la herencia mendeliana, la selección natural y las mutaciones mediante modelos rescatados de la física, y asimilando los genes a partículas gaseosas sometidas a procesos de difusión. Sus resultados fueron finalmente integrados por Theodosius Dobzhansky en su obra *Genética y el origen de las especies,* publicada en 1937. A esta obra siguió la de Ernst Mayr, *Systematics and the Origin of Species* (1942), en la que se abordaba el problema del origen de las especies de acuerdo con los datos de la biología de poblaciones. Otra obra de síntesis, firmada por el británico Julian Huxley, biólogo y nieto de Thomas Huxley, llevaba el significativo título de *Evolution: the modern synthesis* (1943), y sirvió para acuñar el término «teoría sintética», con el que a partir de entonces se conoció a la nueva hipótesis. Muy poco después, George G. Simpson incorporó la paleontología a la nueva corriente con su obra *Tempo and Mode of Evolution* (1944). Y, finalmente, en 1950, G. Ledyard Stebbins, con su obra *Va-*

riation and Evolution in Plants, estableció las bases de la evolución botánica en función de los resultados de la genética de poblaciones. En el curso de poco más de una década, entre finales de los treinta y principios de los cincuenta, quedó establecido el nuevo paradigma darwiniano de la evolución que, con algunas correcciones, continúa hoy vigente (24, 60, 65, 81).

83. SIVAPITHECUS

Género de hominoides asiáticos cuyos restos se han encontrado en la región de los Siwaliks, en Pakistán, así como en el norte de la India y Nepal. Su rango cronológico comprende casi todo el Mioceno superior, hace entre trece y ocho millones de años. Este género era básicamente conocido por restos maxilares y dentarios que mostraban un canino grande y molares de esmalte engrosado. A partir de tan vaga definición basada en caracteres puramente dentarios, un buen número de formas europeas como *Ouranopithecus* y *Ankarapithecus* fueron inicialmente asignadas a *Sivapithecus*. En cambio, las que hoy sabemos hembras de *Sivapithecus,* caracterizadas por un menor tamaño y caninos menos desarrollados, fueron inicialmente ubicadas en un género aparte, *Ramapithecus,* al que incluso se entronizó como primer homínido miocénico.

La mayoría de dudas en torno a la posición de *Sivapithecus* se resolvieron en 1981, con el descubrimiento en la meseta del Potwar (Pakistán) de un cráneo en razonable buen estado que conservaba gran parte de la cara. Lo sorprendente del caso es que la cara de *Sivapithecus* reveló una gran semejanza con la del orangután. Por ejemplo, las órbitas eran relativamente altas, separadas tan sólo por un estrecho tabique interorbital; los huesos frontales se alzaban desde la región orbital, mientras que el premaxilar era largo y robusto y, como en el orangután, formaba una placa ósea continua con el paladar. Era difícil pensar que tal conjunto de características craneales fuera efecto del azar o una homoplasia evolutiva, por lo que en general se aceptó a *Sivapithecus* como un pariente muy próximo, si no el mismo ancestro, del orangután. Dentro del género *Sivapithecus* se reconoció la existencia de dos o tres especies distintas, una de talla grande, *Sivapithecus parvada,* datada en unos diez millones de años, y otras dos más pequeñas, *S. indicus* y *S. sivalensis,* anterior y posterior, respectivamente, a la especie de mayor tamaño.

Ahora bien, el esqueleto poscraneal recuperado de estas especies, todas ellas bastante similares entre sí en general, mostró una serie de características muy diferentes a las del orangután actual. Por ejemplo, los hú-

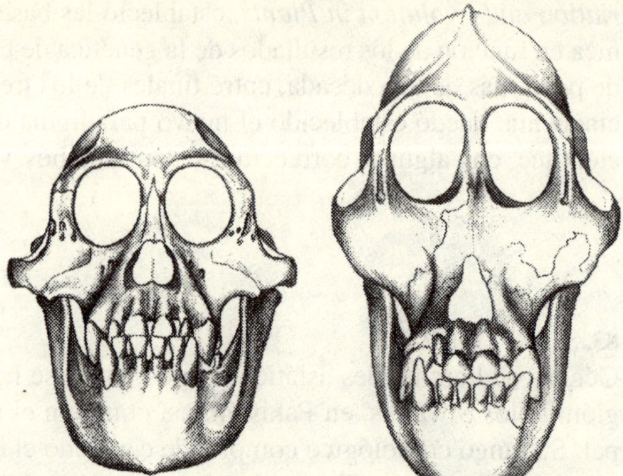

Comparación entre el cráneo reconstruido de *Sivapithecus* (derecha) y uno de orangután (izquierda). Según M. Köhler (en Agustí y colaboradores, 2000).

meros de *Sivapithecus parvada* y *S. indicus* eran curvados, como en los monos cuadrúpedos, y no rectos como en el orangután y los monos braquiadores que se cuelgan de las ramas. Por su parte, la forma del fémur y de los huesos de los pies sugiere que *Sivapithecus* fue un cuadrúpedo arborícola, cuya locomoción no diferiría mucho de la de hominoides primitivos como *Proconsul* o *Kenyapithecus*, con un desplazamiento lento y deliberado por las ramas. Así pues, mientras que la anatomía facial sugiere un estrecho parentesco con el orangután, su locomoción debió de corresponder a la de un primate muy distinto, lo que ha provocado dudas sobre sus relaciones filogenéticas con el primero. En cualquier caso, de confirmarse las afinidades entre *Sivapithecus* y *Pongo* (lo que parece difícil de negar, a pesar del diferente tipo de locomoción), la línea del orangután se habría separado de la del resto de hominoides hace al menos trece millones de años, mucho antes de la divergencia posterior entre homininos y paninos. Los últimos restos atribuidos a *Sivapithecus* proceden de estratos datados en unos ocho millones de años, lo que sugiere que este grupo de hominoides asiáticos desapareció de Asia occidental y central al hilo de la crisis de aridez que determinó la expansión de las praderas abiertas en esta región, hace entre ocho y siete millones de años (25, 45, 70, 82).

84. SOCIOBIOLOGÍA

La eclosión de la teoría sintética consolidó un modelo reduccionista de la evolución en el que cualquier proceso evolutivo podía ser explicado en

Edward O. Wilson, uno de los padres de la sociobiología.

función de las variaciones que sobre las frecuencias génicas ejercía la selección natural. En último extremo, los genes se convertían en las unidades básicas de la evolución, el último eslabón cuyas variaciones permitían explicar la variabilidad tanto individual como poblacional. Esta concepción se contraponía a aquella otra en la que la evolución aparecía estructurada en una serie de niveles jerárquicos (genotipo, fenotipo, población, especie), cada uno de ellos dotado de una cierta autonomía con respecto al resto. Este punto de vista, presente por ejemplo en la obra de Simpson *Tempo and Mode in Evolution*, fue rápidamente desterrado de la ortodoxia de la teoría sintética. Así, diez años después, en su obra *The Major Features of Evolution,* Simpson adoptó una posición completamente reduccionista: cualquier proceso evolutivo podía reducirse al efecto de la selección natural sobre los genes.

Durante los años sesenta, sin embargo, aquí y allá aparecieron ejemplos que mostraban que este punto de vista se resistía a desaparecer por completo. Un caballo de batalla en este sentido lo constituyó la llamada «selección de grupo». Según la ortodoxia darwiniana, la evolución opera sobre los individuos, cuyos genes son beneficiados o perjudicados como resultado de la selección natural. Ahora bien, en algunos casos se pudo constatar que algunas características habían sido seleccionadas no porque dotasen de mayor ventaja al individuo, sino porque eran ventajosas para todo el grupo. La selección, por lo tanto, habría actuado sobre el grupo como tal y no sobre los especímenes individuales. El origen del sexo, por ejemplo, no puede ser explicado únicamente a partir de la selección individual, por cuanto no aporta por sí solo ninguna ventaja individual: su efecto beneficioso se entiende sólo para la población. Éste y otros ejemplos fueron aportados por autores como V. C. Wynne-Edwards para mostrar que, por encima de la selección individual propuesta por Darwin, se encontraba un nivel jerárquico superior: la selección de grupo.

Sin embargo, en su obra *Adaptation and Natural Selection* (1966), Georges C. Williams pudo demostrar que todos los supuestos casos de selección de grupo podían ser también explicados por selección natural convencional, con excepción del mencionado caso del sexo. Williams tuvo asimismo dificultades para refutar la existencia de selección de grupo en otro caso clamoroso, el del llamado «altruismo animal». Es sabido que en la naturaleza se producen numerosos casos de altruismo, por los que algunos individuos de una población se sacrifican a sí mismos y sobre todo a sus genes en aras de la comunidad. En principio, desde un punto de vista estrictamente darwinista, este comportamiento altruista difícilmente podría haberse fijado por selección natural individual. El caso más evidente es el de las complejas sociedades de insectos himenópteros (abejas, avispas, hormigas) e isópteros (termitas), en las que los genes de las obreras son sacrificados (ya que no se reproducen) en favor de los genes de la reina. ¿Cómo podría la selección natural haber impelido a una parte de la población (las obreras) a no aparearse, en favor de otra parte de la población (los zánganos y las reinas)? El comportamiento altruista de un individuo que no se reproduce muere con él, ya que no consigue transmitir los genes que determinan ese comportamiento.

Ante esta contradicción, un grupo de biólogos evolutivos encabezados por el entomólogo Edward O. Wilson propuso en los años setenta una audaz teoría que permitía explicar los casos de altruismo desde una óptica estrictamente darwiniana. Se trata de la sociobiología. Esta explicación está basada en la aplicación de la teoría matemática de juegos, que combina la probabilidad de obtener un resultado con el «premio» que se obtiene por él. En el caso de la sociobiología, el premio consiste en que la siguiente generación contenga el mayor número posible de genes compartidos con el individuo que «se la juega».

Esta teoría sostiene que, bajo los aparentes casos de altruismo que favorecerían una supuesta selección de grupo, se esconde en realidad un tipo particular de selección, la selección familiar, que tiende a favorecer la supervivencia de los genes del propio individuo, a costa del fenotipo individual. Así, todo individuo comparte un 50 por ciento de genes con cada uno de sus hijos, y un 25 por ciento con sus nietos. A su vez, el individuo comparte un 50 por ciento de sus genes con cada uno de sus hermanos, pero sólo un 12,5 por ciento con sus primos. Por lo tanto, si su comportamiento tiende a favorecer la supervivencia de sus hermanos, aun a costa de su propia supervivencia, se estará asegurando la supervivencia de al menos el 50 por ciento de los genes que inducen tal comportamiento. Por supuesto, en la situación ideal en que todos los machos y hembras logran aparearse y transmitir sus genes, la selección natural favorecerá la supervivencia puramente individual. Ahora bien, en una situación en que parte de los individuos no logren reproducirse, aquellos genes que favorezcan un comportamiento «altruista» por parte de estos especímenes genéticamente estériles, en tanto que dirigido a favorecer la supervivencia de los individuos emparentados que sí se reproducen, tenderán a difundirse en mayor medida que aquellos que favorezcan una selección puramente individual. Mediante este mecanismo, el comportamiento altruista tenderá entonces a extenderse en el seno la población, sin necesidad de apelar a una supuesta «selección de grupo». Evidentemente, lo que en la población aparece como comportamiento fenotípicamente altruista constituye en realidad un comportamiento genéticamente egoísta, como ha expresado Richard Dawkins en su obra *El gen egoísta*.

Pongamos por caso el ya mencionado ejemplo de los insectos sociales. En estos insectos las hembras son diploides, producto del cruce entre la reina y un macho. Por el contrario, los machos son haploides, producidos únicamente por la reina. Una hembra comparte un 50 por ciento de sus genes por parte paterna, ya que al ser los machos haploides transmitirán el mismo juego completo de cromosomas a su descendencia. Por parte materna, a su vez, comparte un 25 por ciento de los genes. Es decir, en total las hembras de una determinada generación compartirán entre sí el 75 por ciento de sus genes. Ahora bien, éstas compartirán con sus hijas potenciales tan sólo un 50 por ciento del genotipo. Se da el caso, por tanto, de que las hembras de estos insectos están más emparentadas con sus propias hermanas que con sus posibles hijas. Dado que convertirse en obrera estéril o reina reproductora depende tan sólo de factores ambientales (tipo de alimentación) y no existe una determinación genética, en este caso la sociobiología predice que la selección familiar tenderá a favorecer un comportamiento altruista respecto a las hermanas, a costa de sacrificar la propia descendencia, ya que de esta manera se garantiza una supervivencia del 75 por ciento de los propios genes, frente al 50 por ciento de la reproducción «normal».

De forma elegante e ingeniosa, pues, la sociobiología ha conseguido explicar, ciñéndose a criterios estrictamente darwinianos, muchos de los casos que los ecólogos habían atribuido a una supuesta «selección de grupo». La polémica ha surgido a partir del momento en que los argumentos de la sociobiología han sido extendidos más allá de su territorio natural (la etología de las poblaciones naturales) aplicándose también a la explicación de algunas características humanas, como el comportamiento ético altruista, sin tener en cuenta la influencia en nuestra especie del factor cultural. Asimismo, algunos voceros de la sociobiología como Richard Dawkins han llevado hasta el extremo el reduccionismo genético de la disciplina, proponiendo únicamente a los genes como unidades básicas de la evolución y obviando de este modo que la selección natural opera sobre los fenotipos completos desarrollados a partir del genotipo (36, 38, 49, 80).

85. SPENCER, HERBERT

Herbert Spencer nació en Derby, Inglaterra, en 1820. Hijo de un maestro, el joven Herbert fue educado por su propio padre y luego por uno de sus tíos, sin llegar jamás a pisar una escuela pública o una universidad. Entre 1837 y 1845 trabajó como ingeniero de ferrocarriles, y en 1848 pasó a ejercer como periodista, profesión que abandonó en 1852. A partir de esa fecha su actividad se centró fundamentalmente en la filosofía, actividad que desarrolló prolíficamente hasta el momento de su muerte, acaecida en Brighton en 1903. A Spencer se debe la elaboración de un completo sistema filosófico basado en la idea de evolución, años antes de la aparición de *El origen de las especies* de Darwin. Fue asimismo el creador de términos como «evolucionismo» y «supervivencia del más apto», que luego Darwin y otros evolucionistas harían suyos. En efecto, con la aparición de *El origen de las especies,* Spencer se convirtió en uno de los más decididos defensores y divulgadores de las ideas de Darwin y de la doctrina darwinista. Spencer procedía del positivismo, pero acabó distanciándose de Comte y Stuart-Mill, extendiendo el concepto de evolución a todos los ámbitos del intelecto humano, desde la biología hasta la ética.

La obra fundamental de Spencer es el *Sistema de filosofía sintética*, que desarrolla a lo largo de las obras *Primeros principios*, *Principios de biología*, *Principios de psicología*, *Principios de sociología* y *Principios de ética.* En *Primeros principios* (1860) expone, en sus líneas generales, las bases de la evolución. La primera parte está dedicada al estudio de la filosofía, que según el autor ha de ser sintética, es decir, ha de unificar todo tipo de conocimiento. No obstante, el carácter limitado y relativo de nuestro conocimiento no permite llegar a lo absoluto. Nosotros conocemos mediante la comparación, es decir mediante la relación que guardan los objetos entre sí. Este conocimiento está condicionado por nuestra manera de pensar, por lo que debe considerarse relativo, no absoluto (aquí Spencer sigue fiel al positivismo, que negaba la posibilidad de elaborar una metafísica). Si no podemos conocer el absoluto mismo, no obstante, sí conocemos la corriente que emana de él, el devenir, la evolución (en este absoluto se dan la mano la ciencia y la religión: la primera establece lo incognoscible, la segunda lo venera). De este modo, Spencer indica que el objeto de la filosofía no es el absoluto incognoscible, sino su evolución. En este punto comienza la segunda parte de su obra, en la que Spencer enumera los dos elementos fundamentales que componen todo fenómeno: la materia y el movimiento; la mayor o menor cantidad de la primera diferencia a los individuos entre sí. Spencer distingue evolución (pérdida de movimiento e integración de materia) y disolución (absorción de movimiento y desintegración de la materia), y define la primera como el paso de lo homogéneo, indeterminado e incoherente a lo heterogéneo, determinado y coherente, siempre a través de una progresiva disipación de movimiento e integración de materia. De este modo, la evolución sigue su curso tendiendo siempre a un equilibrio total.

En su siguiente obra dentro de la serie, *Principios de biología*, Spencer expone su concepción de la evolución biológica. Para él, la evolución orgánica es un proceso de adaptación de las relaciones internas a las externas. El cambio externo origina un desequilibrio interno en el organismo que debe ser superado. Por tal razón, el individuo se ve obligado a adaptarse a los cambios geológicos o meteorológicos. La transformación de una especie afecta a todas las demás a causa de las interacciones entre ellas (por ejemplo, entre los herbívoros y las plantas). Spencer, no obstante, creía en la herencia de los caracteres adquiridos, tal como había sido propuesta por Lamarck.

En sus *Principios de psicología*, tercera parte de la *Filosofía sintética*, Spencer divide esta ciencia en psicología objetiva y psicología subjetiva. En la primera se asiste al nacimiento del espíritu en el seno de la materia viva (el espíritu es considerado como un epifenómeno dependiente de la estructura material) y su ascenso a través de la evolución hasta llegar al hombre. En la psicología subjetiva se estudia el espíritu en su estado actual y se desentierran sus raíces en el pasado. La evolución del intelecto opera de la misma forma que la evolución cósmica: integración y diferenciación de los contenidos de la conciencia. El sistema nervioso y el cerebro no son más que órganos acumuladores de experiencias ya acaecidas a nuestros antepasados, tanto humanos como prehumanos (recordemos lo dicho sobre la herencia de los caracteres adquiridos). De este modo, Spencer trata de unir empirismo y apriorismo, afirmando que nuestros conocimientos a priori se adquieren empíricamente.

En sus *Principios de sociología,* Spencer muestra la unidad de la evolución afirmando que la transformación de la sociedad prolonga la evolución biológica. Concibe la sociedad como un organismo, pero resaltando las diferencias entre el organismo social y el organismo animal, afirmando consecuentemente la imposibilidad de sacrificar el individuo al estado. A partir de aquí, Spencer se muestra como un acérrimo defensor del individualismo y del darwinismo social, que pretendía aplicar el principio de la selección natural y la supervivencia del más apto a la sociedad humana.

Por fin, en la última parte de su *Filosofía sintética*, los *Principios de ética*, Spencer sostiene que la sociedad llegará a su equilibrio cuando exista una compensación completa entre los sentimientos altruistas y los egoístas. Llega también a la conclusión de que existe un sentimiento moral pero, fiel al utilitarismo pragmático, considera que éste es adquirido, fruto de multitud de experiencias que nuestros antepasados recogieron sobre lo que es útil y no es útil para el equilibrio de la sociedad. Spencer termina afirmando que si la sociedad debe caminar hacia un estado de equilibrio y felicidad, el único criterio éticamente válido es la elección de todo aquello en que el sentimiento de placer predomina sobre el sentimiento de pesadumbre (19, 32, 55, 73).

86. TEILHARD DE CHARDIN, PIERRE

Pierre Teilhard de Chardin nació en Sarcenat (Francia) el 1 de mayo de 1881. Cuarto hijo de Emmanuel Teilhard de Chardin y Berthe-Adèle de Dompierre d'Hornoy, en 1892 entró en el colegio de jesuitas de Mongrè (Villefranche-sur-Saone), donde obtuvo el bachillerato superior en filosofía en 1897. El 20 de marzo de 1899 ingresó en el noviciado de la Compañía de Jesús de Aix-en-Provence, que culminó un año después en Saval, donde realizó sus primeros votos. Estudió filosofía en Jersey entre 1902 y 1905, año en que fue trasladado a El Cairo, donde impartiría clases de física y química en el colegio de la Sagrada Familia.

Es en ese momento, entre 1905 y 1908, cuando Teilhard de Chardin, interesado desde joven por los estudios de ciencias naturales, se decanta definitivamente por la paleontología, especializándose en mamíferos terciarios y, más particularmente, en primates. En 1912 mantiene su primera

Pierre Teilhard de Chardin.

entrevista con Marcelin Boule, a la sazón profesor del Muséum National d'Histoire Naturelle de París, y mantiene una cordial relación con el gran prehistoriador francés Henri Breuil, quien en junio de 1913 lo invita a participar en su visita a cuevas que contienen pinturas rupestres en el noreste español. Teilhard debe interrumpir sus actividades paleontológicas y arqueológicas en 1915, cuando es movilizado como camillero de segunda clase en el octavo regimiento ligero de tiradores marroquíes. Con su regimiento, Teilhard recorre casi todos los frentes de la frontera francoalemana, desde la costa del mar del Norte, entre Dunkerque y Nienport, hasta Estrasburgo y la frontera suiza, pasando por Verdún, Reims y el Marne. Aunque obligado a desviarse momentáneamente de sus preocupaciones científicas, es ésta una época de intensa reflexión filosófica, que desemboca en la redacción de sus primeros ensayos, recopilados después de su muerte bajo el título de *Escritos del tiempo de guerra.* Terminada la guerra, la actividad paleontológica de Teilhard y su prestigio personal no dejarán de crecer. Destinado a China, participa en las campañas de excavación en Zhou-Kou-Dien, que llevarán al descubrimiento de varios restos craneales y esqueléticos del llamado *Sinanthropus pekinensis* (variante china de *Homo erectus* datada en unos 500.000 años).

A lo largo de su prolífica vida, que concluyó *exiliado* por su orden en 1955 en Nueva York, Teilhard no dejó de simultanear la actividad estrictamente científica, dedicada al estudio de los mamíferos fósiles, con una copiosa producción filosófica, que permaneció en gran parte inédita durante toda su vida, debido a la prohibición de publicar cualquier escrito no estrictamente científico impuesta por el superior de los jesuitas. A su muerte, las ideas de Teilhard tuvieron una extraordinaria difusión, sobre todo entre los ambientes paleontológicos de Europa, logrando también la adhesión de significativas personalidades del entorno evolucionista anglosajón, como Julian Huxley o Theodosius Dobzhansky (aunque no de George G. Simpson). Sus obras fueron publicadas póstumamente bajo un doble patronato científico y general formado entre otros por nombres como Camille Arambourg, Alberto Carlo Blanc, Henri Breuil, Louis de Broglie, Julian Huxley, Wilfrid Le Gros Clark, G. H. R. von Koenigswald, Alfred S. Romer, Arnold Toynbee, Robert Aron, Gaston Bachelard, Jean Lacroix, André Malraux o Leopold Sédar Senghor.

La obra más emblemática de Teilhard es *El fenómeno humano*, extenso ensayo sobre la posición del hombre en la naturaleza, en el que con un estilo muy literario expresa ideas que en vida apenas pudo esbozar en obras como *El grupo zoológico humano.* Teilhard también escribió libros de marcado carácter religioso como *El medio divino* o *El himno al universo*. Sin embargo, la mayor parte de su producción filosófica corresponde a ensayos aislados que a su muerte fueron temáticamente agrupados en sucesivos volúmenes: *La visión del pasado*, *La aparición del hombre*, *El porvenir del hombre*, *La energía humana*, *La activación de la energía* y otros. Teilhard de Chardin rehusó siempre definirse como filósofo, aunque reconoció que sus escritos, más que corresponder a una «metafísica» podían encuadrarse dentro de una «hiperfísica».

Filósofo *malgré-lui,* la obra filosófica de Teilhard admite dos lecturas posibles, una de carácter estrictamente laico y otra de tipo religioso, vinculada a su condición de jesuita. Desde el primer punto de vista, Teilhard de Chardin aparece como un filósofo progresionista que cree firmemente en la evolución como un proceso progresivo preparado para producir finalmente una criatura autoconsciente como el ser humano. De hecho, el propio Teilhard llegó a confesar que, si en algún momento de su vida llegaba a perder la fe cristiana, su fe en el progreso se mantendría inalterada. Para Teilhard, la evolución es un proceso ascendente que conlleva un irrefrenable aumento de la complejidad, paralelo al cual se produce siempre, no obstante, un correlativo incremento en la conciencia, que da lugar a formas no sólo progresivamente complejas sino, también, progresivamente conscientes (lo que él llamó la ley de complejidad-conciencia). Para Teilhard, la conciencia no es sólo una característica típica del ser humano o de los animales superiores, sino que constituye una propiedad inherente a todo el universo. Complejidad y conciencia serían, pues, las dos caras de una misma moneda, sólo que en los niveles más inferiores de complejidad (atómico, molecular) esta faceta de la materia no llega aún a manifestarse. Con el aumento progresivo de complejidad, los seres vivos van alcanzando niveles cada vez más altos de conciencia, lo que desemboca finalmente en la eclosión (anunciada) de una forma autoconsciente como el hombre.

A partir de la especie humana, sin embargo, se produce un cambio cualitativo en la estrategia de la evolución. Así, tras una primera fase que da lugar a diferentes variantes divergentes de homínidos, el planeta queda finalmente poblado por una única especie humana en la que, por primera vez en la evolución, se desarrolla el fenómeno de la *socialización:* las distintas poblaciones humanas, en lugar de evolucionar de forma divergente y por ramificación, como sucede en la evolución de cualquier grupo biológico, inician su integración progresiva, que lleva finalmente al desarrollo de una nueva esfera en la Tierra, similar a la biosfera pero de carácter diferente. Se trata de la *noosfera,* la capa pensante del planeta, que surge de la integración de la actividad intelectiva de todas las comunidades humanas. Según Teilhard, la evolución, entendida como un incremento progresivo de la complejidad y de la conciencia, no se detiene aquí. Llegará un día en que la noosfera alcanzará su integración completa, como sucedió cuando apareció un primer organismo pluricelular, y la capa pensante del planeta alcanzará un nuevo estadio superior de conciencia colectiva. Ese momento es el punto omega de la evolución, el fin para el que todo el proceso evolutivo fue desarrollado. No es difícil imaginar que este punto final de la evolución, en el que toda la humanidad se aglutina finalmente en una especie de conciencia cósmica, fue identificado por el propio Teilhard y por muchos de sus seguidores como Dios. De alguna manera, pues, la evolución cósmica es el proceso por el cual Dios se produce a sí mismo, a través del estadio ser humano.

Obviamente, esta lectura progresionista y panteísta del pensamiento de Teilhard engarza muy claramente con sus preocupaciones profundas como jesuita: conciliar su fe cristiana con los postulados de la evolución. Desde una perspectiva más abiertamente religiosa, la evolución aparece en Teilhard como el proceso por el cual Dios se encuentra (y en cierta medida se complementa) con su propia creación. Los grandes dogmas del cristianismo, como la encarnación, la resurrección o el Juicio Final, más o menos adaptados, hallan acomodo en esta visión evolucionista. El fin del mundo, por tanto, coincide con el punto omega cuando el producto final de la evolución, la noosfera madura o el «hombre colectivo», se integra en la divinidad.

Como es de suponer, estas ideas evolucionistas provocaron grandes recelos en la jerarquía católica (comenzando por la concepción de Teilhard de un Dios que, de alguna manera, «evoluciona» y «se perfecciona a sí mismo»), por lo que en vida jamás pudo llegar a ver impresas o a expresar públicamente tales ideas. A su muerte, en 1955, sus amigos y admiradores iniciaron una activa campaña de publicación y difusión de su pensamiento, sobre todo en Francia y otros países europeos (Alemania, Italia, Suiza, España). El éxito de las obras de Teilhard de Chardin fue fulminante, y el teilhardismo se extendió por los entornos académicos de toda Europa occidental. De hecho, en el contexto de la paleontología, no es ilícito hablar de una auténtica «Internacional teilhardiana», de la que formaron parte los más renombrados paleontólogos de vertebrados de los años cincuenta y sesenta, como Jean Piveteau, Johannes Hürzeler, G. H. R. von Koegniswald, Miquel Crusafont o Pietro Leonardi. A finales de los sesenta, sin embargo, el teilhardismo decayó tan rápidamente como había emergido, comenzando por la propia Francia, donde las ideas progresionistas de Teilhard chocaban con un entorno académico mucho más proclive al estructuralismo. La defunción pública del pensamiento teilhardiano fue oficiada por el nobelizado biólogo molecular Jacques Monod en su obra *El azar y la necesidad* (1970) en la que, avanzándose a Gould, muestra el carácter contingente de la evolución. Monod, un *best-séller* científico en su época, desplazó finalmente a otro *best-séller* científico (10, 32, 73).

87. TENDENCIA EVOLUTIVA

El problema de las tendencias evolutivas es un tema clásico de la biología histórica. Este carácter de «eterna metáfora» de la paleontología, al decir de Gould, no le hace perder, sin embargo, un ápice de su interés actual. Como prueba, podemos reseñar la no lejana publicación de la obra colectiva de J. McNamara *Evolutionary Trends* y, más recientemente, *Full House*, la última diatriba de Stephen J. Gould contra las tendencias que podríamos llamar «progresivas» en evolución. Sin embargo, la existencia de tendencias evolutivas que aparecen recurrentemente en varios linajes evolutivos constituye una realidad largamente constatada en el registro fósil. Es el caso del aumento de la altura en los dientes de los mamíferos herbívoros, del aumento general de tamaño, de la encefalización y de tantos otros.

En algunos casos, como el de la evolución de los caballos, estas series evolutivas sirvieron para reforzar la incipiente teoría evolutiva, cuando la creencia en la evolución progresiva no sólo no era puesta en duda, sino que

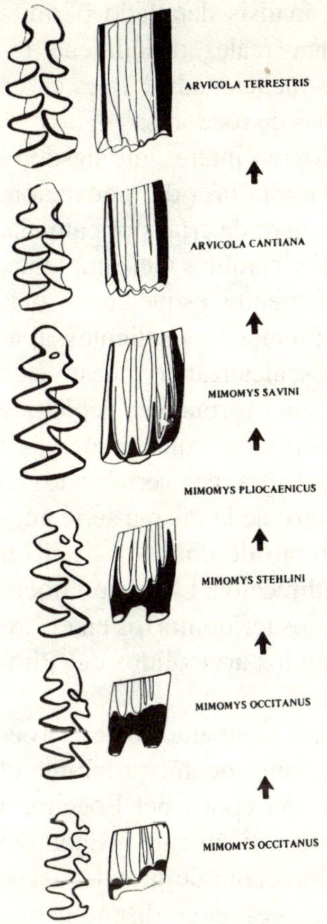

Evolución del primer molar inferior en los arvicólidos europeos desde el Plioceno inferior (según J. Chaline).

se consideraba un requisito de la evolución. En otros casos, como el de la evolución humana y el aumento lineal del volumen cerebral, la carga ideológica subyacente ha sido mucho más importante y ha viciado desde su base este tipo de discusiones. Esta faceta extracientífica del tema, unida a la fragilidad y deficiente documentación paleontológica de muchos de los casos propuestos, ha permitido a Gould y otros autores negar la existencia misma de estas series evolutivas progresivas. Aunque, claro está, lo que Gould y otros critican realmente no es la existencia misma de tendencias que pueden ser reconocidas a posteriori, sino la existencia de un mecanismo activo, directo, de generación de tendencias en la evolución. La evolución, ciertamente, podría dar lugar a tendencias y series progresivas, pero éstas serían o bien un artefacto estadístico o bien un efecto indirecto derivado pasivamente a partir de otro agente causal que nada tendría que ver con la tendencia misma. Sin embargo, en el registro fósil existen casos adecuadamente documentados en los que un análisis detallado permite atestiguar la existencia de tendencias anagenéticas reales, difícilmente reducibles a procesos de difusión pasiva como los mencionados. Tales casos han sido descritos, por ejemplo, en varias familias de roedores.

Los roedores constituyen un material zoológico interesante desde el punto de vista de la biología evolutiva, dada su alta tasa de renovación, tanto en número de camadas al año como en número de crías por camada, lo que les permite adaptarse rápidamente a los cambios del ambiente. Desde el punto de vista paleontológico, sus elementos esqueléticos más característicos, tanto a nivel taxonómico como funcional, los dientes, aparecen muy bien representados en los yacimientos, alcanzando muestras de centenares a millares de ejemplares. Además, una formación geológica puede llegar a presentar decenas de niveles fosilíferos con roedores, en tanto que la localización de un solo yacimiento de grandes vertebrados es algo mucho más infrecuente. De este modo, dentro de la misma serie geológica es posible seguir detalladamente el cambio de una especie nivel por nivel. Casos de evolución progresiva y unidireccional han sido documentados en varias familias de roedores, como los teridomorfos en el Eoceno y Oligoceno, los eómidos en el Mioceno y los arvicólidos del Plioceno y el Pleistoceno.

Los teridomorfos constituyen un grupo exclusivamente fósil de roedores que pobló Europa hace entre 40 y 23 millones de años (durante el Eoceno medio y el Oligoceno). En aquella lejana época del Eoceno, a principios del Terciario, Europa se encontraba prácticamente aislada del resto de continentes formando un extenso archipiélago de grandes islas. En este contexto, formas muy primitivas de roedores, cuyo diseño dental recuerda al de las actuales ardillas, evolucionaron hacia formas altamente especializadas, que conocemos con el nombre de teridomorfos. En estas condiciones de aislamiento, estos especímenes sufrieron una importante diversificación, dando lugar a numerosos géneros y especies. Como se ha comentado, los representantes más antiguos de este grupo presentan una dentición poco especializada, parecida a la de las actuales ardillas: molares de corona baja (braquidontos), formados por una serie de cúspides aisladas o unidas débilmente por crestas asimismo bajas. Posteriormente, y de manera progresiva, en distintos géneros los molares tienden a hacerse más altos (hipsodontia), en tanto que las crestas se hacen cada vez más prominentes, hasta englobar a las cúspides originales. Progresivamente, a lo largo del Eoceno superior y el Oligoceno, alcanzaron un diseño dentario muy simplificado, en el que las cúspides fueron sustituidas por una serie de láminas cortantes y en el que la superficie oclusal del diente era prácticamente plana. Un proceso de este tipo ha sido descrito en el caso de los géneros *Elfomys* e *Issiodoromys* y, en menor medida, en los géneros *Oltinomys* y *Theridomys.* Dado que a lo largo del Oligoceno el clima en Europa se hizo progresivamente más árido, los cambios descritos pueden interpretarse, como en el caso de los caballos de Kovalevski, como una respuesta a la propia evolución climática y ambiental del subcontinente. Esta interpretación parece confirmada por la presencia en los últimos teridomorfos del Oligoceno superior de rasgos que en la actualidad se encuentran en roedores de ambientes desérticos o subdesérticos (como la posesión de grandes bullas timpánicas).

Otro grupo totalmente fósil de roedores, los eómidos, proporciona ejemplos de cambio direccional y progresivo en una misma línea evolutiva. Los eómidos se originaron en Norteamérica y durante el Oligoceno se dispersaron por toda Eurasia. Durante buena parte del Terciario son formas muy comunes en los yacimientos europeos, de los que prácticamente desaparecen en el Mioceno superior y el Plioceno (una sola especie persistirá en Europa hasta el límite con el Cuaternario). En muchos de sus segmentos (especialmente, en el límite Oligoceno-Mioceno), la evolución de los eómidos sigue unas pautas similares a las de los teridomorfos: de formas con molares de corona baja (braquidontos) y cúspides aisladas (bunodontos), se pasa a otras con molares de corona alta (hipsodontos) formados por una serie de crestas paralelas. Una evolución de este tipo, por ejemplo, ha sido mostrada por el paleontólogo alemán Volker Fahlbusch en el caso de los géneros *Pseudotheridomys* y *Ligerimys.* En ambos casos se trata de formas lofodontas y de corona moderadamente alta, y la diferencia más sobresaliente entre ellos estriba en la presencia de una cresta supernumeraria en *Pseudotheridomys* que se pierde en *Ligerimys.* Fahlbusch ha mostrado cómo en distintos yacimientos del Mioceno inferior de la Baja Baviera las poblaciones de *Pseudotheridomys* presentan porcentajes progresivamente crecientes de molares con sólo cuatro crestas, que llegan finalmente al ciento por ciento en *Ligerimys.* Este tipo de evolución progresiva se da también en el Oligoceno superior de la cuenca del Ebro, entre poblaciones adscritas a los géneros *Eomys, Rhodanomys* y *Ritteneria.* En esta cuenca, los niveles basales del Oligoceno superior se caracterizan por la presencia de *Eomys,* una forma primitiva con molares de corona baja y cúspides destacadas. Por su parte, *Rhodanomys*, descrito originalmente en Francia, presenta un diseño similar a *Eomys*, pero ya sin cúspides (sustituidas por crestas) y con una superficie de desgaste dentario completamente plana. Finalmente, *Ritteneria* muestra un diseño dentario muy simplificado, formado por dos únicas crestas transversales. Tanto en la cuenca del Ebro como en la sucesión oligocénica de la Molasa suiza es posible comprobar que el diseño dentario original de *Eomys* va transformándose a través de poblaciones intermedias, primero en *Rhodanomys* y finalmente en *Ritteneria,* a lo largo de un proceso que duró cerca de siete millones de años.

Sin embargo, entre los roedores (y acaso entre los mamíferos) es en la familia plio-pleistocénica de los arvicólidos, los conocidos topillos y ratas de agua de nuestros prados y marismas, en la que se encuentran los ejemplos más detallados y convincentes de evolución direccional. Por muchos aspectos, los arvicólidos constituyen un grupo extraordinario dentro de los roedores. De distribución holártica, su origen, a diferencia de otras familias, es relativamente reciente (el primer representante conocido es *Microtodon,* del Mioceno superior y Plioceno inferior de Mongolia). Los primeros fríos del Plioceno superior y los posteriores del Pleistoceno inferior convirtieron a los miembros de esta familia en los roedores dominantes del continente, con una gran variedad de géneros y especies todavía en expansión. Los arvicólidos se caracterizan por poseer molares de tipo prismático, es decir, de corona muy alta (muy hipsodontos) y superficie de desgaste formando una serie de ángulos entrantes y salientes que durante la oclusión con su pareja homónima de la mandíbula o el maxilar actúan como los dos filos de una tijera.

Los primeros arvicólidos *(Microtodon, Baranomys, Celadensia, Promimomys)* difícilmente pueden ser diferenciados de sus ancestros directos, los cricétidos, excepto por sus molares con superficie de abrasión plana, que se superpone al típico diseño dentario de un hámster. Esta innovación no supuso una gran transformación en la morfología dentaria, pero implicó un profundo cambio funcional en los vectores de la masticación. De un diseño inicial bunodonto, con cúspides bajas y redondeadas, en el que primaban los movimientos transversales, se evolucionó hacia una dinámica masticatoria más compleja, basada en la preeminencia de los movimientos antero-posteriores. Esta transición no fue exclusiva de los arvicólidos, ya que a lo largo del Mioceno superior diversos grupos de cricétidos dieron lugar a otros experimentos «arvicoloides», caso de los géneros *Rotundomys, Microtocricetus, Epimeriones* y otros.

La evolución inicial de estos primeros arvicólidos a principios del Plioceno conllevó un ligero incremento de la talla y de la altura de la corona (hipsodontia), así como la aparición de un lóbulo suplementario en el primer molar inferior, que de esta manera incrementó su superficie abrasiva. La aparición de este lóbulo marca el definitivo desmarque del diseño básico que durante treinta millones de años se había mantenido estable entre los cricétidos (y que aún hoy se conserva en los hámsteres). Curiosamente, un múrido endémico de la isla que en el Mioceno superior constituía la región de Gargano, al sur de Italia, *Microtia,* ya había ensayado esta vía de la multiplicación de lóbulos dentarios en el primer molar inferior unos millones de años antes. Los representantes más primitivos de este género endémico apenas se diferenciaban de sus parientes del continente más que por el desarrollo del lóbulo anterior extra en el primer molar inferior. A medida que nos aproximamos al final del Mioceno, sin embargo, las sucesivas especies de *Microtia* fueron ampliando el número de lóbulos suplementarios de modo que el diseño original de esta pieza dentaria es ya irreconocible. Un proceso semejante debió también de desarrollarse en la actual capibara de Sudamérica *(Hydrochoerus),* el mayor roedor viviente, cuyos enormes molares inferiores están asimismo dotados de un gran número de crestas. A otro nivel, este proceso se da también en la evolución desde los primeros mastodontes hasta los actuales elefantes.

Podría pensarse que los arvicólidos del Plioceno inferior y medio, como *Mimomys,* seguirían también esta tendencia a lo largo del Plioceno superior. Por el contrario, la evolución posterior de este y otros géneros afines no supuso la adquisición de nuevos lóbulos dentarios, sino un aumento progresivo de la talla, acompañado de un aumento parejo de la hipsodontia y de la simplificación del diseño de los molares. A diferencia de sus representantes actuales, estas especies más primitivas de arvicólidos conservaban las raíces, que desaparecerán (o, mejor dicho, no llegan a formarse) en las formas más tardías del Plioceno. Durante el Pleistoceno inferior y medio, a partir de estas formas arrizodontas con molares de crecimiento continuo, se reemprenderá de nuevo la vía de la multiplicación de los lóbulos dentarios en los molares inferiores, desembocando en la actual profusión de géneros como *Microtus, Pitymys, Terricola* o *Chionomys.* Constituye realmente uno de los pocos casos, junto con los bóvidos, en los que la evolución puede verse todavía «en acción».

En resumen, las tendencias evolutivas observadas en la evolución de diversas líneas de arvicólidos a lo largo del Plioceno Pleistoceno coinciden en una serie de caracteres comunes que pueden resumirse como sigue:

1) Aumento progresivo de la talla.
2) Aumento progresivo de la hipsodontia, que en la mayoría de líneas del Pleistoceno culmina con la formación de molares de crecimiento continuo, sin raíces (caso de los actuales géneros *Microtus, Arvicola,* etcétera).
3) Tendencia en algunas líneas a multiplicar el número de lóbulos o prismas dentarios en el tercer molar superior y, sobre todo, en el primer molar inferior, que aumenta extraordinariamente su superficie cortante.

Este tipo de evolución ha sido documentado en varias líneas de arvicólidos, como los géneros *Mimomys*, *Ondatra* y *Kislangia.* Las tendencias evolutivas reseñadas más arriba son todas ellas claramente interpretables en términos funcionales, como adaptaciones a un régimen alimenticio basado en las gramíneas. Los tallos de las gramíneas están silicificados y son muy abrasivos, por lo que, si los molares de estos roedores no hubiesen aumentado su altura, el desgaste prematuro habría acabado con ellos en muy poco tiempo. No se trata, por tanto, de tendencias generadas por alguno de los mecanismos de difusión pasiva, ni tampoco corresponden a meros procesos de aumento general de la variabilidad de diseños dentarios, ya que lo que se selecciona es un único diseño con pocas variantes a lo largo de distintas líneas evolutivas. Esta evolución en paralelo de diversas líneas de arvicólidos durante el Plioceno y el Pleistoceno se interpreta como una respuesta adaptativa a la extensión de las praderas herbáceas y a la regresión de las masas boscosas asociadas a los cambios ambientales de estos periodos (durante el Plioceno se inician los ciclos glaciar-interglaciar que caracterizarán toda la evolución climática del Pleistoceno). Casos como los de la evolución de los arvicólidos constituyen una clara muestra de *la existencia de mecanismos activos de generación de tendencias a largo plazo.*

Por lo tanto, el problema no reside tanto en aceptar la existencia de series evolutivas progresivas como en encontrar una explicación para este fenómeno. Desde un punto de vista estrictamente darwiniano, el tipo de evolución descrito más arriba se encuadraría sin dificultad dentro de la denominada selección direccional: la presión de la selección natural se habría mantenido reiteradamente en el mismo sentido a lo largo del tiempo. Ahora bien, la selección direccional permite explicar procesos cuya escala temporal se ciñe a cientos o miles de años, mientras que los cambios mencionados se produjeron en las distintas líneas de arvicólidos de manera progresiva a lo largo de *millones* de años. ¿Cómo concebir que un mismo tipo de presión de selección haya actuado progresivamente, de manera constante, durante buena parte del Plioceno y todo el Pleistoceno?

Una línea de posible resolución futura del problema de las tendencias evolutivas se encuentra en la investigación de las heterocronías en el desarrollo. Así, se ha podido comprobar que estas tendencias, que se hallan independientemente en distintas líneas evolutivas y en épocas diversas, responden también a procesos heterocrónicos, es decir, a procesos que modifican la velocidad de expresión de algunos caracteres, de modo que éstos aparecen más precozmente o más tardíamente durante el desarrollo del individuo. Algunos paleontólogos, como Kenneth J. McNamara han mostrado incluso la existencia de auténticas «heterocronoclinas», es decir, sucesiones de especies que muestran grados progresivos de retraso o de aceleración en el desarrollo. Éste es el caso de *Cnemidopyge* y otros siete linajes de trilobites, los cuales, a lo largo de una serie con 243 localidades y más de 7.000 especímenes, mostraban un neto incremento gradual del número de segmentos de la parte posterior de su exoesqueleto; asimismo, en algunas formas aparecían rasgos que en sus antecesores sólo aparecían en estadios juveniles. Ambos tipos de modificación, pues, correspondían a caracteres relacionados con el desarrollo del individuo, ya fuese por la retención de caracteres larvales o infantiles (neotenia) o por la prolongación del desarrollo (aceleración) (43, 54, 69, 73).

88. UDABNOPITHECUS

Género de hominoides establecido por N. O. Burtshak y E. G. Gabashvili en 1959, a partir de un fragmento maxilar descubierto por esta última en los niveles inferiores de la serie de Udabno, en Georgia. El hasta ahora único resto material de la especie *Udabnopithecus garedziensis* corresponde a un premolar y un primer molar superiores, de esmalte delgado y talla reducida, muy probablemente correspondientes a una especie oriental de pequeña talla del género *Dryopithecus*. El interés de este hallazgo reside en la edad de los sedimentos de Udabno. Éstos proporcionaron en el pasado una fauna que incluye *Tetralophodon* cf. *longirostris, Deinotherium giganteum, Myohyaenotherium bessarabicum, Adcrocuta eximia, Plesiogulo* cf. *brachygnathus, Hipparion garedzicum, Aceratherium* cf. *incisivum, Chalicotherium* sp., *Microstonyx erimanthius,* cf. *Palaeotragus* sp., *Tragoportax* sp., *Gazella schlosseri,* además de *Udabnopithecus garedziensis*. Prospecciones recientes en la zona han permitido detectar la presencia del hámster fósil *Byzantinia nikosi*. La edad de los niveles que proporcionaron los restos de *Udabnopithecus* corresponde, por tanto, al Turoliense inferior, hace unos 8,5 millones de años. Ello significa que *Dryopithecus* u otro género de hominoides gráciles con esmalte delgado persistió en esta región del Cáucaso cuando este tipo de hominoides había desaparecido ya en el resto de Europa un millón de años antes (2, 25, 45, 70).

89. VICARIANTE, BIOGEOGRAFÍA

En la década de los cincuenta, León Croizat, ornitólogo afincado en Venezuela, propuso un nuevo método de análisis de las distribuciones biogeográficas: la biogeografía vicariante. A diferencia de modelos biogeográficos anteriores, el modelo vicariante considera que la actual distribución de las especies, más que reflejar la historia particular de cada una de ellas (es decir, su mayor o menor capacidad intrínseca de dispersión) muestra la historia de las áreas que ocupan (que constituye la primera causa de la diversidad espacial). Así pues, la concurrencia de varias especies en una zona no sería producto del desplazamiento de unas poblaciones concretas por otras mejor adaptadas llegadas desde su centro de origen, sino más bien de la partición de la especie original en varias especies derivadas por fragmentación del área previamente ocupada.

Así pues, aun cuando pueda admitirse que ciertas distribuciones son sólo explicables por dispersión, la biogeografía vicariante rechaza el concepto de centro de origen como instrumento de análisis biogeográfico. Para Croizat, el rango de distribución de una única especie o grupo no permite extraer conclusiones por sí solo sobre su historia biogeográfica. Es necesario superponer a este rango de distribución los de los otros grupos que coexistan en el área. Si contrastamos los distintos patrones de distribución con las filogenias de cada línea evolutiva, podremos hacernos una idea de la historia biogeográfica de la región. De este modo, pueden separarse los factores puramente particulares de la dispersión de un grupo y atender principalmente a aquellos más generales ligados a la historia global del área estudiada.

Durante años, el modelo vicariante de Croizat fue ignorado por la mayor parte de biólogos evolucionistas, que seguían explicando sus distribuciones a través de hipotéticos puentes intercontinentales que súbitamente se hundían en el océano o bien por cadenas de islas a través de las cuales los diferentes organismos circulaban como de rama en rama. Sin embargo, la aparición de la teoría de la tectónica de placas, con la consiguiente rehabilitación de la idea de la deriva continental, supuso una validación importante del modelo de Croizat. La imagen de unas masas continentales disgregándose o reunificándose permitía explicar, por vicarianza, los patrones de distribución de una gran cantidad de formas actuales y fósiles, a través de un proceso que calcaba los resultados predichos por Croizat. Digamos, finalmente, que el modelo propuesto por Croizat es, asimismo, congruente con el mecanismo de especiación alopátrica de Mayr, generalmente admitido como mecanismo de especiación dominante en la naturaleza (77, 81, 91).

90. VRIES, HUGO DE

Si tuviéramos que elegir algún científico a quien responsabilizar de la larga noche del darwinismo entre finales del siglo XIX y principios del XX, esa acusación recaería sin duda en el botánico holandés Hugo de Vries. Nacido en Haarlem en 1848, De Vries ejerció como profesor de botánica en la Universidad de Amsterdam, donde se interesó sobre todo por los problemas de la hibridación y de la herencia que en esa misma época ocupaban a Gregor Mendel. Sin embargo, en un principio De Vries se interesó más por el origen de las nuevas variedades y especies que por el diseño de experimentos que pudiesen desentrañar los problemas de la herencia. En 1886, trabajando con *Oenothera lamarckiana*, la prímula de los campos americanos, detectó la aparición súbita de nuevas variantes perfectamente viables de esta planta, fenómeno para el que propuso el nombre de «mutación».

Partiendo de los resultados obtenidos con *Oenothera lamarckiana,* De Vries supuso que, contra lo establecido por Darwin, las nuevas especies no evolucionaban gradualmente a partir de las anteriores, sino que se originaban abruptamente, apareciendo ya perfectamente formadas a partir de la anterior. Hoy sabemos que las pretendidas «mutaciones» de *Oenothera* no corresponden en realidad a verdaderos cambios en el material genético, sino a un proceso de segregación cromosómica anormal conocido con el nombre de translocación recíproca. Este mecanismo de especiación súbita fue desechado en los años treinta y cuarenta del siglo XX por los primeros teóricos de la síntesis moderna. Aun así, el mutacionismo de De Vries ejerció una notable influencia en la biología de principios de siglo, a través de obras como *Die Mutationstheorie* (Teoría de la mutación), que publicó entre 1901 y 1903.

Pero Hugo de Vries contribuyó a tambalear los cimientos del darwinismo primitivo con otra aportación más significativa aún: el redescubrimiento y la popularización de las leyes de Mendel. En 1900, De Vries se había aplicado al diseño de una serie de experimentos mediante cruces de diversas variedades de plantas (entre ellas, también la planta del guisante), obteniendo resultados que se parecían sospechosamente a los de Mendel. Cuál no fue su sorpresa, sin embargo, cuando su colega M. W. Beyerinck, de Delft, le envió displicentemente una copia del trabajo de Mendel que dormía olvidado en su biblioteca, por si tal vez pudiera ser «de algún interés para sus investigaciones sobre híbridos». Cuando De Vries leyó el trabajo quedó conmocionado, al constatar que aquel monje moravo se había adelantado en treinta años tanto en la metodología como en los resultados a lo que él mismo estaba haciendo. Ese mismo año publicó dos trabajos en los que reivindicaba los resultados de Mendel, avalados por sus propias investigaciones. Este reconocimiento provocó también el de otros fisiólogos vegetales como el alemán Carl E. Correns y el austriaco Erich Tschermak-Seysenegg. Espoleado por estos trabajos, el británico William Bateson asumió también la bandera del recién creado «mendelismo». Más que el mutacionismo de De Vries, fue el mendelismo el que durante la primera parte del siglo XX puso realmente en apuros al darwinismo, al mostrar que la norma en la evolución debía ser la estabilidad y el mantenimiento de las frecuencias génicas, como luego demostraron matemáticamente G. H. Hardy y W. Weinberg.

En sus últimos años, sin embargo, parece que algo celoso de Mendel, De Vries renegó en parte de la universalidad de sus resultados. Por el contrario, hasta el fin de su vida, en 1935, permaneció fiel a su teoría del origen de las especies por macromutación. A este respecto, sus ideas encontraron una cierta continuidad en la obra del genético americano Richard Goldschmidt y su teoría del «monstruo prometedor» (39, 61, 63, 65).

91. WALLACE, ALFRED RUSSEL

Una de las pruebas de que ya desde sus inicios la teoría de la evolución por selección natural constituyó una robusta teoría científica estriba en que fue descubierta de manera independiente por dos científicos a la vez. Así, en 1858 Darwin recibió con sorpresa y estupor el ensayo de un tal Alfred Russel Wallace, *On the Tendency of Varieties to Depart Indefinitely from the Original Type*, en el que llegaba prácticamente a sus mismas conclusiones respecto al origen de nuevas razas y especies a través de un mecanismo muy parecido al de la selección natural (aunque Wallace no empleaba este término), conclusiones que Darwin había tardado cerca de veinte años en elaborar. Lyell y otros naturalistas próximos a Darwin propusieron a ambos autores realizar una comunicación conjunta de sus ideas en una de las sesiones de la Linnean Society de Londres, cosa que tuvo lugar en ese mismo año de 1858, aunque tal comunicación pasó sin pena ni gloria y tuvo escaso eco en el entorno científico de su tiempo.

Aunque Darwin y Wallace eran de origen y formación muy diferentes, existen elementos comunes en sus biografías que permiten explicar por qué desde experiencias diversas compartieron preocupaciones similares y llegaron a parecidas conclusiones. A diferencia de Darwin, Wallace nació en el seno de una familia sin grandes recursos económicos e inicialmente tuvo que ganarse la vida como agrimensor y maestro. Introducido en las ciencias naturales por su amigo el entomólogo Henry W. Bates, Wallace emprendió con éste en 1848 una expedición al Amazonas, a fin de recolectar especímenes zoológicos que luego se proponía vender a museos y coleccionistas (dado que, a diferencia de Darwin, Wallace no disponía de un *modus vivendi* estable). Desgraciadamente, los resultados de esta expedición, concluida en 1852, se perdieron casi completamente, ya que el barco en el que regresaban se incendió en alta mar. A pesar de ello, Wallace no se amilanó y planeó una segunda expedición, esta vez a Malasia. Fruto de sus investigaciones zoogeográficas en esta región del globo fue un primer ensayo titulado *On the Law which has Regulated the Introduction of New Species* (1855), en el que constataba que, curiosamente, las nuevas especies aparecían siempre en la vecindad de una especie similar. Era, evidentemente, una primera demostración del interés de Wallace por el tema del origen de las especies. Como en Darwin, pues, el problema de la distribución geográfica de las especies influyó decisivamente a la hora de aceptar la idea de evolución. De hecho, Wallace realizó a lo largo de su vida grandes contribuciones a la zoogeografía, como es el caso de la llamada «línea de Wallace», una frontera natural que separa las faunas y floras de tipo asiático de las de la zona australiana, y que se sitúa entre Java y Borneo y las islas Célebes.

Pero aunque la teoría de la evolución permitía explicar las particularidades de la distribución geográfica de las especies (por ejemplo, el hecho de que especies parecidas tendiesen a ocupar áreas adyacentes), faltaba un mecanismo plausible que diese lugar a tal evolución. Obligado a permanecer inactivo durante días debido a un ataque de malaria, Wallace pasó el tiempo reflexionando sobre ese posible mecanismo. Vino entonces a su memoria el *Ensayo sobre las poblaciones* de Malthus, que había leído algunos años antes y, como Darwin, encontró en la escasez de recursos y la selección posterior de los más aptos el proceso que permitía explicar la transformación de unas especies en otras. Fue entonces cuando elaboró el ensayo que enviaría a Darwin, con el resultado que ya conocemos. Este texto de Wallace espoleó finalmente a Darwin a concluir su inacabable libro, que vio la luz tan sólo un año más tarde, en 1859. Alfred R. Wallace aceptó de buen grado su papel de *partenaire* de Darwin y nunca se mostró celoso respecto a la prioridad de la idea de la selección natural. Al contrario, Wallace se convirtió en un ferviente defensor del darwinismo (él mismo contribuyó a popularizar este término con su obra *Darwinism*, publicada en 1889) a través de una copiosa producción que incluye obras como *Contributions to the Theory of Natural Selection* (1879), *The Geographical Distribution of Animals* (1876), *Island Life* (1889), *Natural Selection and Tropical Nature* (1891), entre otras.

Sin embargo, a lo largo de su trayectoria paralela, Darwin y Wallace disintieron en el papel que cabía asignar a la selección natural en el proceso evolutivo. Así, en el curso de las sucesivas ediciones de *El origen de las especies,* Darwin, cada vez más sensible a las críticas que la selección natural atraía sobre sí, admitió también el uso y desuso lamarckiano como un mecanismo plausible de la evolución. Posteriormente, en su obra *El origen del hombre* (1871), propuso un mecanismo selectivo complementario, la selección sexual, al que atribuyó tanto valor como a la selección natural. Wallace, por el contrario, fue mucho más darwinista que Darwin, y siempre mantuvo que la selección natural era el único mecanismo que permitía explicar el cambio evolutivo, rechazando los devaneos lamarckistas del propio Darwin y relegando la selección sexual a un papel secundario.

Para Wallace sólo existía un caso que no podía ser explicado por la selección natural: el cerebro humano. Éste fue otro objeto de confrontación amistosa con Darwin, ya que Wallace era un adepto convencido del espiritismo, posición que mantuvo hasta el final de sus días. Según Wallace, el origen de la mente humana no era explicable en los mismos términos que el resto de órganos de un animal, de modo que el espíritu humano habría sido infundido sobrenaturalmente en el cerebro de algún antropoide primitivo. La militancia espiritista de Wallace le creó problemas entre sus colegas evolucionistas, pero no así con Darwin, quien siempre mantuvo hacia él una actitud de amistoso reconocimiento, como codescubridor de la idea de selección natural (19, 20, 48, 80).

92. WHITE, TIM

Paleoantropólogo americano, profesor en la Universidad de California (Berkeley). Alumno de F. Clark Howell, White ha contribuido significativamente al estudio de casi todos los segmentos de la evolución humana hace entre 4,5 y 2 millones de años. Su nombre, junto con el de Donald C. Johanson e Yves Coppens, saltó a la palestra científica cuando, en 1978, estableció la especie *Australopithecus afarensis* (definida a partir de restos procedentes de Omo y Hadar, en Etiopía, y Laetoli, en Tanzania), forma primitiva de *Australopithecus* que probaba la existencia de homínidos bípedos hace unos 3,5 millones de años. El mismo White y su equipo completó el hallazgo en 1994, con el descubrimiento en el mismo Hadar de un cráneo de entre 3,4 y 3 millones de años de antigüedad asignable a esta especie (hasta esa fecha, los restos craneales de *A. afarensis* eran muy fragmentarios). La colaboración con Don Johanson siguió durante la década de los ochenta, y en 1986 ambos describieron los restos de OH-62, un esqueleto bastante completo de *Homo habilis* descubierto en la garganta de Olduvai que demostraba que el tipo de locomoción de esta especie era mucho más parecido al de los *Australopithecus* que al de las formas posteriores de *Homo.*

A partir de los noventa, la colaboración entre Don Johanson y Tim White se rompió, y este último, con el apoyo de la Fundación Paul Getty, comenzó un fructífero programa de prospecciones y excavaciones en la región del curso medio del río Awash, en Hadar, junto con sus colaboradores Gen Suwa y Berhane Asfaw. Fruto de estas campañas ha sido una serie de hallazgos que han cambiado considerablemente el panorama de la evolución humana en el Plioceno inferior. El más espectacular de ellos corresponde a *Ardipithecus ramidus,* un conjunto de restos procedentes de la localidad de Aramis que, según sus descubridores, prueba la existencia de homínidos bípedos hace 4,4 millones de años (aunque esta edad fue incrementada en más de un millón de años por Yohannes Haile-Selassie, del equipo de White, con el hallazgo de una subespecie más primitiva de *Ardipithecus: A. ramidus kaddaba).*

Otra contribución significativa de White ha sido el descubrimiento de una nueva especie de *Australopithecus, A. gahri,* en la localidad de Bouri, también en el Awash medio. La edad de esta nueva especie ha podido ser precisada en 2,5 millones de años, similar a la de los últimos *Australopithecus africanus* de Sudáfrica. Más que la especie sudafricana, *A. ghari* sería según sus descubridores el eslabón intermedio entre *Australopithecus afarensis* y los primeros representantes de la especie *Homo habilis.* Este argumento se vería reforzado por el descubrimiento de marcas de uso en algunos de los huesos asociados a esta especie en Aramis. *A. ghari* sería el autor de estas marcas, así como de las primeras industrias líticas que se encuentran en el Awash medio, fechadas en 2,5 millones de años. Asimismo, Tim White y su equipo son los descubridores del cráneo de Konso, de entre 1,4 y 1,5 millones de años, perteneciente a un *Paranthropus* y que muestra una asociación de caracteres que lo relacionan tanto con *P. boisei* como con las formas de *Paranthropus* de Sudáfrica, mostrando que la variabilidad en este grupo de australopitecinos era mucho más amplia de lo esperado.

En conclusión, puede afirmarse que los hallazgos del equipo liderado por Tim White en el Awash medio han contribuido a desechar definitivamente el modelo simplista de evolución humana imperante en los años setenta, mostrando que la evolución hace entre cinco y dos millones de años fue mucho más compleja de lo que inicialmente se creía (6, 8, 72, 96).

93. XERICIDAD

Un punto de vista muy extendido tiende a interpretar el origen de la locomoción bípeda en los homínidos como una respuesta adaptativa a la expansión de las grandes praderas o sabanas en África oriental a principios del Plioceno. De acuerdo con este escenario funcionalista, el bipedismo de estos primeros homínidos sería una respuesta directa a la deforestación sufrida en aquella región a partir del Mioceno superior. De hecho, la expansión de las zonas áridas hace unos 2,6 millones de años, como consecuencia de la dinámica glacial-interglacial, fue el último acto de una tendencia general hacia la aridez y la xericidad que se observa durante todo el Cenozoico, y que influyó decisivamente en la evolución de los primates.

Así, el primero de los grandes cambios ambientales que afectaron a los ecosistemas terrestres en los últimos 65 millones de años se produjo hace unos 34 millones de años, en el tránsito entre el Eoceno y el Oligoceno. Hacia el Eoceno superior, unos 37 millones de años atrás, grandes extensiones de Europa y Norteamérica se encontraban cubiertas por el equivalente a un bosque tropical como el que hoy puebla el Amazonas o el centro de África. Primates parecidos a los actuales lemures y tarseros de las familias de los adápidos y los omómidos, respectivamente, alcanzaban una apreciable diversidad en ambos continentes (entre ellos, *Adapis, Leptadapis*, *Pseudoloris, Microchoerus* y *Necrolemur*), acompañados de grandes cocodrilos del grupo de los aligatores, aves carnívoras como *Dyatrima*, pequeños depredadores de bosque poco especializados (los creodontos), roedores arborícolas parecidos a ardillas (pseudoesciúridos y teridómidos), perisodáctilos ramoneadores (équidos primitivos y paleotéridos), y una amplia variedad de pequeños artiodáctilos corredores (anoplotéridos, xifodóntidos, cainotéridos y otros). En esa época, Australia y Sudamérica estaban todavía unidas a la Antártida, como parte del antiguo supercontinente meridional de Gondwana, de modo que las aguas ecuatoriales del Atlántico Sur y el Pacífico Sur fluían hasta las costas de la Antártida, transmitiendo calor desde las bajas latitudes hacia las altas latitudes del Sur. Sin embargo, a finales del Eoceno Australia comenzó su separación de la Antártida, proceso que completó hace entre 34 y 33 millones de años. En ese momento se estableció el germen de lo que hoy es la corriente circumpolar, una corriente fría que circunvala la Antártida y que impide cualquier transmisión de calor desde latitudes más bajas. En consecuencia, hace 33 millones de años se produjo un enfriamiento súbito de la Antártida, y la nieve caída en invierno comenzó a acumularse año tras año. Daba así inicio la primera glaciación desde el final del Paleozoico, restringida en este caso al Polo Sur. Durante cientos de miles de años, los glaciares se extendieron por la Antártida, cubriendo grandes extensiones de su parte oriental.

El inicio de la glaciación en la Antártida dio lugar a un importante descenso del nivel general de los océanos, que se calcula en unos 30 metros. Como consecuencia, muchos mares superficiales y plataformas costeras se convirtieron en zonas terrestres, incluyendo el brazo de mar que hasta entonces había separado Europa de Asia y que había impedido que las faunas asiáticas colonizasen Europa, con lo que una oleada de nuevos inmigrantes penetró en el viejo continente. Este evento coincidió con una acentuación de la tendencia a la aridez en extensas zonas del globo, que se tradujo en el establecimiento de un clima templado allá donde había reinado la selva tropical, y en la extensión de los espacios abiertos. Buena parte de las especies que habían permanecido aislados en Europa declinaron o se extinguieron ante la llegada de los nuevos inmigrantes asiáticos. Este importante recambio faunístico, que marca el inicio el Oligoceno, fue reconocido en 1910 por el gran paleontólogo suizo Hans Stehlin, quien acuñó el término *Grande Coupure* («gran corte») para referirse a él.

Las primeras víctimas de la *Grande Coupure* fueron los paleotéridos, que sufrieron una drástica reducción en su diversidad y cuyo espacio fue ocupado por otros perisodáctilos, los rinocerontes. Estos arcaicos rinocerontes del Oligoceno como *Egyssodon* o *Ronzotherium* carecían de los característicos apéndices de sus parientes actuales y eran en general corredores de patas largas, mejor adaptados a la carrera que los paleotéridos del Eoceno. Entre los artiodáctilos, las formas eocénicas de las familias de los xifodóntidos y los anoplotéridos fueron reemplazadas por verdaderos rumiantes como *Gelocus, Lophiomeryx* o *Bachitherium.* A su vez, numerosos inmigrantes asiáticos de este orden de mamíferos penetraron en Europa, como los enormes entelodóntidos del género *Entelodon,* un sui forme carroñero cuyo cráneo podía llegar a medir un metro, o los primeros suidos del grupo de los jabalíes como *Palaeochoerus* o *Doliochoderus.* Entre los carnívoros, los creodontos del Eoceno quedaron notablemente mermados en su diversidad, mientras que los verdaderos carnívoros entraron en escena, representados por la familia de los amficiónidos (los perros-oso, como *Amphicynodon)* y la de los nimrávidos *(Eusmilus,* una primera versión de los felinos dientes de sable). Entre los roedores, la mayor parte de pseudosciúridos y teridómidos de corona baja desapareció, mientras que otros miembros de este último grupo tendieron a desarrollar molares de corona muy alta (hipsodontos), compuestos por una sucesión de crestas paralelas adaptadas al procesado de vegetales duros. Algunos de estos roedores presentaban bulas timpánicas muy grandes, como en las especies que hoy habitan ambientes desérticos o subdesérticos. Las consecuencias de la *grande coupure* fueron aún más duras para los primates prosimios que poblaban Europa y Norteamérica, los cuales se extinguieron por completo en ambos continentes. A partir de ese momento, la evolución de los primates seguiría en África y Sudamérica.

La cosa no terminó ahí: a mediados del Oligoceno, hace unos 30 millones de años, se registraron nuevos episodios de glaciación en la Antártida, que acentuaron las condiciones de xericidad y extensión de los bosques abiertos en las latitudes medias. Muchos relictos del Eoceno, como los últimos paleotéridos, sucumbieron finalmente, en tanto que formas corredoras como los pequeños cainotéridos proliferaron aún más. En Oriente Próximo se registran en esta época las primeras evidencias de plantas desérticas. Sin embargo, las condiciones cambiaron de nuevo a principios del Mioceno, cuando se registra un nuevo óptimo climático, con ascenso de la humedad y expansión de los bosques subtropicales por toda Eurasia.

Al óptimo climático del Mioceno inferior, hace unos 20 millones de años, le siguió, hace entre 16 y 14 millones de años, un nuevo descenso general de las temperaturas relacionado con el enfriamiento de las aguas profundas de la Antártida y con un notable incremento del hielo antártico en la parte oriental de ese continente. El origen de este cambio tiene que ver muy probablemente con el secuestro de grandes cantidades de carbón orgánico en cuencas marginales del oeste de Norteamérica, en las proximidades de la formación Monterrey de Carolina, así como también de fosfatos. Al reducirse la cantidad global de CO_2 atmosférico, se habría producido un descenso global de la temperatura que habría provocado a su vez un nuevo crecimiento del hielo antártico. La progresiva elevación del Himalaya y de la meseta del Tíbet, al exponer a la erosión grandes depósitos carbonatados, podría haber contribuido asimismo a enterrar considerables cantidades de carbono, con el consiguiente descenso en la proporción de CO_2 atmosférico.

El enfriamiento polar y el crecimiento subsiguiente del hielo antártico durante el Mioceno medio tuvieron importantes efectos sobre los ecosistemas continentales del viejo mundo. Los inviernos se hicieron más fríos y los veranos más secos. En estas condiciones se desarrolló un mosaico de bosques de hoja dura (vegetación de tipo esclerófilo) adaptados a la sequía estival, intercalados con remanentes de la laurisilva tropical. A principios del Mioceno medio, hace unos 16 millones de años, este mosaico de bosque esclerófilo con alternancia de zonas más abiertas se extendía a lo largo de un corredor que se prolongaba desde el norte de África y el Mediterráneo oriental hasta la China septentrional, a través de Asia menor, Irán y Afganistán. Es lo que se conoce como «provincia grecoiraní» (aunque sus límites se extendían bastante más allá de Grecia e Irán). La fauna asociada a este biotopo peculiar era muy diferente de la que poblaba las zonas más húmedas, donde seguía imperando la laurisilva. Así, mientras que en los bosques subtropicales del Mioceno inferior el nicho ecológico de los ramoneadores estaba ocupado por herbívoros de tamaño pequeño o medio, en este nuevo ambiente se producía la primera diversificación de los grandes rumiantes típicos de espacios abiertos, como los bóvidos y los jiráfidos. Estos animales se convirtieron en las presas de nuevos tipos de carnívoros, entre ellos los grandes félidos y los hiénidos, prefigurando el tipo de asociación que luego caracterizaría las sabanas y las grandes praderas. Faunas de este tipo, dominadas por bóvidos y jiráfidos, se encuentran, por ejemplo, en yacimientos de Turquía (Çandir, Paçalar) y en la zona del Cáucaso (como Byelometcheskaya, en Georgia).

En el Mioceno medio de África, en la época conocida como Tugetiense, también encontramos una asociación de mamíferos que remeda la de la provincia grecoiraní y que se caracteriza por la rápida diversificación de los rumiantes de gran tamaño, bóvidos y jiráfidos, futura fauna distintiva de las sabanas. Así, en la localidad libia de Gebel Zelten encontramos hasta tres géneros diferentes de bóvidos (entre ellos las primeras gacelas). También en el este, en los yacimientos de Karungu y Rusinga, encontramos una diversidad similar en la fauna de bóvidos. Curiosamente, esta última localidad africana presenta las primeras evidencias de expansión de las gramíneas, que hoy ocupan las grandes praderas y las sabanas (aun cuando el primer registro de este grupo de plantas se remonta al Eoceno). Posteriormente, hace unos 14 millones de años, esta «protosabana» (según el término acuñado por Judith Harris en 1993) se extendió por África oriental hacia la zona ecuatorial. Esta expansión probablemente tuvo que ver con el levantamiento de la corteza terrestre que se produjo en las primeras fases de la formación del Rif africano. Como han señalado entre otros Peter Andrews, los altos relieves asociados a la formación del Rif debieron de incrementar la estacionalidad y progresiva aridez del clima, al interrumpir el flujo de aire húmedo que llegaba a esta zona procedente del Índico y que anteriormente nutría las selvas tropicales de África ecuatorial.

La composición de esta protosabana, plenamente desarrollada hace 14 millones de años, ha podido ser analizada con detalle en el yacimiento de Fort Ternan. Aunque la ausencia de verdaderos pacedores indica que esta localidad no correspondía todavía a un biotopo de sabana abierta, el espectro de diversidad ecológica de la fauna de Fort Ternan recuerda mucho al de una pradera arbolada, como la que se encuentra, por ejemplo, en los niveles pliocénicos de Olduvai, con la diferencia de la alta proporción aún existente de elementos frugívoros y arborícolas. Habría amplias extensiones de bosque de hoja perenne con espacios abiertos *(woodlands)*, como las que hoy se encuentran en ciertas zonas aisladas de África y en Canarias. Las gramíneas empezarían a proliferar en el sotobosque y en las cada vez más frecuentes manchas de pradera que se abrirían entre la vegetación más densa. Algunas de estas gramíneas ya utilizaban la ruta fotosintética conocida como C4, hoy mayoritaria en el grupo, aunque la proporción de gramíneas de tipo C3 en esa localidad (determinada por estudios isotópicos) se parece más a la de los biotopos abiertos de los altiplanos africanos de entre 2.000 y 3.000 metros de altitud que a la de las sabanas de las tierras bajas (que incluyen únicamente gramíneas de tipo C4). Esta protosabana continuó su evolución durante el Mioceno superior, en la época conocida como Sugutiense (hace entre 10 y 7 millones de años). En esta época, más o menos equivalente al Vallesiense europeo, encontramos representadas en África buena parte de las familias que se convertirán en elementos característicos de la sabana africana. El único elemento típicamente arbóreo que persiste es el roedor planeador *Paranomalurus,* lo que indica que el anterior bosque cerrado se había aclarado en gran medida. Sin embargo, todavía no estamos ante la sabana propiamente dicha, caracterizada por sus grandes herbívoros ramoneadores y su pléyade de carnívoros corredores.

Hace entre 8,3 y 7,8 millones de años, se produce un importante cambio global en la estructura de la vegetación. Los árboles y arbustos (vegetación de tipo C3) ceden su dominio a las praderas de gramíneas (vegetación de tipo C4). Este cambio coincide también con un significativo enfriamiento climático y con una nueva expansión de los hielos de la Antártida (y quizá también, por primera vez, del Ártico). La extensión de las praderas por todo el viejo mundo hace unos ocho millones de años determinó el final de las faunas de tipo subtropical que persistían en Europa occidental y al sur del Himalaya (en la región de los Siwaliks, en Pakistán). Numerosas especies de hámsteres, bóvidos y tragúlidos desaparecieron, así como los últimos hominoideos, sustituidos por monos cercopitécidos. En África oriental, al principio del Keriense (hace unos siete millones de años) se produce la expansión de las praderas, que devienen un escenario favorable para el origen de los primeros homínidos bípedos.

Con el inicio del Plioceno, hace unos cinco millones de años, se produce un nuevo óptimo climático, con aumento de la temperatura y la humedad, que determina una nueva extensión de las zonas boscosas. En África oriental, hace entre 3,7 y 3,2 millones de años, existen indicios de una «Edad de Oro» pliocénica, con extensión hacia el este de la pluvisilva tropical que hoy en día se encuentra mucho más hacia el sudoeste. En este intervalo aún se encuentran manglares en las costas adyacentes al Sáhara. Sin embargo, hace 3,2 millones de años se produce un primer episodio de glaciación en el Ártico. Aunque este evento no dio lugar al desarrollo de *inlandsis* en Groenlandia, sí que determinó la existencia de un fuerte gradiente latitudinal y una primera fase de aridificación en el Sáhara. En África oriental, este episodio frío conllevó el final de la «Edad de Oro» pliocénica, tal como ha quedado registrado en las series de Hadar (Etiopía) por una reducción significativa de los elementos arbóreos.

Tras un breve incremento de temperatura hace unos tres millones de años, el planeta abandonó definitivamente las altas temperaturas y el clima húmedo que lo habían caracterizado durante buena parte del Cenozoico. Después de centenares de millones de años, la Tierra entró en una nueva era glacial, hace 2,8 millones de años, cuyos efectos se hicieron sentir con dureza sobre las masas continentales. En este momento se registra por primera vez el crecimiento de *inlandsis* continentales en el hemisferio norte, concretamente sobre Groenlandia, que asimismo inician su expansión hacia las latitudes más bajas Al mismo tiempo, en el hemisferio sur se produce la expansión del hielo en la Antártida occidental (en la Antártida oriental se había iniciado ya en el Oligoceno). Tras este primer episodio de glaciación, hace 2,8 millones de años, el planeta entero y muy concretamente el hemisferio norte entraron en una nueva dinámica de sucesión de etapas glaciares e interglaciares, con ciclos de 41.000 años controlados por la oblicuidad de la órbita terrestre.

Aunque en estas glaciaciones del Plioceno los glaciares no alcanzaban la extensión que tendrían desde el Pleistoceno, su influencia se dejó sentir sobre el clima de los ecosistemas terrestres. La primera fase glaciar, hace 2,8 millones de años, determinó en las altas latitudes la primera substitución de los bosques por vegetación de tipo tundra. Asimismo, grandes cantidades de *loess,* un sedimento formado por arena fina dejada por la regresión de los glaciares, se acumuló por efecto del viento en grandes extensiones de Eurasia, desde Europa occidental hasta China. En África, este primer pulso glacial de hace 2,8 millones de años determinó una significativa reducción de la cubierta vegetal y una nueva extensión de la sabana que afectó profundamente a la evolución de los homínidos, determinando la eclosión de nuevas formas como los parántropos o los primeros representantes de nuestro género. Asimismo, la aparición de los primeros útiles líticos parece también asociada a este evento climático (8, 44, 46, 72, 83).

94. YUNNANOZOON

Al final de su conocida obra *La vida maravillosa,* Stephen J. Gould consideraba que el único cordado en la fauna de Burgess Shale, *Pikaia,* había constituido en realidad un elemento marginal en el marco de la radiación evolutiva del Cámbrico, dada su escasa representación en el total de fósiles de aquel yacimiento. Ahora bien, este punto de vista ha tenido que ser revisado a la luz de los descubrimientos acaecidos en la localidad de Chengjian, en China. La fauna de Chengjian remeda a la fauna de Burgess Shale por su gran diversidad de tipos zoológicos, tanto conocidos como desconocidos, originados a partir de la gran radiación evolutiva de animales pluricelualres del Cámbrico inferior (Tommotiense). Ahora bien, mientras que la famosa fauna de Burgess Shale corresponde al Cámbrico medio, los estratos de Chengjian son considerablemente más antiguos, del final del Cámbrico inferior (Atdabaniense superior).

En esta localidad aparecieron en 1995 los restos de hasta tres ejemplares de un segundo género de cordado primitivo en buen estado de conservación. Estos tres ejemplares de *Yunnanozoon lividum,* nombre con que fue bautizada la nueva especie por los investigadores J. Y. Chen, J. Dzik, G. D. Edgecombe, L. Ramsköld y G. Q. Zhou, permiten reconocer diversos órganos internos del animal y establecer una clasificación detallada del mismo. En ellos es reconocible una faringe filtrante y una serie de arcos branquiales paralelos, así como una musculatura segmentada y, lo que es más importante, un notocordio o cuerda dorsal (el carácter distintivo de los cordados) que se expande por la parte anterior del animal. Este último carácter, así como la presencia de gónadas u órganos reproductores metamerizados, es decir, dispuestos en bandas o metámeros, permiten clasificar a *Yunnanozoon lividum* dentro del grupo de los cefalocordados, que actualmente incluyen al llamado «pez-saeta» o *Amphioxus.* Este grupo de cordados filtrantes, que actualmente viven enterrados bajo la arena de las playas, alimentándose de los diminutos organismos que pueblan estas aguas intersticiales, presentan una cuerda dorsal pero carecen de algunas de las especializaciones que encontramos en los vertebrados, como la presencia de un esqueleto mineralizado y de algo que pudiese ser reconocido como una «cabeza».

Aparte del evidente valor intrínseco del yacimiento de Chengjian, los fósiles de *Yunnanozoon* son tanto más interesantes por cuanto, hasta la fecha, constituyen los más antiguos restos de cordados del registro fósil, sobrepasando en varios millones de años de antigüedad a los restos de *Pikaia* y *Metaspriggina.* Los hallazgos de Chengjian muestran que los cordados estaban bien diversificados desde los primeros momentos de la radiación tommotiense y que las tres grandes clases de este tipo zoológico (tunicados, cefalocordados y vertebrados) eran ya reconocibles (12, 40).

95. ZHOUKOUDIAN

Las primeras prospecciones en la caverna de Zhoukoudian, a unos 45 kilómetros al suroeste de Pekín, se debieron al geólogo sueco Johan Gunnar Anderson, en el curso de una de sus visitas a la zona en 1918. En 1922 y 1923, junto con el paleontólogo Otto Zdansky, realizó pequeñas excavaciones que se saldaron con la recogida de abundantes restos de mamíferos y dos dientes humanos, que fueron objeto de una breve comunicación en el boletín del servicio geológico chino. A raíz de estos hallazgos, en 1927 se inició la excavación sistemática en la localidad, bajo la dirección del paleontólogo sueco Birger Bohlin. El 16 de octubre de aquel año, tres días antes de concluir la campaña, apareció un molar de aspecto inusual que llamó la atención del director del departamento de Anatomía del Union Medical College de Pekín, Davidson Black. Sin duda la pieza pertenecía a una forma próxima al género *Homo*, aunque mostraba una serie de características propias. Junto a las dos piezas dentarias recogidas anteriormente, Black estableció un nuevo género y una nueva especie, que denominó *Sinanthropus pekinensis.* Desde 1928, las excavaciones quedaron a cargo de los paleontólogos chinos Yang Zhongjian y Pei Wenzhong, quienes en la primavera del mismo año exhumaron dos mandíbulas del nuevo homínido. Dada la envergadura que alcanzaban las investigaciones en Zhoukoudian, Black consiguió una subvención de 80.000 dólares por parte de la Fundación Rockefeller para el Servicio Geológico de China, con objeto de continuar y ampliar las excavaciones.

A partir de 1929 se iniciaron las excavaciones a gran escala en Zhoukoudian, que pronto comenzaron a proporcionar importantes resultados. Así, el 2 de diciembre apareció la primera calota craneana completa, el primero de una serie de hallazgos excepcionales que se prolongaron hasta 1937. El balance final de esta etapa fue impresionante: cinco cráneos más o menos completos, trece fragmentos mandibulares y numerosos restos poscraneales, incluyendo fragmentos de fémures, húmeros, vértebras, huesos del pie y de la mano, clavículas, etcétera. El estudio de este material recayó en Franz Weidenreich, sucesor de Black en el Union Medical College de Pekín, tras el súbito fallecimiento de éste en 1934. Ya desde los primeros análisis, quedó claro que *Sinanthropus pekinensis* correspondía a una forma muy próxima, aunque más evolucionada, del llamado

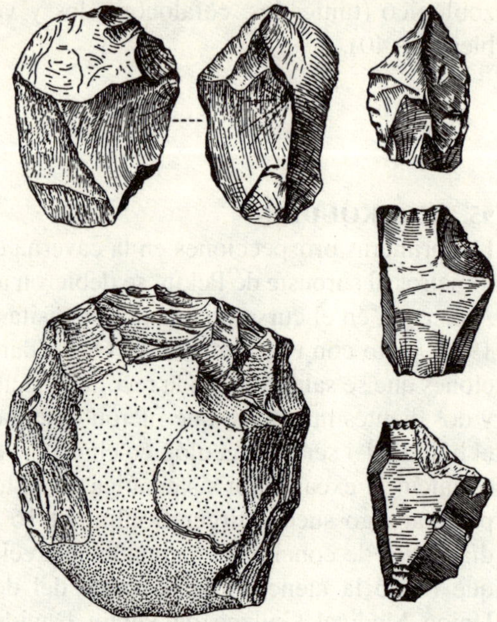

Industrias líticas del Modo 2
procedentes del yacimiento
de Zhoukoudian (China).
© Columbia University Press.

Pithecanthropus erectus, definido en Java por Eugène Dubois a finales del siglo XIX. La edad más reciente de los depósitos de Zhoukoudian, hoy estimada en unos 460.000 años, también se correspondía con su morfología más avanzada. No cabía duda, no obstante, de que tanto la forma de Pekín como la de Java correspondían al mismo tipo humano. Esta relación fue luego confirmada y reflejada en la clasificación de sir Wilfried Le Gros Clark, quien incluyó ambos taxones en la misma especie*, Homo erectus* (aunque una diferenciación subespecífica entre *H. erectus erectus* y *H. erectus pekinensis* ha seguido manteniéndose en algunos casos). La cueva de Zhoukoudian no sólo ha librado una abundante fauna y restos humanos de entre 460.000 y 230.000 años de antigüedad (fecha de los depósitos más recientes), sino también numerosos restos líticos (unos 100.000) que, en conjunto, han proporcionado una visión única sobre el ambiente y el modo de vida de las poblaciones de *Homo erectus* en el Pleistoceno medio de Asia.

La invasión japonesa de China en 1937 obligó a interrumpir las tareas de excavación, aunque el estudio y catalogación de los restos continuó en manos de Franz Weidenreich y sus colaboradores. En 1941, Weidenreich abandonó definitivamente China, no sin antes haber moldeado detalladamente las piezas más significativas de la colección. Tras el ataque japonés a Pearl Harbour en diciembre de ese año, Weidenreich, ya en el American

Museum of Natural History de Nueva York, dio a sus colaboradores Pei Wenzhong y Jia Lanpo instrucciones para empaquetar todos los fósiles humanos y enviarlos a Nueva York ante la inminente ocupación de Pekín, cosa que hicieron con gran cuidado. Incluyeron todo el material en ocho cajas, que comprendían no sólo los restos hallados en la cueva principal de Zhoukoudian, sino también los de la llamada «caverna superior», que incluía vestigios mucho más recientes del Pleistoceno superior (de menos de 18.000 años). Todo este material fue a su vez agrupado en dos grandes cajas, una con la mayor parte del material de *Sinanthropus* y la otra con el material de la caverna superior, que fueron guardadas en el almacén de seguridad número 4 del edificio F del Union Medical College de Pekín, a la espera de su traslado a Estados Unidos.

A partir de aquí, la historia se hace confusa, pero lo cierto es que las dos cajas (no veinte, como a veces se ha dicho) desaparecieron sin dejar rastro tras la ocupación japonesa de la capital, de modo que cuando el investigador japonés Hasebe Kotondo llegó para hacerse cargo del material, éste había desaparecido. Posteriormente, algunas pistas han permitido avanzar, aunque no mucho, sobre el destino final de los restos originales de *Sinanthropus*. Al parecer, ante la inminencia de la entrada de los japoneses, las autoridades del Medical College pidieron a William T. Foley, médico de la Marina de Guerra estadounidense quien se disponía a embarcar inmediatamente hacia su país, que se hiciera cargo de las cajas a modo de equipaje personal, petición a la que los superiores de Foley accedieron. Sin embargo, Foley fue detenido por los japoneses en su trayecto hasta el puerto y confinado en Tientsin. Temeroso de que los japoneses le hicieran prisionero y confiscasen su equipaje (como así sucedió), Foley distribuyó algunas de las cajas entre sus amigos chinos y depositó el resto en el Almacén Suizo del Instituto Pasteur de Tientsin. Y aquí se pierde definitivamente para la historia el rastro de los fósiles humanos de Zhoukoudian. Todos los esfuerzos posteriores realizados tanto por las autoridades chinas como las americanas para recuperar el material original han resultado infructuosos.

Afortunadamente, la mayor parte del material había sido convenientemente moldeado, y hoy estas copias son accesibles para su estudio. Además, a partir de 1949 las autoridades chinas reiniciaron las excavaciones en Zhoukoudian, y desde entonces una nueva colección de restos del *Homo erectus* de Pekín ha salido a la luz. Aunque ciertamente las nuevas colecciones de Zhoukoudian no llegan a igualar a las que se perdieron en 1941, incluyen elementos igualmente valiosos, como por ejemplo nuevos fragmentos craneales, algunos de los cuales curiosamente encajan con moldes del material original excavado en los años treinta (7, 23, 46).

96. ZINJANTHROPUS

Originalmente, *Zinjanthropus boisei* fue descrito por Louis Leakey a finales de la década de los cincuenta en la garganta de Olduvai, a partir de un cráneo en buen estado de conservación. Sin embargo, el material original de Olduvai no incluía la mandíbula del individuo, por lo que todo un conjunto de caracteres relativos a la oclusión dental y a la robustez del aparato masticador en este género fueron inferidos a partir de restos aislados. El problema del polimorfismo y del politipismo en estos homínidos y del reconocimiento en el registro fósil de las diferentes especies fue reabierto tras el importante hallazgo obtenido en Konso, Etiopía, por un equipo conjunto de japoneses y americanos dirigido por Tim White.

Se trata de un fragmento de cráneo que conserva la calota craneana, parte de la cara y la mandíbula de un individuo y que ha sido adscrito por sus descubridores a la especie *Paranthropus boisei.* Fue la primera vez, por tanto, que se encontró el cráneo y la mandíbula correspondiente del mismo individuo. El hallazgo de Konso es significativo por muchos aspectos. En primer lugar, extiende el rango de la especie considerablemente al norte de su emplazamiento original en Tanzania. Lo más sorprendente, sin embargo, es que además de presentar características propias de la especie *P. boisei,* el fósil etíope muestra también caracteres que se encuentran en la especie *P. aethiopicus* e incluso algunos que recuerdan al género *Homo.* Por ejemplo, al igual que todos los machos de *Paranthropus,* el cráneo de Konso muestra una cresta sagital que sirve de inserción para la potente musculatura mandibular (como en los machos de los actuales gorilas) y que se extiende muy hacia atrás, como se observa en el primitivo *P. aethiopicus* (de más de dos millones de años de edad), pero no en el material original de *P. boisei* (medio millón de años posterior). La forma de la zona de los pómulos, en cambio, recuerda más a los ejemplares sudafricanos *(P. robustus)* que al cráneo de Olduvai. Por otro lado, el paladar es amplio y corto, como se observa en el género *Homo.* En definitiva, el cráneo de Konso, datado entre 1,4 y 1,5 millones de años, muestra una mezcla de caracteres que anteriormente habían servido para diferenciar nítidamente las diferentes especies de *Paranthropus.* Aunque la mayor parte de caracteres permiten asignar este cráneo a *P. boisei,* el dato más interesante es que el cráneo demuestra que esta especie fue mucho más variable de lo que se había pensado. Este polimorfismo de la especie *P. boisei* no fue, probablemente, exclusivo de *Paranthropus,* sino que más bien refleja una condición común al conjunto de los homínidos. En un momento en que en el marco de la paleoantropología actual se tiende a multiplicar el número de nuevas especies, muchas veces basadas en evidencias fragmentarias, el hallazgo de Konso supone un toque de atención y remarca la prudencia con que debe obrarse al crear nuevas especies de homínidos (44, 56, 72, 92).

Apéndices

Índice de conceptos

Itinerarios

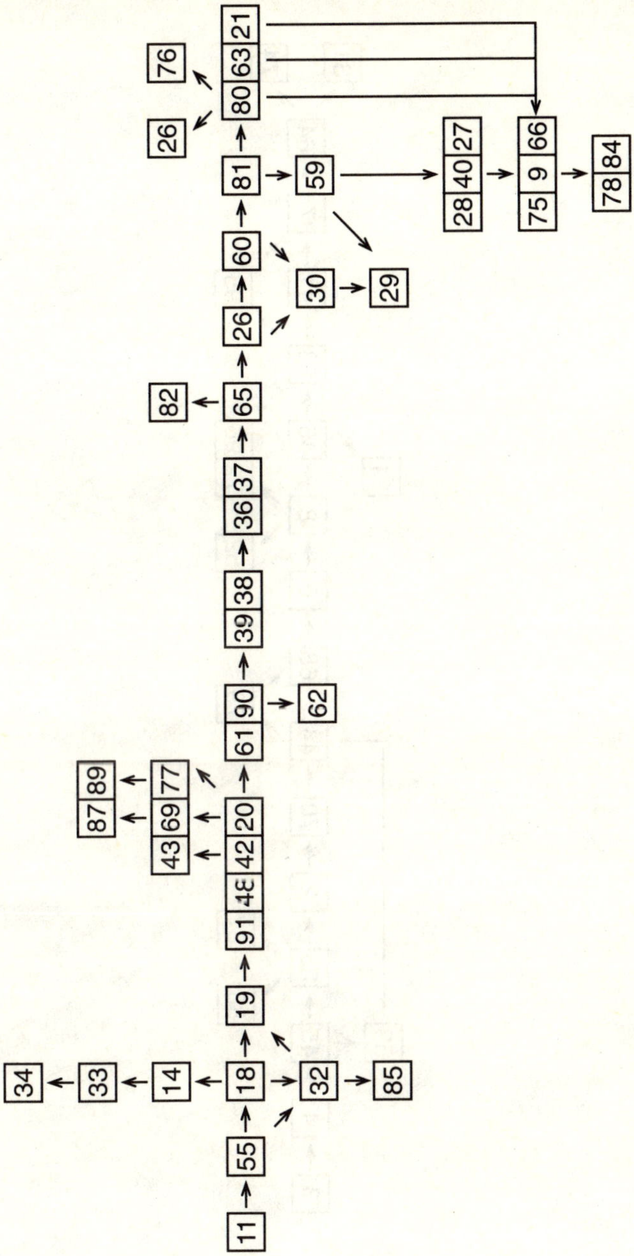

1. Teoría de la evolución

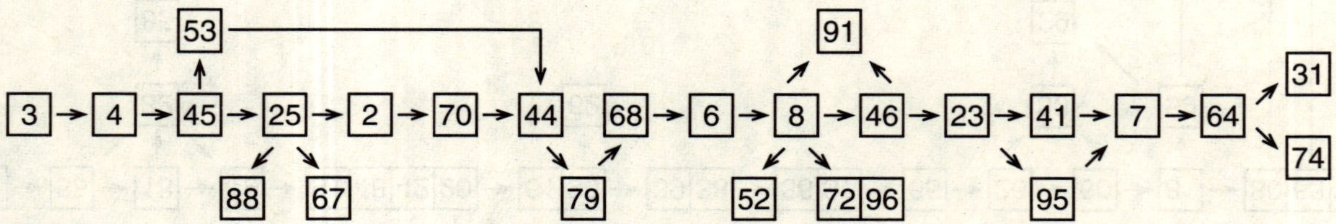

2. Evolución de primates y humanos

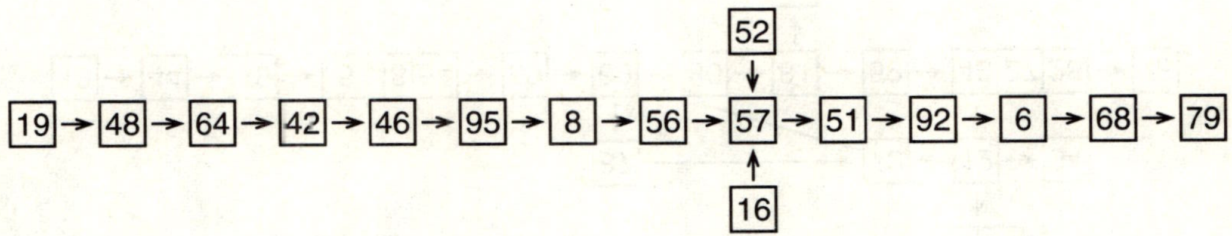

3. Historia de la paleoantropología

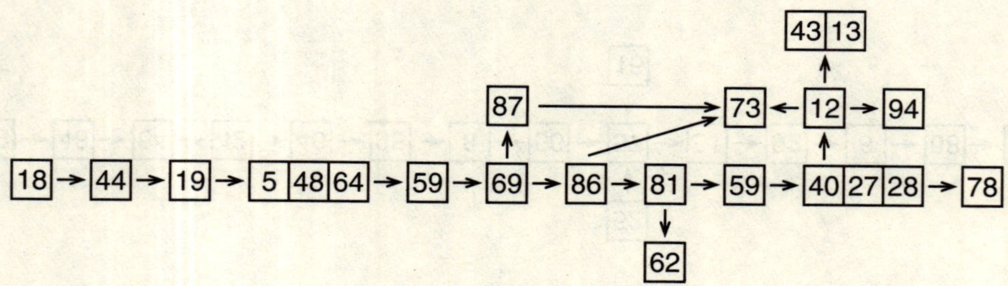

4. Historia de la paleontología

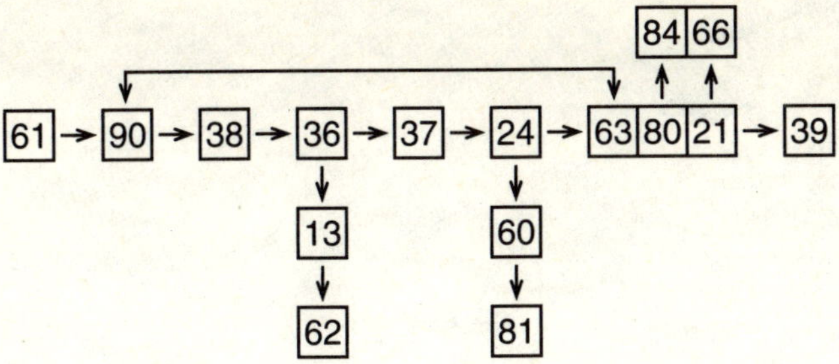

5. Historia de la genética

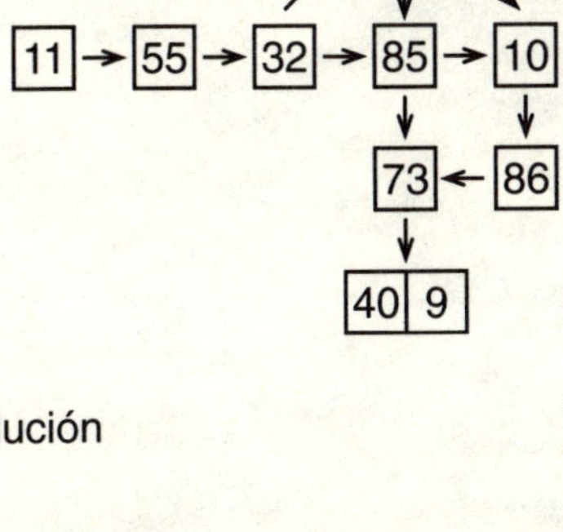

6. Filosofía de la evolución

Bibliografía seleccionada

Agustí, J., *La evolución y sus metáforas. Una perspectiva paleobiológica*, Tusquets Editores (Metatemas 33), Barcelona, 1994.

— (ed.), *La lógica de las extinciones,* Tusquets Editores (Metatemas 42), Barcelona, 1996.

— (ed.), *Antes de Lucy,* Tusquets Editores (Metatemas 62), Barcelona, 2000.

Agustí, J. y Wagensberg, J. (eds.), *El progreso,* Tusquets Editores (Metatemas 52), Barcelona, 1998.

Alexander, R., *Darwinismo y asuntos humanos,* Salvat, Barcelona, 1987.

Arsuaga, J. L., *El collar del Neanderthal*, Temas de Hoy, Madrid, 1999.

—, *El enigma de la esfinge*, Areté, Madrid, 2001.

Arsuaga, J. L. y Martínez, I., *La especie elegida*, Temas de Hoy, Madrid, 1998.

Ayala, F. J., *La teoría de la evolución*, Temas de Hoy, Madrid, 1994.

Ayala, F. J. y Dobzhansky, T. (eds.), *Estudios sobre la filosofía de la biología,* Ariel, Barcelona, 1983.

Beltrán, A., «Introducción», en Buffon, G. L. Leclerc, *Las épocas de la naturaleza,* Alianza Editorial, Madrid, 1997.

Bermúdez de Castro, J. M., *El chico de la Gran Dolina,* Crítica, Barcelona, 2002.

Bertranpetit, J. y Junyent, C., *Viaje a los orígenes, una historia biológica de la especie humana*, Península, Barcelona, 2000.

Bowler, P. J., *El eclipse del darwinismo,* Labor, Barcelona, 1985.

Boyd, R. y Silk, J. B., *Cómo evolucionaron los humanos,* Ariel, Barcelona, 2001.

Castrodeza, C., *Teoría histórica de la selección natural*, Alambra, Madrid, 1988.

Cela-Conde, C. J., y Ayala, F. J., *Senderos de la evolución humana,* Alianza Editorial, Madrid, 2001.

Corsi, P., *The Age of Lamarck*, California University Press, Berkeley, 1988.

Dawkins, R., *El gen egoísta*, Labor, Barcelona, 1979.

Dennet, D. C., *La peligrosa idea de Darwin,* Galaxia Gutenberg/Círculo de Lectores Barcelona, 1999.

Dobzhansky, T., *Genética y el origen de las especies*, Revista de Occidente, Madrid, 1955.

Eldredge, N., *Síntesis inacabada*, Fondo de Cultura Económica, Madrid, 1997.

Endler, J. A., *Natural Selection in the Wild*, Princeton University Press, Princeton, 1986.

Ghiselin, M. T., *El triunfo de Darwin,* Cátedra, Madrid, 1983.

Gomis, A., *Mendel. El fundador de la genética*, Nivola Ediciones, Madrid, 2000.
Gould, S. J., *El pulgar del panda,* Crítica, Barcelona, 1980.
—, *Dientes de gallina y dedos de caballo,* Crítica, Barcelona, 1983.
—, *La sonrisa del flamenco,* Crítica, Barcelona, 1985.
—, *Brontosaurus y la nalga del ministro*, Crítica, Barcelona, 1991.
—, *La vida maravillosa,* Crítica, Barcelona, 1991.
—, *Ocho cerditos,* Crítica, Barcelona, 1993.
—, *Un dinosaurio en un pajar,* Crítica, Barcelona, 1995.
—, *La montaña de almejas de Leonardo,* Crítica, Barcelona, 1998.
—, *Las piedras falaces de Marrakech,* Crítica, Barcelona, 2000.
Huxley, J., *La evolución. Síntesis moderna,* Losada, Buenos Aires, 1965.
Leakey, R. y Lewin, R., *La sexta extinción,* Tusquets Editores (Metatemas 50), Barcelona, 1997.
Marantz Henig, R., *El monje en el huerto,* Debate, Madrid, 2001.
Mayr, E., *Una larga controversia: Darwin y el darwinismo,* Crítica, Barcelona, 1992.
—, *Así es la biología*, Debate, Madrid, 1998.
McNamara, K. J., *Shapes of time*, Johns Hopkins University Press, Londres, 1997.
Morgan, T. H., *Evolución y mendelismo. Crítica de la Teoría de la evolución*, Calpe, Madrid, 1921.
Moyà, A., *La teoría de la evolución*, Anthropos, Barcelona, 1989.
Richards, R. J., *El significado de la evolución*, Alianza Editorial, Madrid, 1998.
Ridley, M., *Evolution*, Oxford University Press, Oxford, 1997.
Ruse, M., *La filosofía de la biología*, Alianza Editorial, Madrid, 1979.
—, *Sociobiología*, Cátedra, Madrid, 1980.
—, *La revolución darwinista*, Alianza Editorial, Madrid, 1983.
Ruse, M., *El misterio de los misterios*, Tusquets Editores (Metatemas 69), Barcelona, 2002.
Sober, E., *Filosofía de la biología*, Alianza Editorial, Madrid, 1996.

Colección Metatemas

1. ¿Qué es la vida?
   Erwin Schrödinger

2. Mente y materia
   Erwin Schrödinger

3. ¿Tan sólo una ilusión?
   Una exploración del caos al orden
   Ilya Prigogine

4. Pensar la matemática
   J. Dieudonné, J.M. Lévy-Leblond, B. Mandelbrot, M. Loi, R. Thom y otros

5. Hombre *versus* naturaleza
   Sir Charles Sherrington

6. El azar y la necesidad
   Ensayo sobre la filosofía natural de la biología moderna
   Jacques Monod

7. Controversia sobre mentes y máquinas
   Edición de Alan Ross Anderson

8. Cibernética
   o El control y comunicación en animales y máquinas
   Norbert Wiener

9. Ideas sobre la complejidad del mundo
   Jorge Wagensberg

10. Ciencia y humanismo
    Erwin Schrödinger

11. Parábolas y catástrofes
    Entrevista sobre matemática, ciencia y filosofía
    René Thom

12. Proceso al azar
P.T. Landsberg, G. Ludwig, R. Thom, E. Schatzman, R. Margalef, I. Prigogine y Jorge Wagensberg

12. Procés a l'atzar
P.T. Landsberg, G. Ludwig, R. Thom, E. Schatzman, R. Margalef, I. Prigogine i Jorge Wagensberg

13. Los objetos fractales
Benoît Mandelbrot

14. Gödel, Escher, Bach
Un eterno y grácil bucle
Douglas R. Hofstadter

15. Física de las noches estrelladas
Astrofísica, relatividad y cosmología
Eduardo Battaner

16. Mi concepción del mundo
Erwin Schrödinger

17. La estatua interior
François Jacob

18. Los porqués de un escriba filósofo
Martin Gardner

19. Qué loco propósito
Una visión personal del descubrimiento científico
Francis Crick

20. El hombre anumérico
El analfabetismo matemático y sus consecuencias
John Allen Paulos

21. Einstein, profeta y hereje
Luis Navarro

22. Sobre la imaginación científica
H. Haken, D.R. Hofstadter, B. Mandelbrot, R. Margalef, C.U. Moulines, A. Okubo y A. Wunderlin

23. El nacimiento del tiempo
Ilya Prigogine

24. Con razón y sin ella
Intercrítica de la ciencia y del mito
Henri Atlan

51. Las manchas del leopardo
La evolución de la complejidad
Brian Goodwin

52. El progreso
¿Un concepto acabado o emergente?
Edición de Jorge Wagensberg y Jordi Agustí

53. Escalando el monte Improbable
Richard Dawkins

54. Ideas para la imaginación impura
53 reflexiones en su propia sustancia
Jorge Wagensberg

55. ¿Qué es el sexo?
Lynn Margulis y Dorion Sagan

56. La conferencia perdida de Feynman
El movimiento de los planetas alrededor del Sol
Edición de David L. y Judith Goodstein

57. Antes del principio
El cosmos y otros universos
Martin Rees

58. La biología del futuro
¿Qué es la vida? cincuenta años después
Edición de M.P. Murphy y L.A.J. O'Neill

59. La lógica de lo viviente
Una historia de la herencia
François Jacob

60. Érase una vez un número
La lógica matemática de las historias
John Allen Paulos

61. Destejiendo el arco iris
Ciencia, ilusión y el deseo de asombro
Richard Dawkins

62. Antes de Lucy
El agujero negro de la evolución humana
Edición de Jordi Agustí

63. Ancas y palancas
Mecánica natural y mecánica humana
Steven Vogel

64. El fin del envejecimiento humano
Ciencia y longevidad
Tom Kirkwood

65. El carácter de la ley física
Richard Feynman

66. La vida en la cuerda floja
Niles Eldredge

67. Ocho hitos en la evolución
Del origen de la vida a la aparición del lenguaje
John Maynard Smith

68. Evolución
Sociedad, ciencia y universo
Edición de Andrew C. Fabian

69. El misterio de los misterios
¿Es la evolución una construcción social?
Michael Ruse

70. Conceptos contrarios
o El oficio de científico
Jean-Marc Lévy-Leblond

71. La disolución de la mente
Una hipótesis sobre cómo siente,
piensa y se comunica el cerebro
Óscar Vilarroya

72. Emoción y conocimiento
La evolución del cerebro y la inteligencia
Edición de Ignacio Morgado Bernal

73. La mano
De cómo su uso configura el cerebro,
el lenguaje y la cultura humana
Frank R. Wilson

74. Peces luminosos
Historias de amor y ciencia
Lynn Margulis

75. Si la naturaleza es la respuesta, ¿cuál era la pregunta?
y otros quinientos pensamientos sobre la incertidumbre
Jorge Wagensberg

76. Investigaciones
Stuart Kauffman